规模化猪场科学建设与生产管理

（第2版）

周永亮　黄建华　侯昭春　主编

河南科学技术出版社

·郑州·

图书在版编目（CIP）数据

规模化猪场科学建设与生产管理/周永亮，黄建华，侯昭春主编．—2版．—郑州：河南科学技术出版社，2020.4

ISBN 978-7-5349-9832-4

Ⅰ.①规… Ⅱ.①周… ②黄… ③侯… Ⅲ.①养猪场-经营管理 Ⅳ.①S828

中国版本图书馆CIP数据核字（2020）第003658号

出版发行：河南科学技术出版社

地址：郑州市郑东新区祥盛街27号　　邮编：450016

电话：（0371）65737028　65788613

网址：www. hnstp. cn

策划编辑：李义坤　田　伟

责任编辑：申卫娟

责任校对：刘逸群　牛艳春

封面设计：张　伟

责任印制：张艳芳

印　　刷：河南省环发印务有限公司

经　　销：全国新华书店

开　　本：720 mm×1 020 mm　1/16　　印张：18　　字数：335千字　　彩插：4面

版　　次：2020年4月第2版　　2020年4月第3次印刷

定　　价：46.00元

丛书编委会名单

本书编写人员

主　　编　周永亮　黄建华　侯昭春

副主编　马平安　王　聪　曹　柯　王梦艳
刘慧卿　李纯瑾　刘旭鹏　刘宏伟
王中伟　田全召　毕福全　王　明

编　　者　周永亮　黄建华　侯昭春　马平安
王　聪　曹　柯　王梦艳　刘慧卿
李纯瑾　刘旭鹏　刘宏伟　王中伟
田全召　毕福全　王　明　王献伟
娄言伟　司伟涛　刘彩玲

前　言

编写本书的主要目的是指导现代规模化猪场科学设计、建设和标准化饲养管理。设施装备和生产管理是猪场经营的硬件和软件系统，二者配置合理则猪场运行协调顺畅，相得益彰；否则，运行阻滞，利润悄悄地流失。

养猪业经过几轮“猪周期”的洗礼已经进入规模化时代，生产水平有所提高，但PSY（每头母猪每年所能提供的断奶仔猪头数）指标远远低于国际先进水平，这正是我国生猪国际竞争力较低的主要因素之一。而影响PSY的主要因素是设施装备和生产管理。

目前，猪场设施装备进入了4.0时代，物联网、大数据、人工智能是现代化猪场的标志。同时，非洲猪瘟的爆发也给猪场设计建设提出了新的要求。猪场规划设计知识也需要迭代升级。

本书分为十五章，详细介绍了规模化猪场的生产工艺、规划设计、建设与环境控制、设施与设备、繁殖育种、营养需要与饲料、饲养管理技术及疫病防治等内容。本书对近几年的规模化猪场规划设计经验进行了总结，希望能够为生猪标准化生产提供一些帮助。本书编者以河南畜牧规划设计研究院技术人员为主。本书系统性、实践性较强，图文并茂，适合生猪生产技术人员、规划设计人员、部门管理人员、院校师生等学习参考。养殖场的规划设计涉及畜牧兽医、建筑、动物行为与心理、机械装备、人工智能、地理人文、环境保护、经营管理、园林景观等多种专业和学科内容，受知识和经验的约束，做出科学合理的设计方案很不容易。本书在一定知识范围做有限的论述、总结，希望对读者有所帮助。

本书广泛征集了一线技术人员的意见，部分规模化猪场生产技术人员也参与了编写工作。对于业界人士给予本书的大力支持和帮助，在此深表谢意。

本书涉及的范围广，内容多，加之编者水平有限，书中可能有不妥之处，恳请读者批评指正。

编　者

2019年7月

目录

第一章　我国养猪业概论

一、养猪业在国民经济中的地位与作用

我国是世界第一养猪大国，具有悠久的养猪历史和丰富的品种资源，为世界养猪业的发展做出了重要贡献。特别是改革开放以来，随着人们生活水平的不断提高，对养猪业生产提出了更高的要求，使其在改革中前进，在发展中壮大，科技含量不断增加，生产水平明显提高。在目前农业产业结构调整及农村经济振兴方面，养猪业的地位和作用日显突出。21 世纪以来，我国生猪产业也从单纯追求数量增长逐渐转变到追求数量、质量、结构和经营效益并重。面对低价格的进口猪肉、日益严峻的环保压力、逐渐放大的猪周期价格波动幅度和持续时间、日益强化的食品安全要求、突发的疫病控制风险，国内生猪生产者在如何提高生产效率、增强产业竞争力上面临着巨大压力。

（一）国民大众化的肉食来源

2016 年，我国生猪出栏 68 502 万头，占世界生猪总出栏量的 52.01%，猪肉产量 5 299 万吨，占世界猪肉总产量的 47.92%。猪具有早熟、多生、快长的特性，猪肉热值高、维生素 B_1 丰富（0.98 mg/100 g，是牛肉、鸡肉的 9 倍，羊肉的 4.9 倍）、消化率（95%）和生物学价值（74%）高，在我国各种肉类人均年消费量中，猪肉消费遥遥领先。除了个别少数民族外，猪肉几乎已经成为人们主要的肉类消费对象，是美味佳肴“家族”中不可替代的成员。

（二）提供优质有机肥料

猪粪尿含有大量农作物必需的氮、磷、钾等元素，还含有大量有机质，对改良土壤理化性状、结构，提高土壤肥力及吸肥保墒能力均具有良好作用，为实现高产、高效、优质可持续发展的生态农业，提供了优质的有机肥料。

（三）提供轻工原料

猪全身都是宝，它的肉、脂、皮、骨、毛、脑、内脏等，均可作为食品、油脂、毛纺、制革、医药、国防等工业的原料。例如，皮可以制革或制胶；鬃毛是机械、国防、毛纺等工业的原料；肝、胆、脑髓、血、骨等可提取各种有

价值的药品和工业原料。

(四) 提供实验动物

研究表明，猪的很多生理特点与人非常接近，可作为医学界药物毒性实验的对象和脏器移植的供体（如角膜移植），为科学研究开辟新途径。

(五) 增加收入

我国养猪历史悠久、自然资源丰富、劳动力充足。目前我国养猪生产正在从传统副业生产向专业化、集约化生产过渡，甚者已成为当地经济发展的支柱产业。因此，养猪生产是调整农业产业结构、增加粮食转化的附加值、活化和转移农村剩余劳动力，以及振兴经济、富裕农民的重要途径。

二、我国养猪业现状

(一) 养猪数量明显增长，生产水平和生产效率大幅度提高

我国猪的存栏数1978年为30 128.5万头，2016年达43 504万头，存栏量增加44%；猪肉年产量1978年为856.3万吨，2016年达5 299万吨，净增加4 442.7万吨，增加了5.2倍；存栏量增加44%，生产水平和生产效率大幅度提高。

(二) 养猪生产社会服务体系日趋完善

1. 良种繁育体系 我国已基本形成以国家核心育种场、良种场、繁育场、人工授精站为主的繁育体系。一批国家级或省部级重点种猪场已经建成或正在建设，引进和繁育了大量国外优良品种，在广州、武汉等地，先后建立了种猪性能测定站，大大推进了良种化普及推广进程，为猪的杂交优势利用打下了坚实基础。

2. 饲料加工体系 伴随养殖业的迅猛发展，一大批大中型饲料加工企业孕育而生，已成为朝阳龙头产业，销售网点遍布广大农村，形成了饲料生产-销售-技术服务一条龙运作体系。同时各级饲料质量监控网的建立和完善，使配合饲料、浓缩饲料、添加剂预混料生产已经走上科学化、规范化的轨道，为养猪生产提供了饲料与技术保障。

3. 疫病防治体系 从中央到地方乡镇兽医站的畜禽疫病防治网络体系以及各级兽药质量监测和卫生防疫机构已经形成和建立，对一些烈性传染性疫病能够进行有效监控和预防，基本保障了安全生产。在一些疾病的诊治和预防方面已经达到了世界先进水平。

4. 加工流通体系 猪肉加工品种除了传统的白条肉、香肠、火腿外，近年来又开发出新鲜、方便、卫生的多种猪肉小包装产品，增加了种类，提升了加工深度，繁荣了市场。

（三）规模化、专业化程度提高

我国养猪生产正处于转型阶段，具有中国特色的适度规模化养猪、工厂化养猪和千家万户养猪三个层次的养猪格局初步形成。同时占主导地位的千家万户零星传统散养方式正在向专业化、集约化方向快速迈进，商品生产目的更加明确。专业户养猪广泛采用了良种，配合饲料及科学技术，出栏率和商品率大大提高；集约化猪场的技术含量和生产水平更高。此外，以公司+科技+农户、良种繁育场+协会+养殖户等生产、加工、销售一体化产业化的各种新型组织形式相继出现，实现了互利互惠，使资源得到了最佳配置，专业化程度更高，抵御风险能力更强，显示出强大的生命力。

（四）养猪科学研究和技术推广成果丰硕

通过种质资源普查，发掘了一些具有特殊性状的猪种，为猪种资源合理利用提供了科学依据；在配合力测试的基础上，筛选出了最佳的杂交组合以及配套系；依据不同品种及我国当地的生态环境，修订或制定了一系列营养、饲养和饲料标准，为指导生产提供了科学依据；在疫病防治方面，我国已研制出一批预防猪传染病的疫（菌）苗，并成功地探索出了一些主要猪病的诊治技术和疫病预防的免疫程序等。这些成果得到了大面积的推广和应用，有效地控制了猪病；在推广瘦肉型猪的同时，大力推广配合饲料、科学饲养技术、圈舍改造、早期断奶、阶段肥育、疫病综合防治等技术；生物技术、计算机在猪的育种、繁殖、营养、饲养管理及疾病防治研究等方面起了重要作用。

三、我国养猪业面临的困难和挑战

我国是生猪养殖大国，同时也是猪肉消费大国。我国生猪饲养量和猪肉消费量均占世界总量的 50%左右，猪肉占我国国内肉类消费总量的 60%左右。生猪养殖业也一直都是我国农业生产中的重要产业，在农业和农村经济中占有重要地位，对农民增收、农村劳动力就业、粮食转化及推动相关产业发展起到重要作用。然而我国在养殖技术及养殖成本上都与其他先进养殖国家存在较大差距。另外，随着我国养殖业规模化发展速度不断加快，行业自动化及信息化应用水平也有了明显进步，总体养殖水平开始不断提高。生猪养殖作为我国的传统养殖业，具有悠久的历史，但是长期以来生产方式和生产水平等较落后，大部分的生猪养殖是以散养为主。自 21 世纪以来，我国在生猪育种、营养、疾病防控等方面的大力投入，取得了显著的成绩，有些技术水平和成果达到了世界的先进水平，但是在实际的生产发展过程中仍面临着很多的困难和挑战。

（一）饲料和劳动力成本上涨

由于我国工业化和城镇化的快速发展，我国农村劳动力成本在不断地上涨，同时，由于我国饲料资源并不丰富，受到国际粮价的影响，饲料原料的价格也在不断地上涨，使生猪养殖的成本增加。

（二）技术推广欠缺，养殖技术薄弱

部分地区科技服务体系不健全，在技术推广方面的投入少，基层畜牧工作人员数量配备不够、专业素质不高，无法全覆盖完成技术的普及和推广工作。主要体现在生产水平低、养殖规模小、散养比例高、缺少技术支撑，在生猪的品种培育、饲料选择、饲养管理、废弃物的处理和消纳等方面缺少专业的指导。

（三）生产水平低

除发达地区和新建的猪场外，部分地区仍然存在养猪技术落后，设施条件差，猪场的设备老化，设计和规划不合理等情况，无法为生长猪提供所需要的良好环境，发挥应有的生长潜能。

（四）猪病预防诊断不健全

缺乏有效的快速诊断和疫病的防治技术，疫病成为影响养猪业发展的重要障碍。加之近些年来规模化猪场从国外大量引种，导致国内猪病更为复杂，多种病原混合感染等影响着养猪生产的发展，影响着生产力水平的提高，制约着养猪业的发展。

（五）环保压力大

随着养殖业集约化、规模化的程度不断提高，饲养和加工过程中产生的大量排泄物和废弃物对养殖场周围的环境造成了严重污染，由于养殖数量的不断增多，粪污处理设备及方法的相对滞后，农村养猪业已经成为主要的污染源。

养殖污染表象原因是种养脱离，其治理效果受相关利益主体行为影响显著；养殖场（户）采纳的废弃物治理技术模式以简易化为主，且影响因素各异；养殖场（户）废弃物治理纵向关系松散，交易链条不稳定；种植户废弃物治理技术以粪肥为主，纵向关系松散，影响因素各异；减量化生产经营方和资源化中间商治理行为以基础性为主，参与动力不足；政府治理监管范围拓宽且强度加大，但政策手段不完善；种养脱离型治理模式和松散型治理机制在我国仍是主流。

（六）食品安全及可追溯系统构建任重道远

猪肉是我国人民比较偏爱的传统肉类食品，猪肉产量呈稳健的上升趋势，在全部肉品中所占比重也逐渐上升。但与此同时我国猪肉的食品卫生安全也面临严重威胁，猪肉中的兽药残留、人畜共患病、病死猪的屠宰贩卖等恶劣食品卫生安全问题时有发生。要提高猪肉的安全性，避免消费者食用劣质猪肉受到伤害，建立完善的猪肉可追溯系统是一个有效对策。但建立和改善猪肉可追溯系统的支出，会导致猪肉价格的上升。消费者能否接受这种猪肉可追溯系统的实施带来的猪肉价格的上涨，是猪肉可追溯系统能否建立的关键。

四、规模化养猪的特点

规模化养猪也称为现代化养猪，就是利用现代的科学技术、现代的工业设施设备和工业集约化的生产方式进行养猪；利用统筹的科学方法来管理养猪生产，从而提高猪场的生产效率、出栏率等指标，达到高产、稳产、优质且低成本的生产目标。

（一）技术密集型产业

规模化养猪涉及日常管理的各项操作及遗传育种、动物营养、环境福利、行为特性、专业化的自动设施设备和科学的疾病防治技术等，是技术密集型产业。

（二）使用自动化、智能化设备

尽可能地使用自动化的仪器和设备，从而提高劳动效率，方便管理，减少饲养人员的工作量。根据实际情况装备必要的机械设备，也可根据猪场的规模选择机械化的程度。

智能养猪即在养猪过程中利用互联网功能，常见的有智能感应系统、自动控温系统、自动饲喂系统、监控系统、预警系统等，从而提升养殖业的生产水平，降低能源消耗，提高工作效率，极大地推动了养猪业的高速发展。

产品追溯系统，是通过电子标签技术对市场猪肉实行全程追溯，保证猪肉的来源和质量。我国已经开始研究，计划能够通过电子标签进行追溯，能够追溯到批次，追溯到场，追溯到个体，这将是下一步畜产品安全将要实施的举措。

精细化养殖，是利用电脑监测系统对每头猪根据个体的生长发育阶段制订相应的养殖计划，提高劳动效率的同时减少饲料和兽药的不必要浪费。目前市场上母猪的群饲系统就是利用的这一技术。

智能管理系统，包括智能猪舍、智能饲喂站、智能生长性能测定站、智能控温系统、智能清粪系统、监控和预警系统等。通过控制间对这些智能设备进行管理和协调，从而使养殖舍各项工作都有序地进行，达到提高效率、降低成本的目的。

（三）通过优化养殖环境，提升猪群健康和生产水平

随着养猪行业的发展与进步，特别是近些年来高水平的猪场的建设，颠覆了传统规模化养殖者对猪场建设和环境控制认识。猪场生产成绩的好坏，是由两个因素决定的，一个是遗传因素，一个是环境因素。除了内在遗传基因因素，外在环境因素是包罗万象的，有营养、环境（温度、湿度、空气质量等）、管理等方面，在具体的生产实践中，更是体现在生产流程的各个环节和细节。国内养猪生产中，以优化猪场建设为核心的硬件环境控制，和以优化生

产管理为核心的软件环境控制，已成为环境因素挖掘的关键点和潜力所在，日益成为养猪人追逐的焦点。通过猪场的科学选址和猪场的科学建设，利用现代化的环境控制设备，不断创新优化饲养管理，为猪提供适宜的生长环境，从而最大化地挖掘猪的生长性能潜力，保障猪群健康，为消费者提供充足、安全的食品来源。

（四）科学化、数据化的管理

利用科学的饲养管理方法统筹管理猪场，使各个生产环节、工艺流程等标准化并规律有序地运转，以数据化方式呈现，使猪场的生产平稳有序、保质保量地运行。

五、我国养猪生产发展趋势

（一）规模化趋势及龙头企业的兴起

规模化生猪生产企业在管理上有规模化采购、养殖成本有效降低、市场竞争能力强等优势。同时，规模化养殖企业的自动化生产体系及标准化管理流程，有利于减少人工成本，提高劳动生产率和精细化程度，进而提高产品质量。

我国未来规模化生猪养殖企业的标准化水平不断提高，企业的规模不断扩大，这些大规模企业逐渐在饲料、养殖、食品加工等一系列产业链上具备了全面布局能力，产业一体化的形成推动区域龙头地位的巩固。

（二）我国生猪生产区域布局的优化调整

2016 年 12 月 31 日中共中央、国务院发布了《中共中央、国务院关于深入推进农业供给侧结构性改革加快培育农业农村发展新动能的若干意见》。该意见中最重要的一个政策指导方向是环境保护、优化南方水网地区生猪养殖区域布局，引导产能向东北地区、内蒙古地区等环境容量大的地区和玉米主产区转移。同时农业部及各个地方政府也出台相应政策加强东南沿海地区的生猪限养政策，同时加大东北四省区（内蒙古、辽宁、吉林、黑龙江）的生猪养殖的重新布局，这将是我国“十三五”期间及今后的生猪产业布局调整的大趋势。

（三）种养结合趋势

我国畜禽养殖业快速发展的同时也带来养殖废弃物污染。尽管政府已将污染治理提上日程，但废弃物数量的增加、有害物质的超标残留以及消纳问题仍未得到有效解决。种养脱离、利益主体众多、利益关系复杂、治理链条长等困难束缚着治理进程。

种养脱离型治理模式和松散型治理机制在我国仍是主流，种养结合型治理模式和紧密型治理机制则是优化路径。基于种养品种和环境可承载能力优化种养产业布局；在划定禁限养区的前提下稳步推进土地流转，保障消纳用地和基础设施供应；全面改进、完善治理技术标准，并根据治理环节及治理程度推行不同技术；根据种养结合程度加强治理纵向关系，发挥新型经营主体示范作用；依托约束因素构建治理主体间紧密的制衡关系；建立权威与明确、全面与合理的治理政策体系，提高废弃物经济价值。

（四）生态健康养殖（福利养殖）的兴起

随着社会的发展，人们更加推崇“人、动物与自然”的和谐关系，提倡改善农场养殖环境。重视农场动物健康的生态健康养殖模式也将会被普遍接受，成为未来养殖业发展的必然方向。

（五）消费者的猪肉需求由量到质的转变

我国居民生活水平的不断提高，使人们对猪肉安全性重视程度也随之增强。近年来不断出现的食品安全事件让消费者对食品生产各个环节的安全性产生了质疑，消费者对产品源头的关注程度也越来越高；而农产品可追溯体系是控制农产品质量的有效手段。我国农业部近年来在畜牧、水产等行业开展了农产品质量安全追溯试点，各省市也在地区区域内积极尝试追溯平台的建立。农业部在《全国生猪生产发展规划（2016—2020 年）》中明确指出，要初步形成“来源可追溯、去向可跟踪”的现代化动物源性食品安全监督网络。

第二章　规模化猪场生产工艺

第一节　生猪生产工艺流程

一、生猪生产阶段的划分

在养猪生产中，根据不同生长阶段的生理特点和营养需要的不同，通常将其划分为哺乳期、保育期、生长育肥期、生产繁殖期等阶段，不同的阶段饲养管理措施不一样，栏舍设施与设备也有不同。

（一）哺乳仔猪

从出生至断奶的仔猪即为哺乳仔猪，仔猪的哺乳期即为哺乳仔猪的饲养期。仔猪断奶后可立即转入保育猪舍饲养，有的猪场也在分娩舍原窝养 1 周后再转群，哺乳期的长短及是否留栏饲养，均将影响分娩栏舍的配置数量。由于哺乳仔猪对低温敏感，对饲养管理的要求较高，分娩栏舍还应设有仔猪保护、补饲和保温等特殊的设施。

（二）保育猪

断奶至 70 日龄的仔猪即为保育猪，生产中亦称断奶仔猪，保育猪应在专门的保育舍进行饲养，因此，也将在保育舍中饲养的猪称为保育猪。现阶段保育猪的饲养较之以前 4 周的时间进行了延长，基本都达到 6~7 周，如果仔猪 3 周龄断奶即刻转群，则保育期应设为 7 周，保育猪转育肥时达 70 日龄。这个阶段的猪只母源抗体急剧下降，主动免疫正在形成，生理机能逐步健全，对环境要求极高，冬季供暖、夏季降温及通风换气均要全面考虑，如果猪只能顺利度过此阶段，将具备较强的抵抗力和生长态势，能够保证后续生产顺利进行。

（三）生长育肥猪

对商品猪场而言，70 日龄至出栏（体重达 100~140 kg）的猪为生长育肥猪。此阶段较长，又可细分为小猪（50 kg 以下）、中猪（50~70 kg）、大猪（70 kg 以上）3 个阶段；亦可分为生长猪（60 kg 以上）和育肥猪（60 kg 以下）两个阶段。

（四）种公母猪

1. 基础母（公）猪　指已经投入到生产中的母（公）猪，即正在进行繁殖生产的母（公）猪。猪场的规模主要由基础母猪的数量决定。基础母猪一个生产周期包含空怀、怀孕、哺乳 3 个阶段，常按阶段称为空怀母猪、怀孕母猪和哺乳母猪。

2. 后备母（公）猪　指处于培育阶段，计划投入到生产中的母（公）猪。后备母（公）猪达到适配的年龄与体重，符合规定的外形要求，生长状况良好时，才能被选留进入基础母猪群。

3. 原种群（祖代种猪群）　生产中多数情况下是指用来生产后备母（公）猪的种猪，即自繁自养的猪场自己培育父母代生产种猪时的祖代种猪群，常被称为“核心群”。由于一头原种母猪一年要供的父母代种猪的数量及后备母猪的培育成功率和基础母猪的年淘率是基本固定的，所以基础母猪群的数量是确定的，则与之配套的原种群的数量就是确定的。一个猪场通过引种或培育能够保证核心群的存栏数，则各阶段猪的存栏数就可得到保证，猪场可以不断地运转下去。

二、规模化生猪生产工艺流程

工艺流程决定栏舍的设计形式及设备的配置，其主要内容就是定义生猪生产各阶段的饲养时间和接转标准。可以按猪的生产类型分为母猪生产流程、肉用猪生产流程、种用猪生产流程等。

（一）母猪生产流程

1. 母猪生产流程的形式　母猪的生产流程根据是否使用限位栏（图 2.1）限位饲养、半限位栏（图 2.2）半限位饲养或妊娠散养大栏（图 2.3）群养

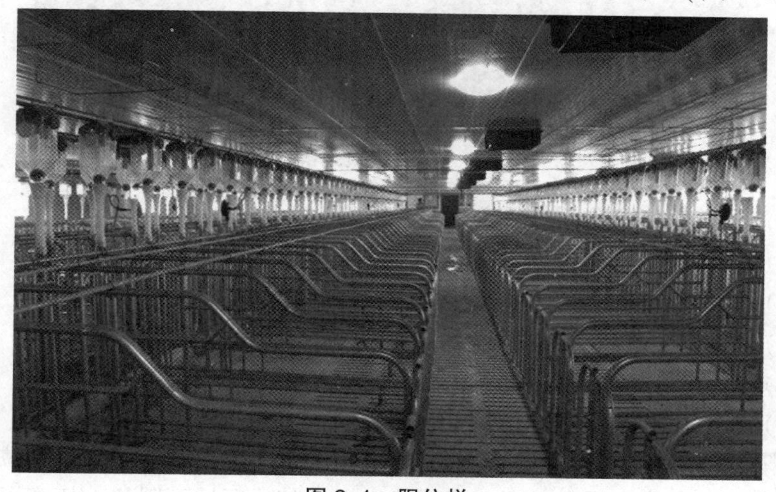

图 2.1　限位栏

（散养）等分为如下几种形式。

图 2.2　半限位栏

图 2.3　自动饲喂大群散养

（1）配怀母猪全程限位饲养。

（2）配怀母猪全程群养。

（3）配种前群养，配种后限位饲养。

（4）配种前限位饲养，配种后群养。

（5）配种前限位饲养，配种后半限位饲养。

（6）配怀母猪全程半限位饲养。

半限位是指母猪采食区通过独立的槽位进行限位，每头猪一个槽位，每个槽位只能进一头猪，采食时不互相干扰，栏内其他区域不限位，拓宽了母猪的活动空间。其投资相对电子饲喂系统小，主要适用于小群（10 头以下），混群稍显麻烦。该技术在养猪业发达的国家已经推广使用，我国一些采用小群饲养模式的新建猪场也有采用。

现阶段，如果不上群养设备，上述第（1）、第（5）、第（6）种方式在发情鉴定、配种、查孕等方面均较为方便，同时，第（5）、第（6）种方式母猪运动与福利更好；如果上群养设备，第（4）种方式占优，第（2）种方式次之。

2. 智能化生猪生产工艺流程与传统生产方式在母猪生产上的差别　智能化生猪生产工艺流程较传统生产方式在母猪生产上有如下明显差别。

（1）母猪各阶段实现了精确饲喂。

（2）母猪群养系统可以保证怀孕期母猪在精确饲喂的同时进行适量运动。

（3）母猪接转采用了新的判别方式，如 B 超查孕、电脑查情等。

（二）肉用猪生产流程

肉用猪生产流程是指从初生到上市的过程，包括：初生（3 周）、断奶（1 周）、保育（7 周）、育肥（13~18 周），达到上市要求。

（三）种用猪生产流程

种用猪生产流程是指从初生到种用的过程，包括：初生（3 周）、断奶（1 周）、保育（7 周）、育成（16~25 周），达到种用要求。

第二节　生猪自动饲喂工艺

生猪的饲喂工艺经历了人工饲喂、自动饲喂阶段后，现在已经发展到智能饲喂阶段，即通过计算机自动控制技术，可以根据每一个个体的生长阶段及生长状况的不同，而给予相应种类和数量的饲料。如“母猪智能群养系统”和“肥猪自动分群饲养系统”。

一、生猪自动饲喂的意义

生猪自动饲喂较传统人工饲喂生产方式具有如下明显优势。

（一）减小劳动强度，降低劳动力成本

传统人工饲喂与清粪约占生产总劳动时间的 70%，饲喂与清粪又各占一半，而且饲喂的劳动强度更大。一个身强力壮的男劳力，可饲养生长育肥猪 300~500 头，母猪不超过 50 头。采用自动饲喂方式，母猪、育肥猪几乎不再需要饲喂的劳力。

（二）精确饲喂

无论是限位饲养还是群养母猪，均可通过调节计量装置来控制下料量，实

现限制饲喂。生长育肥猪也可以实现自动分群饲喂。

（三）提高饲料卫生

生猪自动饲喂避免了一切人为因素的干扰和其他动物的二次污染，具有更加可靠的安全性。

（四）减少饲料浪费

传统人工饲喂使用旧式的食槽，特别是保育猪与育肥猪，饲料浪费极大，有的场几乎超过10%。自动饲喂采用了新式的下料装置，可以将饲料的浪费控制在1%以内。

二、固态料自动饲喂系统

生猪固态料自动饲喂系统包括自动输料系统和自动喂料系统（图2.4、图2.5）两个部分。自动输料系统负责将指定类型固态料（干粉料或颗粒料）自动运送到各栏舍的饲喂点，与工厂的传送带相似，一般可分链盘式（或索盘式、塞盘式）和绞龙式自动输料系统，前者配合输料转角轮，适合室内折转较多的线路供料，输送长度可达500 m；后者适合室外直线输送，最大长度不超过100 m，一般不建议绞龙做较长距离输送，因为绞龙的搅动可能导致饲料的性状分离，影响饲料的混合均匀度。实际应用中以前者为主，或者两者结合使用。自动喂料系统负责控制下料方式和下料量，通过专用的喂料器实现猪的限制饲喂及保育和育肥猪的自由采食。外部供料可以由饲料车辆运输到舍前料塔内，也可以由场外散装料车运送至场内集中料塔（中转料塔，图2.6），再由输料线送至舍前料塔，或由场内饲料转运车转至舍前料塔。

三、液态料自动饲喂系统

液态料自动饲喂技术与固态料饲喂技术相似，也用料线进行输送，不过输送的是用水稀释并搅拌均匀的液体料，因其可以流动，所以可以用泵做动力进行输送。显然，液态料在适口性、避免粉尘、减少饲料浪费、提高饲料利用率等方面优于固态料；同时因为用泵作动力，料线的安装布置更简单灵活，输送距离也更远。液态料饲喂技术在欧洲应用较广，德国约80%，荷兰约60%，法国约15%，英国肉用家畜委员会下属猪场有25%以上应用液态饲料饲喂；在北美和其他国家，使用较少，但也有增加趋势。

液态料系统由2个混合罐（1个混料，1个配水）、2根总线（1根送料线，1根回水线）、每单元1根单元料线、泵和各种电控阀门构成，每个混合罐下有高灵敏度的重量传感器，可以对混合罐中的物料进行计量。每个循环的每次用水量和干料量由计算机系统根据每个单元循环中下料口猪的数量、饲料配方、饲喂曲线、料水比和日饲喂次数等参数算出，物料的计量与混合，以及

图 2.4 舍内自动喂料系统（舍内料线）

图 2.5 舍外自动喂料系统（舍前料塔，舍外料线）

泵与阀门的开关也由计算机控制。每个饲喂阀门的放料量由安装在混合罐下的重量传感器采集重量数据，由计算机根据减少量算出并控制。可见液态料对料量的控制在发送端，而固态料对料量的控制在饲喂端。

液态料自动饲喂系统通过电脑准确地控制饲料生产与饲喂（图 2.7），因此能够成功地应用于养猪生产的各个阶段。在有液态原料副产品（如啤酒渣、酿酒酒糟等）的地区使用，效果更好。但液态料应用需要更高的饲养管理水平，且必须处理好如下一些问题。

（一）发酵控制

适度发酵有利于消化，但如果发酵过度则会导致大肠杆菌、沙门杆菌、酵

图 2.6　场内集中料塔（中转料塔）

图 2.7　舍内液态料自动饲喂系统

母和许多其他可能的病原体增多，对动物健康不利。这是液态饲喂系统受到最大质疑的地方，特别是常年温度较高地区。因此，业内通常建议用乳酸（或者其他酸化剂）酸化，并用二氧化氯进行处理。这里应注意的是，每个搅拌和输送系统都有特定的程序用于清洁和消毒，这些程序必须严格遵守执行，以确保系统清洁卫生。

（二）干物质浓度控制

液态饲喂的另一个关键问题是湿料中干物质的浓度。根据经验，每 1 份干饲料应配 3 份水，或者干物质浓度为 25%即可。注意有些老式的输料系统不能输送浓度高的搅拌料。

（三）饲喂频率与槽位控制

饲喂频率与槽位控制是液态饲喂的又一个关键问题。每一次放料必须保证每一头猪有充足的采食位（如每头育肥猪需要30~33 cm）并保证吃净，而且料槽也要有足够的容量容纳每次的放料量。

（四）拒食猪辅助

拒食现象主要见于保育舍刚断奶仔猪，因其之前不熟悉液态饲料而拒食。拒食现象出现时，通常可以在饲喂器靠近料槽的一端添加一些干饲料，连续添加几天，直至猪只开始愿意进食液态料。

第三节　猪舍内环境控制工艺

一、供暖保温工艺

（一）常用保温材料

保温隔热材料与工艺在建筑中的应用，能大幅度减少能源的消耗，从而减少环境污染和温室效应。1980年以前，中国保温材料的发展十分缓慢，但之后特别是近20年，中国保温材料工业高速发展，不少产品从无到有，从单一到多样化，质量从低到高，已形成以膨胀珍珠岩、矿物棉、玻璃棉、硅酸钙、泡沫塑料、硬质聚氨酯等为主的品种比较齐全的产业。

保温材料按化学性质一般可分为无机、有机及复合保温材料，也可按材料的物理性状来分，如板料、浆料（或粉料）、发泡料等。下面对使用相对广泛的材料进行简单介绍。

1. 膨胀聚苯板（EPS板） 导热系数0.037~0.041，保温效果好，价格便宜，强度稍差。

2. 挤塑聚苯板（XPS板） 导热系数0.028~0.03，保温效果更好，强度高，耐潮湿，但价格较EPS贵，施工时表面需要处理。

3. 岩棉板 导热系数0.041~0.045，防火，阻燃，但吸湿性大，保温效果较差。

4. 胶粉聚苯颗粒保温浆料 导热系数0.057~0.06，阻燃性好，由回收废品原料制成，价格便宜，但保温效果不理想，对施工要求高。

5. 珍珠岩保温浆料 导热系数0.07~0.09，防火性好，耐高温，保温效果差，吸水性高。

6. 聚氨酯（PIR）发泡材料 导热系数0.025~0.028，防水性好，保温效果好，强度高，价格较高。

（二）建筑保温处理

据统计，中国传统房屋住宅的能量损失中，墙体约占50%，屋面约占10%，门窗约占25%，地下室和地面约占15%。传统封闭式猪舍与此相似，环控型猪舍均为封闭式，因此建筑保温处理是一个关键措施，对后期运行成本影响很大。

1. 栏舍位置与朝向 由于我国冬季盛行西北风，因此栏舍位于东南缓坡，即西北方高东南方低或西北方有障碍物的位置，对栏舍保温有利；另外，房子坐北朝南有利于避风及冬季采暖。现在多为环境控制型栏舍，一般不特别讲究位置和朝向，但如条件允许请遵循这个规律，有利于节约能源。

2. 墙体保温 墙体保温可分为内保温、外保温和夹心保温。猪舍建筑室内要经常喷洒消毒液或冲水清洗，不方便用内保温，因此，主要采用外保温和夹心保温。当然，墙体本身材料及厚度对保温也有较大影响，如多孔砖比实心砖保温性能更好，空心墙比实心墙保温性能更佳，墙壁的厚度越大保温性能也越强。

（1）保温砂浆保温：保温砂浆是以各种轻质材料为骨料，以水泥为胶凝料，掺和一些改性添加剂，经搅拌、混合而制成的一种预拌干粉砂浆。主要用于建筑外墙保温，也可用于内墙，具有施工方便、耐久性好等优点。市面上的保温砂浆主要有无机保温砂浆（玻化微珠防火保温砂浆、复合硅酸铝保温砂浆、珍珠岩保温砂浆）和有机保温砂浆（胶粉聚苯颗粒保温砂浆）两种。在这些保温砂浆材料中，使用最多的是玻化微珠防火保温砂浆和胶粉聚苯颗粒保温砂浆。其中，玻化微珠防火保温砂浆具有优异的保温隔热性能和防火耐老化性能，以及不空鼓开裂、强度高、施工方便等特点，也是珍珠岩保温砂浆的升级材料（珍珠岩保温砂浆因吸水率高等缺点逐渐地被淘汰）；胶粉聚苯颗粒保温砂浆具有重量轻、强度高、隔热防水、抗雨水冲刷能力强、水中长期浸泡不松散、导热系数低、干密度小、软化系数高、干缩率低、干燥快、整体性强、耐冻融等特点；复合硅酸铝保温砂浆由于黏结性能及施工质量等存在隐患，是国家明令的限用建材。

（2）保温板保温：将保温板材（EPS、XPS、岩棉板等）以粘贴、外挂或浇注的方式附着于外墙外进行保温。它是由聚合物砂浆、玻璃纤维网格布、阻燃型EPS或XPS等材料复合而成的，集保温、防水、饰面等功能于一体。

（3）发泡剂喷涂保温：使用最多的为聚氨酯喷涂保温，达到国家A级标准防火性能，高温下不融化、无滴落物、低烟雾，尺寸稳定性好，具有良好的保温节能效果，做到了防火和节能性能的统一。喷涂聚氨酯硬泡墙体保温是以A料（异氰酸酯）加B料（多元醇、发泡剂、催化剂、阻燃剂等）经高压发泡设备现场喷涂发泡为保温层，以聚合物干混砂浆为罩面层，以玻纤网格布为加强层的外墙保温系统，饰面层适用于涂料、瓷砖、弹涂等。

注意以下施工要点。

1）基层平整（符合规范要求），喷涂前，清除基层松动部位、浮灰、污物，堵好脚手眼，安装好预埋件，基层必须干燥，含水量≤8%。

2）大风（>4 级）、0 ℃以下、下雨时不得施工。

3）喷涂前必须做好门窗、临近墙体、地面行人、车辆的防护，不能造成任何污染，操作者要穿防护服，戴防护帽、防护眼镜等。

4）分层喷涂，每层不得超过 2 cm，误差不得大于±5 mm。

5）打磨要精细平整，误差不得大于±2 mm。

3. 门窗保温 在设计时尽量减少门窗的面积有利于保温及隔热。有的环控型栏舍不设窗户，但可能会出现母猪因缺乏自然光照而影响正常发情的情况。门窗本身的材料也会影响保温效果，现在有专用的保温门窗，门板有专业的保温夹层，窗户也使用双层中空玻璃，保温性能得到了较好的保证。

4. 吊顶及屋顶保温

（1）吊顶保温：吊顶可以方便通风、保暖与隔热。环控型栏舍还设有专门的吊顶保温层，使用的材料要求质轻并阻燃，大致分为两大类：一种是用棉类的保温板，如岩棉板、硅酸铝棉板、离心玻璃棉板，对人体有害，但相对便宜；另一种是无机保温材料，如复合硅酸盐稀土保温涂料，这个厚度要做到 5 cm 以上，施工过程中辅助材料费用高，并需要加固。环控型栏舍为了保证保温效果和美观一般使用夹心板，单侧彩钢；另一侧为 PVC（聚氯乙烯）；中间为阻燃性保温材料，如若棉等。

（2）屋顶保温：与吊顶保温材料相似。现代环控型屋顶一般使用钢结构，可以使用岩棉板等做夹层，或使用新型无机保温材料直接在屋内顶上喷涂，厚度只有 2~3 cm，无需辅助材料。也可使用阻燃性泡沫夹心彩钢板。

（三）供暖

供暖就是用人工方法向室内供给热量，使室内保持一定的温度，以创造适宜的温度环境。

1. 供暖系统的构成 供暖系统由热源、热媒输送管道和散热设备组成。热源是提供具有压力、温度等参数的蒸汽或热水的设备。热媒输送管道是把热量从热源输送到热用户的管道系统。散热设备是把热量传送给室内空气的设备。

2. 供暖系统的分类 供暖系统有很多种不同的分类方法，按照热媒的不同可以分为热水供暖系统、蒸汽供暖系统、热风采暖系统；按照热源的不同又分为热电厂供暖、自备锅炉房供暖、集中供暖等。

（1）养殖场自建的供暖系统以热水供暖系统最为常见，其分类如下。

1）按系统循环动力的不同分类：按系统循环动力的不同，热水供暖系统可分为自然循环系统和机械循环系统。靠流体的密度差进行循环的系统称为自然循环系统，靠外加的机械（水泵）力循环的系统，称为机械循环系统。

2）按供、回水方式的不同分类：按供、回水方式的不同，热水供暖系统可分为单管系统和双管系统。单管系统管路较为简单，但双管系统供热更加均匀。

3）按管道敷设方式的不同分类：按管道敷设方式的不同，热水供暖系统可分为垂直式系统和水平式系统。

4）按热媒温度的不同分类：按热媒温度的不同，热水供暖系统可分为低温供暖系统（供水温度 $t<100$ ℃）和高温供暖系统（供水温度 $t\geq100$ ℃）。各个国家对高温水和低温水的界限，都有自己的规定。在我国，习惯认为低于或等于 100 ℃的热水，称为低温水；超过 100 ℃的水，称为高温水。养殖场供暖系统大多采用低温水供暖，设计供回水温度采用 70~95 ℃。

因为养殖场多为单层建筑，也不需要太高的温度，因此，一般使用双管（或单管）、低温、水平式、机械循环热水供暖系统。

（2）以上为集中供暖的方式，养殖场也使用下述较简易的分散供暖工艺。

1）灯暖：如使用红外灯进行保暖，布置与操作简单，移动方便，多用于初生小猪保温。由于发热灯位于动物上方，热气也往上升腾，热效率不高，但兼有照明作用。

2）电地暖：过去一般使用可移动电热板，但导线接口部位容易损坏，使用并不方便。现在多在栏舍建设阶段做预埋，预埋的材料也由原来的电热丝改成碳纤维，安全性、耐用性有较大提升。保育舍躺卧区及分娩舍仔猪活动区域可以采用碳纤维地暖。

3）气暖：指通过加热空气或直接输送热空气来供暖。如燃气或电热风炉供暖。

（四）饮用水循环加热

冬季猪的保温涉及三个方面：水温、床（睡台）温及室温。饮水是直接进入猪体的，因此最重要的应该是水温，其次是床温，最后才是室温。

饮用水循环加热技术的核心是使用工业级的水循环加热器，将入户的分支水路做成环路，接入加热器的供回水路，入户管接入其补水口即可。加热器使用动力电提供热力，自带热力泵提供水循环动力，温度控制精度±1 ℃。

二、通风降温工艺

（一）湿帘降温

湿（水）帘是一种特种纸制蜂窝结构材料（图 2.8），其工作原理是“水蒸发吸收热量”这一物理现象。即水在重力的作用下，从上往下流在湿帘波纹状的纤维表面形成水膜，当快速流动的空气穿过湿帘时，水膜中的水会吸收空气中的热量后蒸发带走大量的潜热，使经过湿帘的空气温度降低从而达到降温的目的。在实际中与负压风机配套使用，湿帘装在密闭栏舍一端山墙或侧墙上，风机装在另一端山墙或侧墙上，降温风机抽出室内空气，产生负压使室外的空气流经多孔湿润湿帘表面，大量热量被蒸发水汽吸收，温度显著降低。据测试，空气经过湿帘温度可下降 10~15 ℃。湿帘还有增加空气湿度和除尘的作用。

图 2.8　湿帘

（二）通风

通风有两个作用，一是排出有害气体，保持舍内空气新鲜；二是夏季时湿帘降温。按通风的方向可分为水平（横向或纵向）通风和垂直通风。

1. 水平纵向通风　风机位于一端山墙，进风口位于另一端山墙（或侧墙），风从栏舍的一端以较大流速流向另一端，主要用于夏季通风降温，也能增加舍内湿度并降低粉尘（图 2.9）。纵向通风因距离较长，两端可能会有温差。因此，在建舍时，要控制好一个栏舍单元的长度，以进出风口之间不超过 100 m 为宜。

2. 水平横向通风　横向通风有两种形式，一种为侧吸风式（图 2.10），进风口位于猪舍一侧的侧墙上，风机安装在另一侧的侧墙上，即一侧进、另一侧出；另一种为顶吸式，进风口位于猪舍两侧的侧墙上，风机安装在屋顶上，即从两侧进、顶端出。顶吸式由于风机在屋顶，安装维护不便，但对相邻栏舍干

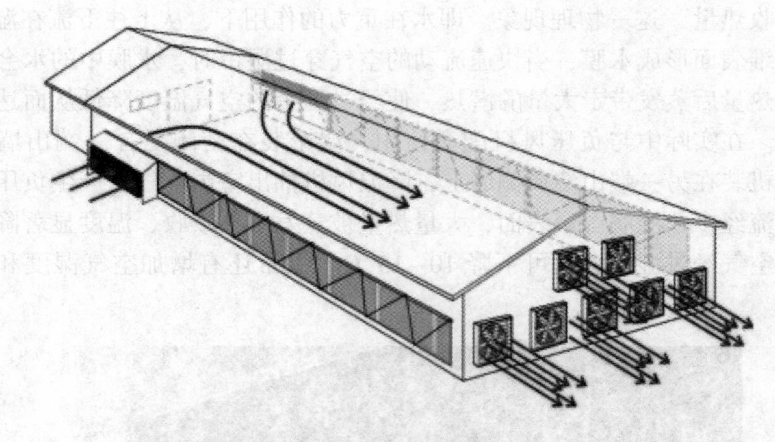

图 2.9　水平纵向通风

扰较小。由于通风距离较短，流速较慢，主要用于冬季通风换气，但各区域风速可能不均匀。

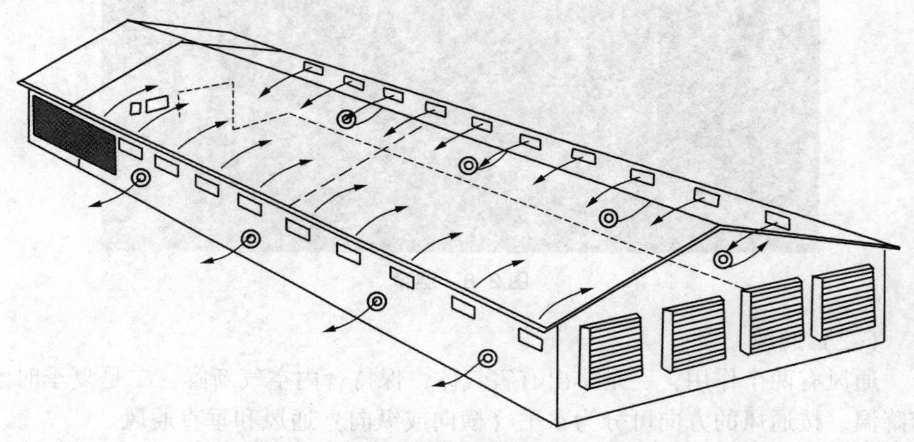

图 2.10　侧吸风式水平横向通风

3. 垂直通风　风口位于吊顶上，风机位于地沟的出风口，风从吊顶进入，穿过舍内通过漏缝板经粪坑风道排出。垂直通风主要用于冬季通风换气，也可用于春、秋季通风。

由于地沟内有害气体浓度相对较高，从上往下的垂直通风模式对排除舍内有害气体更为有利，而且风机安装维护也更方便，因此应用较为广泛。这种方式要求最好在地下粪坑中建专用的风道，如果直接从粪坑内吸取，则风机远端换气不良。如果为老猪场改造，可以在粪坑中挂装 PVC 通风管来解决问题，风管在粪坑内开口由风机近端到远端逐渐变密。

有的猪舍对垂直通风模式进行改良，增设专用的供气通道和热交换室，在新鲜空气均匀度及节能环保上做得更好，如美国的 Air Works（空气控制）系统（图 2.11）等。

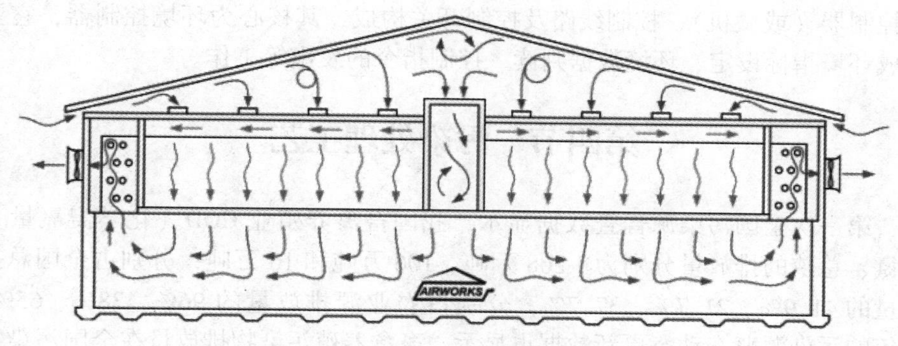

图 2.11 Air Works（空气控制）系统

4. 联合通风 现代环控型猪舍多数采用水平与垂直通风相结合的联合通风模式，即夏季高温采用水平纵向通风，其他季节采用垂直通风，或者由自动控制系统根据温度、有害气体浓度等指标自动开启相应风机和通风口，做到全自动控制通风（图 2.12）。

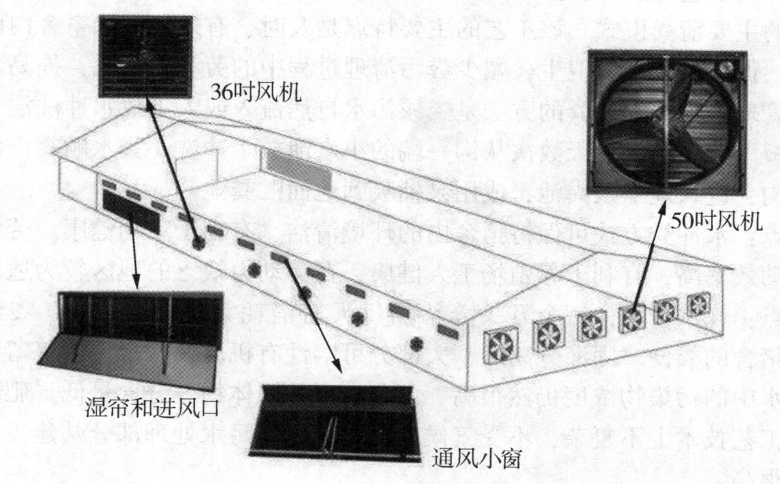

图 2.12 联合通风

注：吋（英寸）为非法定计量单位，1 吋（1 英寸）= 2.54 厘米

三、自动控制系统

目前，舍内环境自动控制主要集中在温度和空气新鲜度（即有害气体浓

度）控制，有害气体又以氨为代表。温度控制主要以供暖与湿帘降温来进行，空气新鲜度控制主要通过通风来进行。供暖与通风一般是矛盾的，而湿帘降温与通风是相辅相成的。环境自动控制系统主要由各种探头、数据传输线路、环境控制器（或微机）、控制线路及控制开关构成，其核心为环境控制器，它要完成环境指标设定、环境数据判读、控制指令的发出等工作。

第四节　污染处理工艺

第一次全国污染源普查数据显示，我国畜禽养殖业 COD（化学需氧量）、总氮、总磷的排放量分别为 1 268 万吨、106 万吨和 16 万吨，分别占全国总排放量的 41.9%、21.7%、37.7%，分别占农业源排放量的 96%、38%、65%。近年的污染源普查动态更新数据也显示，畜禽养殖污染物排放量在全国污染物总排放量中的占比在上升。

一、粪污清理工艺

（一）水冲粪工艺

水冲粪工艺是 20 世纪 80 年代中国从国外引进规模化养猪技术和管理方法时采用的主要清粪模式。该工艺的主要特点是及时、有效地清除畜舍内的粪便和尿液，保持畜舍环境卫生，减少粪污清理过程中的劳动力投入，提高养殖场自动化管理水平。水冲粪的方法是粪尿污水自然流入或人工放水冲洗混合进入漏缝地板下的粪沟，每天数次从沟一端的小水池放水冲洗。粪水顺粪沟流入粪便主干沟，进入地下贮粪池，或用泵抽吸到地面贮粪池。

优点：水冲粪方式可保持猪舍内的环境清洁，有利于动物健康。劳动强度小，劳动效率高，有利于养殖场工人健康，在劳动力缺乏的地区较为适用。

缺点：耗水量大，一个万头养猪场每天需消耗大量的水（200～250 m^3）来冲洗猪舍的粪便。固液分离后，大部分可溶性有机质及微量元素等留在污水中，污水中的污染物浓度仍然很高，而分离出的固体物养分含量低，肥料价值低。该工艺技术上不复杂，不受气候变化影响，但污水处理部分基建投资及动力消耗很高。

（二）水泡粪工艺

该工艺的主要特点是能够定时、有效地清除畜舍内的粪便、尿液，减少粪污清理过程中的劳动力投入，减少冲洗用水，提高养殖场自动化管理水平。水泡粪清粪工艺是在水冲粪工艺的基础上改造而来的。工艺流程是在猪舍内的排粪沟中注入一定量的水，粪尿冲洗和饲养管理用水一并排放到漏缝地板下的粪沟中，储存一定时间后（一般为 1～2 个月），打开出口的闸门，将沟中粪水排出。粪水顺粪沟流入粪便主干沟，进入地下贮粪池，或用泵抽吸到地面贮粪池。

优点：比水冲粪工艺节省用水，由于大量使用漏缝地板，眼观也较清洁。

缺点：粪便长时间在猪舍中停留，形成厌氧发酵，产生大量的有害气体，如H_2S（硫化氢）、CH_4（甲烷）等，恶化舍内空气环境，危及动物和饲养人员的健康。因此，必须以良好的通风系统作为支撑。粪水混合物的污染物浓度更高，后处理也更加困难。该工艺技术上不复杂，不受气候变化影响，污水处理部分基建投资及动力消耗较高。特别是如果采用深坑并进行了充分发酵，后期的固液分离相当困难且意义不大。

考虑到深坑（1.5 m以上）工艺的不足，现在常将粪坑深度设计在1.3 m以内（多数深度控制在0.6~1 m），称为"尿泡粪"，这种方式注水量少且排空周期较短，一般夏季为1~2周，冬季为3~4周，有利于进行固液分离或生产沼气，已经被越来越多的设计方案所采用。

（三）干清粪工艺

该工艺的主要特点是能及时、有效地清除畜舍内的粪便、尿液，保持畜舍环境卫生，充分利用劳动力资源丰富的优势，减少粪污清理过程中的用水、用电，保持固体粪便的营养物，提高有机肥肥效，降低后续粪尿处理的成本。干清粪工艺的主要方法是，粪便一经产生便分流，干粪由机械或人工收集、清扫、运走，尿及冲洗水则从下水道流出，分别进行处理。干清粪工艺分为人工清粪和机械清粪两种。人工清粪只需用一些清扫工具、人工清粪车等，设备简单，但劳动量大，生产率低。机械清粪包括铲式清粪和刮板清粪，猪场多使用后者。其工作原理是：电动机将动力通过减速箱传递给传动机构，利用传动机构上的槽轮拖动刮粪装置，使其在粪道内做往复运动，对粪道内的粪便进行清理，并将粪便刮入集粪沟中（集粪沟也可设置刮板，最终将粪刮到粪池中）。刮粪装置碰到设置在粪槽内的行程控制机构后，通过控制电路，自动实现电动机的反转，将刮粪装置拉回，直至碰到回程的行程控制装置，实现其复位。为了节约设备和电力，通过纹盘和纹索绕线方式的变化，可以做成1拖2、1拖3、1拖4几种成组安装形式。

机械清粪的优点是可以减轻劳动强度，节约劳动力，提高工效。缺点是一次性投资较大，还要花费一定的运行维护费用，而且对粪坑的施工精度要求很高；否则，运行阻力大，钢丝绳易断裂，加之工作部件上沾满粪便，维修人员要出入粪坑进行修理，难度较大。清粪机工作时噪声也较太，影响畜禽生长。因此，机械清粪还需要解决一些实际问题，才能得到更广泛的应用。

（四）三种清粪工艺比较

现有的资料表明，采用水冲式和水泡式清粪工艺的万头猪粪污水处理工程的投资和运行费用比采用干清粪工艺的多1倍。水冲式和水泡式清粪工艺，耗水量大，排出的污水和粪尿混合在一起，给后处理带来很大困难，而且固液分离后的干物质肥料价值大大降低，粪便中的大部分可溶性有机物进入液体，使液体部分的浓度很高，增加了处理难度。与水冲式和水泡式清粪工艺相比，干清粪工艺固态粪污含水量低，粪中营养成分损失小，肥料价值高，便于高温堆肥或其他方式处理利用。产生的污水量少，且其中的污染物含量低，易于净化处理。

常用水质指标及含义：

COD：在一定的条件下，采用一定的强氧化剂处理水样时，所消耗的氧化剂量。它是表示水中还原性物质多少的一个指标。水中的还原性物质有各种有机物、亚硝酸盐、硫化物、亚铁盐等，但主要是有机物。因此，化学需氧量（COD）又往往作为衡量水中有机物质含量多少的指标。化学需氧量越大，说明水体受有机物的污染越严重。

CODCr：CODCr是采用重铬酸钾（$K_2Cr_2O_7$）作为氧化剂测定出的化学需氧量，即重铬酸盐指数。

BOD：在有氧条件下，好氧微生物分解单位体积水中有机物所消耗的游离氧的数量，表示单位为氧的毫克/升（O_2，mg/L）。主要用于监测水体中有机物的污染状况。

BOD_5：在测定生化需氧量时一般以20 ℃作为测定的标准温度。20 ℃时在BOD的测定条件（氧充足、不搅动）下，一般有机物20 d才能够基本完成在第一阶段的氧化分解过程（完成过程的99%）。就是说，测定第一阶段的生化需氧量，需要20 d，这在实际工作中是难以做到的。为此又规定一个标准时间，一般以5 d作为测定BOD的标准时间，因而称之为5 d生化需氧量，以BOD_5表示。BOD_5约为BOD_{20}的70%。

SS：指悬浮在水中的固体物质，包括不溶于水中的无机物、有机物及泥沙、黏土、微生物等。水中悬浮物含量是衡量水污染程度的指标之一。悬浮物是造成水混浊的主要原因。

TS：总固体，指总溶解固体量（TDs）和总悬浮固体量（TSs）之和。它是在一定温度下，水样烘干后残留在器皿中的物质。一般用百分数表示，即TS含量。

二、粪污处理工艺

畜禽养殖污染控制技术主要有：物理法，包括沉淀、脱水、干燥等；化学法，包括混凝、氧化、消毒等；生物法，包括厌氧、好氧、兼氧等；生态法，包括氧化塘、湿地、生态沟渠等；资源化利用，包括堆肥、有机肥、饲料化等。下面对常用的粪污处理方法进行介绍。

（一）固体粪便利用技术

固体粪便利用技术指对干清粪或固液分离出的固形物粪便进行处理利用的技术。

1. 干燥技术　目前没有比较经济完善的粪便干燥处理技术。常用的方法有如下几种。

（1）太阳能大棚自然干燥：是农业利用的主要干燥方法。能充分利用自然资源，成本较低，但干燥的速度慢，占地面积较大。

（2）高温快速干燥：主要用于专业有机肥生产。干燥速度快，杀菌、除臭、熟化快，可批量生产，但能耗高，投资大。

（3）烘干膨化干燥：应用较少，干燥过程中易产生恶臭气体。

2. 堆肥技术　堆肥化处理是目前最佳的固体粪便处置方式。比干燥法具有省燃料、成本低、发酵产物生物活性强、粪便处理过程中养分损失少、去臭灭菌的优点。处理后的最终产物臭气少且较干燥，容易包装、运输、销售、撒施。有两种堆肥方法。

（1）自然堆肥法：是农业利用的主要使用方法。无需设备和耗能，直接在一个宽阔的能够遮雨的场地堆制，但腐熟慢，占地面积大，效率不高。

（2）现代堆肥法：主要用于专业有机肥生产。利用发酵罐（塔）等设备来进行堆制，堆制时间短，处理量大，效率高，对周边无污染，便于控制，能自动化控制连续生产。但前期一次性投入较大。

（二）粪污水处理技术

无论干清粪还是水泡粪清理工艺均会产生粪污水，它是猪场的主要污染物。一个完整的污水处理过程包括预处理、厌氧处理、好氧处理几个阶段。一般预处理阶段 COD 去除率 10%，SS 去除率 30%；厌氧处理阶段 COD 去除率 80%；好氧处理阶段 COD 去除率 80%（相当于初始阶段总量的 20%~30%），SS 去除率 80%。

1. 自然沉积　利用污水中多数固形物相对密度比水大，经过一定时间会自然沉降的特性，从而达到一定的固液分离的方法。此法不需要消耗能源，但要达到较好的效果必须进行多级沉降，因此，需要比较大的有一定梯度的沉降面积，且每过一段时间必须对沉积池进行清理。

2. 机械固液分离　一般用于液泡粪或水冲粪的前期处理，放在厌氧处理之前，属于污水的预处理阶段。机械固液分离是一种物理的脱水干燥法，其工作原理是：用专用泵将粪池中的粪水粪渣提升至固液分离机内，通过安置在筛网中的挤压螺旋，进行渣水分离，其中，粪水通过筛网滤出，进入下一道处理工序；干物质则通过与在机口形成的固态物质柱体相互挤压分离出来；粪渣可以堆肥后做有机肥。

3. 厌氧生物处理法　在隔绝与空气接触的条件下，依赖兼性厌氧菌和专性厌氧菌的生物化学作用，对有机物进行生物降解的过程，称为厌氧生物处理法或厌氧消化法。主要用来去除污水中的COD，常用的工艺有完全混合厌氧反应器（CSTR）、上流式厌氧污泥床反应器（UASB）、升流式厌氧固体床反应器（USR）、塞流式厌氧反应器（HCPF），猪场的粪污处理以CSTR使用最为广泛。

（1）CSTR工艺简介：完全混合厌氧工艺是借助消化池内厌氧活性污泥来净化有机污染物。有机污染物进入池内，经过搅拌与池内原有的厌氧活性污泥充分接触后，通过厌氧微生物的吸附、吸收和生物降解，废水中的有机污染物转化为沼气。完全混合厌氧工艺池体体积较大，负荷较低，其污泥停留时间（SRT）等于水力停留时间（HRT）。因此，不能在反应器内积累起足够浓度的污泥，一般仅用于城市污水处理厂的剩余好氧污泥及粪便的厌氧消化处理。

（2）CSTR工艺的优点：①应用范围广。②厌氧生物处理技术可以把环境保护、能源回收以良性循环的形式结合起来，是一种低成本、低能耗的废水处理技术。③厌氧处理设备负荷高、占地少。④厌氧方法产生的剩余污泥量比好氧法少得多。⑤厌氧生物法对营养物的需求量小。⑥能被厌氧法降解的有机物种类多。

（3）CSTR工艺的缺点：①采用厌氧生物处理法不能去除废水中的氮和磷。②厌氧法启动时间长。③受温度影响较大，如寒冷天气没有升温措施则效果较差。④运行管理较为复杂。如进水负荷突然提高，反应器的pH值会下降，如不及时发现控制，反应器就会出现“酸化”现象，使产甲烷菌受到严重抑制，甚至使反应器不能正常运行，必须重新启动。所以，此类设备前端往往配备酸化调节池，以避免出现此现象。⑤卫生条件较差。

4. 好氧生物处理法　厌氧生物处理法不能去除废水中的氮和磷，因此，必须采用好氧处理。此法属于污水的后期处理范畴，常用的处理方法有：活性污泥法、生物滤池法、生物接触氧化法、序列间歇式活性污泥法（SBR）、膜生物反应器法（MBR）等，以下主要介绍应用较为广泛的SBR和MBR。

（1）SBR工艺简介：SBR是序列间歇式活性污泥法的简称，是一种按间歇曝气方式来运行的活性污泥污水处理技术，又称序批式活性污泥法。在反应器内预先培养一定量的活性污泥，当废水进入反应器与活性污泥混合接触并有氧存在时，微生物利用废水中的有机物进行新陈代谢，将有机物降解并同时使微生物细胞增殖。将微生物细胞物质与水沉淀分离，废水即得到处理。其处理主要由初期的去除与吸附、微生物的代谢、絮凝体的形成与絮凝沉淀几个净化过程完成。SBR工艺的一个完整操作周期有五个阶段：进水期、反应期、沉淀期、排水期和闲置期。

SBR 工艺的优点：①流程简单，运行费用低（集进水、调节、反应、沉淀于一池，不需要调节池和二沉池等构筑物，也不需污泥回流设备）。②固液分离效果好，出水水质好。③运行操作灵活，效果稳定。④脱氮除磷效果好。⑤有效防止污泥膨胀［进水与反应阶段的缺氧（或厌氧）与好氧状态的交替，既能抑制专性好氧丝状菌的过量繁殖，又能防止污泥膨胀］。⑥耐冲击负荷。⑦节省占地面积。

（2）MBR 工艺简介：MBR 又称膜生物反应器，是一种由活性污泥法与 MBR 膜分离技术相结合的新型水处理技术。这种反应器使用了具有独特结构的 MBR 平片膜组件。

将该组件置于曝气池中，经过好氧曝气和生物处理后的水位于膜片外，泵的吸管接入膜片内，抽吸时通过膜的过滤作用，将生化反应池中的活性污泥和大分子有机物质截留住，从而净化抽出的水的水质。这种方式利用膜分离设备，省掉了二沉池，活性污泥浓度因此大大提高，水力停留时间（HRT）和污泥停留时间（SRT）可以分别控制，而难降解的物质则在反应器中不断反应、降解。

一个完整的 MBR 工艺由 MBR 反应器、抽吸泵、曝气风机、各管路、阀门及控制系统等构成。

MBR 工艺的优点：①设备紧凑，占地少。②出水水质优质稳定。③剩余污泥产量少。④可去除氨氮及难降解的有机物。⑤操作管理方便，易于实现自动控制。⑥易于从传统工艺进行改造。

MBR 也存在一些不足：①膜造价高，使膜生物反应器的基建投资高于传统污水处理工艺。②容易出现膜污染，给操作管理带来不便。③能耗高，首先 MBR 泥水分离过程必须保持一定的膜驱动压力，其次是 MBR 池中 MLSS（混合液悬浮固体）浓度非常高，要保持足够的传氧速率，必须加大曝气强度。另外，为了加大膜通量、减轻膜污染，必须增大流速，冲刷膜表面，造成 MBR 的能耗要比传统的生物处理工艺高。④膜使用寿命只有 3～5 年，平均每年要更换 20%的膜片。

（三）生态型资源化利用

生猪生产排污是必然的，通过现有的污染治理技术的综合配套使用，完全可以做到达标排放，但高昂的后续处理费用是低利润的养殖产业不能承受的，也是不可持续的，因此，“种养结合、生态治理、综合利用”是一条必由之路。

资源化利用采用的途径主要有以下三种：一是全量还田技术，即养殖场产生的粪便全量还田，要求养殖场周边配套大量农田，简单可按 1 亩地 5 头猪计算；二是简单处理综合利用，固液分离，固体制有机肥，液体厌氧处理后做液态肥使用；三是生态沼气综合利用。

1. 沼气的组成及性质 沼气是有机物质在厌氧环境中，在一定的温度、湿度、酸碱度的条件下，通过微生物发酵作用产生的一种可燃气体。由于这种气体最初是在沼泽、湖泊、池塘中发现的，所以叫它沼气。沼气是一种混合气体，它的主要成分是甲烷（CH_4），还有二氧化碳（CO_2）、硫化氢（H_2S）、氮及其他一些成分。沼气的组成中，可燃成分包括甲烷、硫化氢、一氧化碳和重烃等气体；不可燃成分包括二氧化碳、氮和氨等气体。在沼气成分中甲烷含量为55%~70%、二氧化碳含量为28%~44%、硫化氢平均含量为0.034%。甲烷是简单的有机化合物，是优质的气体燃料，燃烧时呈蓝色火焰，纯甲烷每立方米发热量为36.8 MJ。沼气每立方米的发热量约23.4 MJ，相当于0.55 kg柴油或0.8 kg煤炭充分燃烧后放出的热量。

2. 沼气的产生过程 沼气的产生分三个阶段，分别是液化阶段、产氢产乙酸阶段、产甲烷阶段。

3. 沼气的产生条件

（1）有机发酵原料及其碳氮配比：发酵原料的碳氮比为（20~30）：1，或者BOD：N：P=200：5：1为宜。

（2）足够的微生物量：厌氧活性污泥是由厌氧消化菌与悬浮物质和胶体物质结合在一起形成的具有很强分解有机物能力的凝絮体、颗粒体或附着膜，厌氧微生物是沼气发酵的主体。接种量一般为发酵液的10%~50%；当采用老沼气池发酵液体作为接种物时，接种量应占总发酵液的30%以上。

（3）严格的厌氧环境：产甲烷菌是一种厌氧性细菌，对氧特别敏感，这类菌群的生长、繁殖等生命活动过程中都不需要空气。空气中的氧会使其生命活动受到抑制，甚至死亡。

（4）适宜的发酵温度：①高温发酵为50~65 ℃，最适温度为（55±2）℃。②中温发酵为20~45 ℃，最适温度为（35±2）℃。③偏低温发酵为10~20 ℃。④常温发酵是随自然温度而变化的发酵。

（5）pH值与碱度：厌氧消化最适宜的pH值为6.8~7.4。当pH值在6.4以下或7.6以上，都会对厌氧微生物产生不同程度的抑制作用，导致产气减少或中止。碱度指消化液中含有能与强酸相作用的所有物质的含量。主要以重碳酸盐、碳酸盐、氢氧化物三种形式存在。这些物质可与挥发酸发生反应，使pH值不会有太大变动。

4. 沼气的净化过程 沼气含水蒸气和H_2S，具有较强的腐蚀性，燃烧前应经过脱水、脱硫处理。

5. 生态型沼气工程工艺过程 畜禽粪便生态型沼气工程，首先要将养殖业与水产业、种植业合理配置，要求后者占整个产业生产面积的80%以上，沼气工程周边的农田、鱼塘、水生植物塘等能够完全消纳经沼气发酵后的沼渣、沼液，使沼气工程成为生态农业园区的纽带，这样既不需要后处理的高额花费，又可促进生态农业建设。生态型沼气工程后处理过程比较简单，投资和运行成本均较低。所以说，生态型沼气工程是一种理想的工艺模式。

6. 生态型沼气工程工艺的适用条件　①养殖场规模：年出栏5 000~15 000头的猪场，日处理污水量50~150 t。②养殖场周围应配套有较大稳定塘面积或者有较大规模的鱼塘、农田、果园和蔬菜地或生态湿地。③养殖场周围应有一定的环境容量，环境不太敏感。④排水要求一般的地区。

三、病死猪处理工艺

（一）焚烧法

焚烧法是指在专用的焚烧容器内，使动物尸体及相关动物产品在富氧或无氧条件下进行氧化反应或热解反应的方法，包括直接焚烧法与炭化焚烧法，需要专用的设备与场地，一般养殖场很难采用。土法柴火焚烧费时费力，污染环境且很难烧透，因此，也不方便采用。现在大多数地区已禁止采用小型焚烧法，大型焚烧设备投资费用高，一般用于集中处理中心。

（二）化制法

化制法是指在密闭的高压容器内，通过向容器夹层或容器通入高温饱和蒸汽，在干热、压力或高温、压力的作用下，处理动物尸体及相关动物产品的方法。包括干化法与湿化法。需专门的处理设施用地，并配套相应设备，投资较高，一般用于集中处理中心。

（三）发酵法

发酵法是指将动物尸体及相关动物产品与稻糠、木屑等辅料按要求摆放，利用动物尸体及相关动物产品产生的生物热或加入特定生物制剂，发酵或分解动物尸体及相关动物产品的方法。中小型养殖场一般采用此方法。

（四）掩埋法

掩埋法是指按照相关规定，将动物尸体及相关动物产品投入化尸窖或掩埋坑中并覆盖、消毒，发酵或分解动物尸体及相关动物产品的方法。掩埋法是中小型养殖场最常采用的方法。

1. 直接掩埋法

（1）选址要求：①应选择地势高燥，处于下风向的地点。②应远离动物饲养厂（饲养小区）、动物屠宰加工场所、动物隔离场所、动物诊疗场所、动物和动物产品集贸市场、生活饮用水源地。③应远离城镇居民区、文化教育等人口集中区域、主要河流，以及公路、铁路等主要交通干线。

（2）技术工艺：①掩埋坑体容积以实际处理动物尸体及相关动物产品数量确定。②掩埋坑底应高出地下水位 1.5 m 以上，要防渗、防漏。③坑底撒一层厚度为 2~5 cm 的生石灰或漂白粉等消毒药。④将动物尸体及相关动物产品投入坑内，最上层距离地表 1.5 m 以上。⑤使用生石灰或漂白粉等消毒药消毒。⑥覆盖距地表 20~30 cm，厚度不少于 1~1.2 m 的覆土。

（3）操作注意事项：①掩埋覆土不要太实，以免腐败产气造成气泡冒出和液体渗漏。②掩埋后，在掩埋处设置警示标志。③掩埋后，第一周内应每日巡查 1 次，第二周起应每周巡查 1 次，连续巡查 3 个月，掩埋坑塌陷处应及时加盖覆土。④掩埋后，立即用氯制剂、漂白粉或生石灰等消毒药对掩埋场所进行 1 次彻底消毒。第一周内应每日消毒 1 次，第二周起应每周消毒 1 次，连续消毒 3 周以上。

2. 化尸窖（池）

（1）选址要求：①畜禽养殖场的化尸窖应结合本场地形特点，宜建在下风向。②乡镇、村的化尸窖选址应选择地势较高，处于下风向的地点。应远离动物饲养厂（饲养小区）、动物屠宰加工场所、动物隔离场所、动物诊疗场所、动物和动物产品集贸市场、泄洪区、生活饮用水源地；应远离居民区、公共场所，以及主要河流、公路、铁路等主要交通干线。

（2）技术工艺：①挖窖，侧墙和底板应为砖混或者钢筋混凝土现浇，防渗处理，顶部搭板密封。②在顶部设置投置口，并加盖密封加双锁；设置异味吸附、过滤等除味装置。③投放前，应在化尸窖底部铺洒一定量的生石灰或消毒液。④投放后，投置口密封加盖加锁，并对投置口、化尸窖及周边环境进行消毒。⑤当化尸窖内动物尸体达到容积的 3/4 时，应停止使用并密封。在实际操作中可建造两个化尸窖交替使用。

（3）注意事项：①化尸窖周围应设置围栏、醒目警示标志，以及专业管理人员姓名和联系电话公示牌，应实行专人管理。②应注意化尸窖维护，发现化尸窖破损、渗漏应及时处理。③当封闭化尸窖内的动物尸体完全分解后，应当对残留物进行清理，对清理出的残留物进行焚烧或者掩埋处理，化尸窖池进行彻底消毒后，方可重新启用。

显然，化尸窖法由于不需要挖坑填埋，且可以反复使用，因此，比直接掩埋法更为经济实用。

第三章　养猪设备

第一节　饲养设备

一、围栏设备

（一）围栏设备国家标准

在 GB /T 17824. 1—2008《规模猪场建设》中有关于各类型猪栏的规格参数，可作参考，实际应用中由于饲养方式的不同，各猪栏的规格有较大差异。

（二）围栏设备用材

1. 板材　一般为 PVC 或其他高分子材料，有个别位置可能用到不锈钢板。PVC 板材一般采用 PVC 层压板，属 PVC 硬板，质量执行标准为 GB/T 4454—1996《硬质聚氯乙烯层压板材》，光滑质轻，易清洗，耐腐蚀。围栏用 PVC 采用双层中空带骨架设计，用长×高×厚来表示其规格。

2. 管材　一般使用镀锌无缝钢管，有圆管和方管之分，主要用来做围栏的骨架或栅栏。质量执行标准为：

GB/T 8162—2008　结构用无缝钢管

GB/T 3091—2008　低压流体输送用焊接钢管

GB/T 13793—2008　直缝电焊钢管

GB/T 21835—2008　焊接钢管尺寸及单位长度重量

使用热镀锌，禁用冷镀锌管，最好为整体热镀，镀层厚度不小于 80 μm。

圆形管材的规格主要用直径与厚度来确定。直径根据所属管材的材质不同，其意义也不一样，金属管道如钢管、铁管等所指的管直径是指内径，而 PE 管、PPR 管等都是指外径，DN 指内径，DE 指外径。我们常说的 4 分管、6 分管、1 寸管是英制的标准，4 分管是 G1/2（4/8）英寸的俗称，6 分管也就是 G3/4（6/8）的意思。

方管较之圆管有四面，更方便用螺钉拧紧，也常用来做围栏骨架，如保育的 PC 围栏骨架、产床前脚支架等。其规格主要由边长（A）与厚度（S）来确定。

3. 线材 镀锌圆钢，常用作围栏的栅栏，圆钢强度低，但塑性比其他制筋强，且具有更好的光洁度。一般用直径表示其规格，如 8 mm、10 mm、12 mm 等。镀层厚度不小于 80 μm。

（三）漏缝地板

漏缝地板主要用于高床养殖猪舍，粪便通过缝隙漏下，由下面的沟槽收集输运。

1. 水泥漏缝地板 主要用于定位栏、妊娠大栏、保育栏与育肥栏（图 3.1）。

图 3.1 水泥漏缝地板

2. 铸铁地板 主要用于产床，由球墨铸铁浇注成型，表面略粗糙可以防滑倒，中间有助以增加强度，两边有咬口以方便固定于专用的地梁上（图 3.2）。球墨铸铁地板强度高，较耐腐蚀，但热传导较塑料地板快，仔猪慎用。

3. 塑料地板 结构与铸铁地板相似，强度比铸铁地板稍低，但不传热，对小猪有利，一般用于产床和保育栏。有宽 20 cm（60 cm）×长 20 cm（40 cm、50 cm）等规格（图 3.3）。

（四）母猪限位栏

1. 主要部件 包括侧栏、前门（或前栏杆）、后门、安装支架。

2. 注意事项 ①前面栏门用途不大，母猪被驱赶时多喜欢退出，因此，前端直接用栏杆更合适。改为栏杆后，前端过道可以设计较窄，如 60 cm，也可节约空间。②使用通体食槽比单体食槽成本更低，安装更加简捷，通体食槽配合水位控制器，猪只统一饮水，可以强制母猪吃干粉料，有利于充分咀嚼消化（当然也存在扬尘弊端），也不存在维护更换饮水器的问题。③门闩要尽量

图 3.2　铸铁地板

图 3.3　塑料地板

简单实用，要做防拱开设计，即使外面有其他猪也不可能拱开。

（五）母猪自由进出栏

1. 主要部件　与限位栏相似，包括侧栏、前门（或前栏杆）、安装支架等，主要不同是配置了一个带自锁装置的活动后门，用于全程半限位饲养。

2. 注意事项　①后栏门可以由母猪自动开启，进猪后锁定，防止其他母猪干扰，但前面栏门不会自动开启，母猪只能自动退出。如个别母猪不会使用，应进行辅导训练。②母猪断奶后即可进入装配此设备的栏舍饲喂，拴上后门即可对母猪进行配种等操作。

（六）母猪半限位栏

半限位栏应该称为半限位采食栏，长 0.7 m、宽 0.5 m、高 0.8 m，栏间隔板为实体板。与上述自由进出栏不同，长度不到正常限位栏的一半，不能固定母猪，只是限制采食槽位，防止采食时争斗，适用于怀孕期半限位饲养。

（七）产床

1. 主要部件 包括仔猪围栏（前栏、后门、侧栏）、母猪围栏（前栏、后门、侧栏）、仔猪饮水器、母猪饮水器、防压杆、仔猪与母猪围栏的前后安装支架、母猪料槽、仔猪教槽料槽、保温箱、红外灯、保温垫、保温水暖板等。

产床大致可分为两种类型，一种为有保温箱的，一种是无保温箱的（只有保温箱盖的也属此类）。有保温箱的主要用于传统猪舍，冬天舍温低时用红外灯或电热保温板为保温箱单独供热。优点是能够提供一个基本能满足仔猪的小环境，同时，进行防疫注射等操作时抓猪较方便；缺点是比较占地方，且天热时必须将保温箱下面的保温板拆掉，否则，保温箱会成为仔猪的排泄场所，极不卫生；另外，如果保温箱温度适宜而外部较冷，仔猪因为怕冷会减少吃奶次数。

环控型猪舍一般使用无保温箱的产床，仔猪在出生后温度要求高，可以用红外灯暖加地面铺设保温板或者地水暖提高局部温度，1 周后可基本适应设定的环境温度，克服了有保温箱产床的不足。

2. 注意事项

（1）产床地板一般使用全漏粪地板，尽量不留实地，否则易藏粪。

（2）为了使仔猪不卡蹄，产床漏缝地板间隙宽度要适合仔猪，但母猪粪便难以漏下，必须人工清理。如果是高床，人工清出后直接扫入粪坑；如果产床平装，需要在尾端最后一块漏缝地板上装一个活动栅格，平时关闭，清粪时打开。

（3）与限位栏相似，母猪赶离产床时也采用退出方式，产床前端不需要门，有的前面也不设置过道，母猪直接头对墙。因为省略了过道与前门，需要配置可翻转母猪食槽以方便清洗。

（4）产床的母猪围栏部分，按其摆放角度分为正装与斜装两种安装方式。欧式产床的斜装较多。斜装产床的仔猪在一边活动哺乳，这一边空间较大，可以配置比较大的保温盖板。正装产床的仔猪在两边活动，某一边的空间较窄，如果设置保温盖板，则比较小。

（5）产床的仔猪围栏部分可以使用金属栅栏或 PVC 围板，前者对母猪通风有利，后者对仔猪避免穿堂风（包括自然和炎热天气人工通风时产生的风）有利。

一般来讲，传统有保温箱的产床仔猪用金属栅栏，环控型猪舍用围栏板较好，有的将仔猪 PVC 围栏的前 1/6 部分用金属栅栏代替，则仔猪与母猪都可得到照顾。

（八）复合式产床

复合式产床又称为散养式产床，最大的特点是母猪能够适当运动，在注重猪的福利的欧洲国家得到了推广应用。母猪栏架与前述产床基本相似，但可以活动，产仔时合拢；产仔后2~3 d，仔猪有较强活动力时又可以打开。

（九）保育栏

1. 主要部件 围栏（后栏、前栏、前门、侧栏）、保温盖板、饮水器、围栏安装支架等，构造相对简单。

2. 注意事项 ①为了保持栏舍清洁，躺卧区应比漏粪区小，约占1/3，按经验躺卧区靠墙，漏粪区靠走廊更好，躺卧区最好设置地暖。②干湿料槽设置于漏粪区较好。

使用液态料的保育栏在食槽部位有少许区别，其他基本相同。

（十）育肥栏

1. 主要部件 围栏（后栏、前栏、前门、侧栏）、保温盖板、饮水器、围栏安装支架等，构造相对简单。

2. 规格参数 栏高100 cm，一般为长方形，如3 m×5 m、4 m×6 m，栅栏间隙85 mm。单片栏板最大长度能达到380 cm，所有的设备应配有安装所需要的紧固件和地脚，长度在250 cm以上栏板都要配有带地脚的加强支架。

3. 注意事项

（1）地板：华南地区宜采用全漏粪地板，其他地区应放置一定面积的实地作躺卧区。

（2）肥猪栏的面积：根据出栏猪大小和饲养数量决定，150 kg以上出栏，每头猪约占1.2 m^2，150 kg以下出栏，大致按1 m^2/只估算面积。群体数量以30头以下为宜，自由采食，料槽几乎不占面积；如果采用其他形式，料槽可能要占据1~2头猪的位置。如果按一个保育栏转一个肥猪栏的方式转运猪群，则肥猪栏的面积按保育栏的饲喂头数计算。下面举例说明。

产房1单元48个栏（1 000头母猪规模，3周断奶）；保育1单元24个栏，则每栏2窝，计24头；肥猪栏1单元24个栏，按1 m^2/只估算面积，4 m×6 m规格较合适，如为双列式育肥舍，则每个单元规格为长12×4=48 m，宽6×2+1=13 m。

（3）围栏：可以使用砖墙或钢栅栏，传统和欧式钢栅栏一般使用垂直栅栏，栅栏间隙不能随着猪的生长而增宽，即不方便做成下窄上宽，必须适应最小的猪只的宽度。美式栅栏一般用横向栅栏，栅栏间隙从地面往上不断增宽，适合各阶段生长育肥猪。

二、给料设备

自动料线减少了猪生产过程中50%以上的劳动时间，也大大降低了劳动强度。就动力系统而言，固态料线相对复杂，但管理要求较低，因此，比液态料线的普及要广泛得多。下面主要以固态料线所包含的设备来叙述。

（一）料塔

料塔分三部分：上椎、下椎、料塔波形板，板厚不低于1.2 mm。立柱板厚一般为2.5 mm。上、下椎连接件板厚为1.5 mm。设有爬梯，塔盖可由下部连动装置开启，塔底部通过带电动搅拌系统的饲料分配器与塞链供料系统连接，减少了料塔内饲料流动对塞链的作用力，有效降低塞链系统的负荷。料塔材料为镀锌板或者玻璃钢（因不环保欧标禁用），玻璃钢料塔可以有半透明观察窗。

（二）输料系统

输料系统负责将料输送到各饲喂点，由于智能化猪场各栏舍往往采用单元布局，如果用一根料线输送，转折很多，故障率增加，而且一旦一个位置出问题，会造成整个料线系统瘫痪。因此，一般会将料线输送系统分成两部分，一部分称为输料总线或室外料线，负责将料输送到各饲养单元，一般为直线输送，可以用绞龙，也可以用链盘；另一部分称为单元内部料线或室内料线，负责将料输送到各饲喂点，一般为转折循环输送，只能用链盘。

输料系统由下料器、输料管、链盘或绞龙、转角轮、驱动器、料位感应器等构成。总线与单元料线之间还设有缓冲转接斗。

1. 下料器　分单线和双线器，又称饲料分配器，是整个料线的核心部分，能够均匀地分配饲料，对于维护设备稳定，保证料线的正常运行，延长使用寿命方面起了至关重要的作用。

2. 输料管　镀锌或PVC管，外径一般为60 mm。

3. 链盘或绞龙　用以输料管内带动饲料，前者用于室内输送，后者一般用于室外直线输送。

4. 转角轮　料线转折时用，300 m料线12个转角，每加一个转角减10 m料线，每个驱动器最多带24个转角。

5. 驱动器　为绞龙和链盘在系统中拉动提供动力。

6. 料位感应器　为驱动器自动运转提供控制信号，通常安装在最后一个出料口后面的料管上。

（三）下料装置和喂料设备

1. 下料装置　包括下料配量器、下料三通、下料管等，负责将料落到食槽中，一般为塑料制品，限位栏下料管下部一般用镀锌管；下料配量器用于母猪的定时定量饲喂，容量一般为8 L，通过拉索（球式）或拉杆（翻板式）控制放料。

2. 干湿喂料器 喂料器形式多样，有的喂料器与饮水器组合做成干湿喂料器，猪只在吃料时可以将料与水进行适当混合，能够避免粉尘提高采食量，主要用于保育猪与育肥猪。

3. 干式喂料器 除干湿喂料器外还有多种形式的干式喂料料槽，有的用不锈钢制作，也有用复合的混凝土制作，简单实用、抗腐蚀。各厂家生产的料槽在形状规格上有一些差异。

4. 教料槽 主要用于仔猪的诱饲，以铸铁、不锈钢或塑料制成，一般通过弹簧挂扣在产床地板上，或者利用自身重量，让仔猪不容易推翻，如铸铁槽可直接放置在地板上。

5. 液态料料槽 液态料饲喂方式与自由采食不同，一般要求一次放料需要吃净，必须保证每头猪有采食位，因此，液态料料槽容量较大。

6. 终端混合液态料饲喂器 与干湿料槽相似，但采用了机械研磨，有更好的均匀度，并引入了智能控制，如料位控制、放料时间控制、浆料温度控制等。不需要液态料线支持，可与固态料线结合，也可手工加料，特别适合饲喂转入保育舍的断奶仔猪。每台饲喂规模不超过40头。

（四）智能饲喂站

1. 智能化母猪电子饲喂站（ESF） 该设备的关键作用就是可以针对每头猪按设定的饲喂曲线控制下料量，实现精确饲喂，避免了人为饲养的随意性，能够很好地控制母猪的膘情，增加母猪的运动量（图3.4）。

（1）设备构成：电子饲喂站系统由服务器及电脑、电子饲喂站（基站）、电路及通信系统、气路系统（对于气动门结构而言）、水路系统等几部分构成。核心部件为饲喂站和配套的软件系统，后者是它的灵魂。

（2）工作过程：

1）耳标配备：需要给每头母猪打上RFID（射频识别）电子耳标，耳标内存有唯一标志号码，与母猪一一对应，相当于母猪的“身份证”。

2）母猪进站：饲喂开始，入口门自动开启，母猪进入饲喂站，安装在走道侧壁上的光电传感器感应到母猪后，关闭入口门，直到饲喂完成才能开启，其他的猪只能等待。

3）耳标识别：食槽处配置有感应器，系统对进入站内的佩戴了RFID电子耳标的猪只进行自动识别。如母猪耳标脱落则会进行记录，并通知管理者进行处理，但会拒绝给该母猪放料，即母猪如果没有耳标，相当于没有“身份证”，会处于挨饿状态。

4）精确下料：获取母猪的身份信息并进行处理后，开始投料（50～100

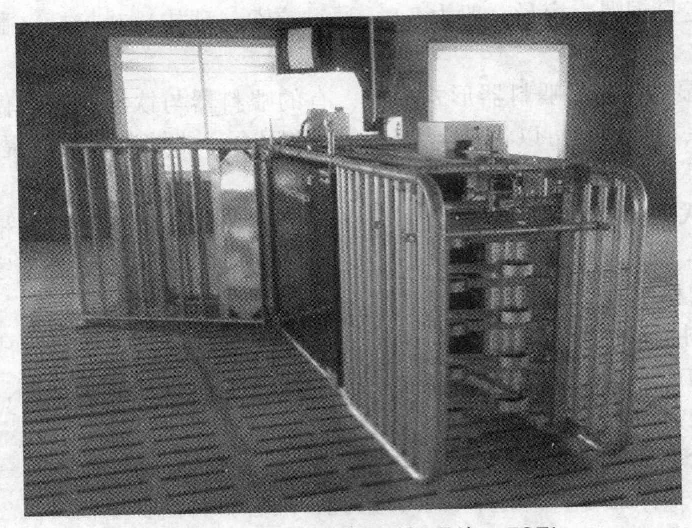

图 3.4 智能化母猪电子饲喂站（ESF）

g/次），间断性地分多次投完 1 d 的料，1 d 内母猪可以多次进入，但饲喂总量不变。

5）称重及数据记录：对进入的母猪进行称重，并对开始进食时间、进食用时、进食量进行记录，主机管理系统能够根据这些反馈的数据修正饲喂量。

6）母猪出站：母猪进食完成，通过双重退出门退出，饲喂过程结束，入口门自动开启，允许其他猪只进入。

7）异常处理：针对出现异常的母猪，例如，临产、发情、生病、需要注射疫苗的母猪，可进行喷墨或者分离处理（需要装配分离门）。

（3）注意事项：

1）一台饲喂站饲喂母猪的数量最好不超过 60 头。

2）饲喂站的饲喂方式可分为静态饲喂和动态饲喂。静态饲喂是将栏舍分成小间，一个小间只放一台饲喂站，每个小间关一批猪，因群体小便于查找母猪，但必须严格按照生产全进全出，适合群体较大（>600 头）的规模场；动态饲喂一个大舍不分小间配多台饲喂站，各阶段母猪同栏饲养，每头可进入任何一台饲喂站进食，不要求全进全出，可以减少劳动量，但查找母猪不方便（也因此多配置分离门），需要更高的管理水平。前者美式猪场多用，后者欧式猪场多用，使用时根据实际情况选择，目前国内以静态饲喂居多。

3）饲喂站分机械门和气动门，可以根据客户喜好选用，各有优缺点，气动门要配备空压机和压缩空气输送管，稍显复杂。

4）容易受到雷击一直是饲喂站面临的棘手问题，安装时必须做好避雷设计，室外信号线最好埋地，尽量不架空走线，尽量使用屏蔽线。电源总控加装绝缘变压器也能有效防止雷电冲击。

5）要考虑好故障应急处理方案，保证易损部件有备用件。

6）厂家对异常的快速处置能力也是采购设备时重点考虑的因素，厂家必须提供详尽的人员培训方案和售后服务承诺。

7）母猪训练至关重要。许多猪场缺乏后备母猪的训练经验和方法，导致智能饲喂站无法达到预期效果。后备母猪在第一次人工授精前就应接受训练，至少应在简单训练站内接受2~4周的训练，然后再转入正常的智能饲喂站内继续接受2~4周的训练，在完成所有训练后再进行配种，转入大群内饲养。为了训练母猪方便，一般都需要配备简单版的训练站。

2. 生长性能测定站（PPT）　生长性能测定站简称为测定站，主要用来检测生长育肥猪的生长性能，反映父母代种猪后代的生长性能，为种猪的选育选配提供依据，也可以进行饲料、药物等的生长试验。测定站实际上是母猪饲喂站保留其称重和采食记录部分的简化版，即只对每头猪的采食进行记录，多数情况下并不进行定量控制（图3.5）。因此，结构与功能相对简单。

图3.5　装有生长性能测定站（PPT）的猪舍

其工作过程为：①当日粮还存在时，饲喂会被激活，在饲料槽上方的挡板开口处，猪只将被识别。②如果被识别，将对猪只进行称重并记录。③料槽挡板开口将开启，猪只可以接触到饲料。④在进食期间，料槽与称重计分离，以免损坏称重传感器。⑤进食结束后，料槽挡板关闭（由传感器控制），料槽回到称重计上称量余下的饲料重量。⑥对猪只再次进行称重并记录。两次体重差异可以辅助此次耗料量的计算，收集所有次称重的原始数据后，真正的每天体重数据将由电脑以统计方式算出。⑦保存时间、日期以及每个猪只的准确饲喂信息。⑧如果一只猪只在进食过程中被另一只猪只赶走，导致耳标不再被识别，饲槽门将立即关闭，留在食槽中的饲料将被称重，消耗的饲料将被存储。⑨猪只再一次被识别、并且当日存量还有剩余时，进食过程将再一次被启动。

3. 发情检测站 是一种电子查情系统设备，其主要原理是将检测站置于待配母猪栏中，在站内关一头试情公猪，封闭起来，只通过嗅洞与母猪接触，发情母猪会追寻公猪气味通过嗅洞与公猪接触，从而被系统记录下来，系统可以根据接触次数再参考采食量等指标，判定母猪是否发情（图 3.6）。由于发情行为比较复杂，个体差异较大，准确率比不上人工判断，实际生产中应用普及率不高。生产中可以以人工查情为主再辅以电子查情，以便于发现隐性发情的母猪。

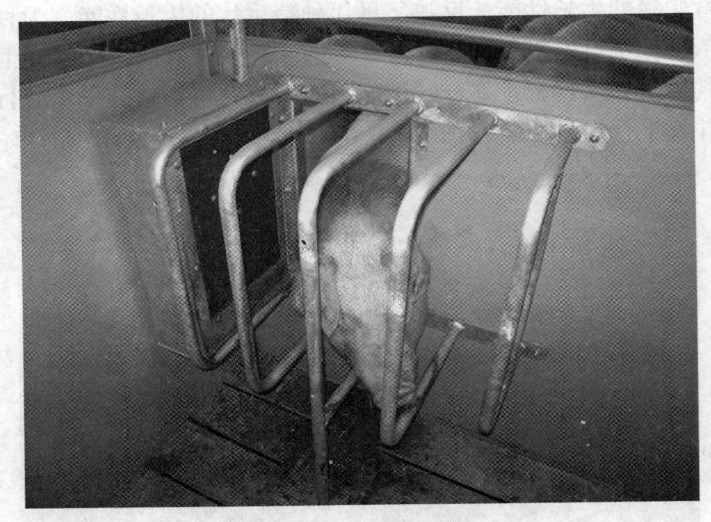

图 3.6　发情检测器

三、供水设备

（一）水线

按功能和布局位置可大致分为给水主管路、输配水管路、各栏舍用水管路三部分。对于最大日用水量 500 m^3 的养殖场，给水主管路、输配水管路应根据场区给水总图采用相应的管径，一般 DN50～200 应该够用。各栏舍用水管路包括主水路、过渡水路、分支水路、下水口等几部分，适用管径主水路DN40～50、过渡水路 DN32、分支水路 DN25、下水口 NN15。水管管材多数使用 PE 管、PPR 管或镀锌钢管，原则上保证动物有充足的饮水。可参看 GB 50013—2006《室外给水设计规范》和 GB 50015—2009《建筑给水排水设计规范》。

（二）饮水器

1. 鸭嘴式饮水器　鸭嘴式饮水器以前在各阶段均使用，现在多用于大猪，如育肥猪等，其他情况使用水碗。鸭嘴式饮水器由阀体、阀杆和弹簧等构成，材质多为不锈钢；各阶段猪的身高与饮水量不同，因此，饮水器的安装高度与要求的流速不一样（图 3.7）。

生产中要特别注意使用干料饲喂的哺乳母猪饮水器的流速及供水压，可以用按压饮水器 1 min 的出水量大小来测定，如果不足，在排除饮水器自身原因后应考虑适当增加水压。

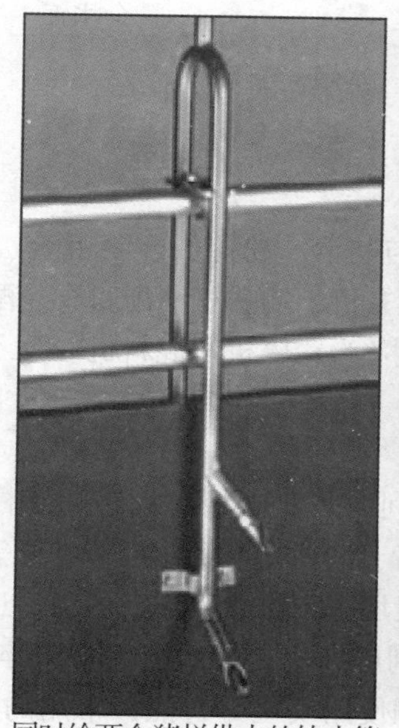
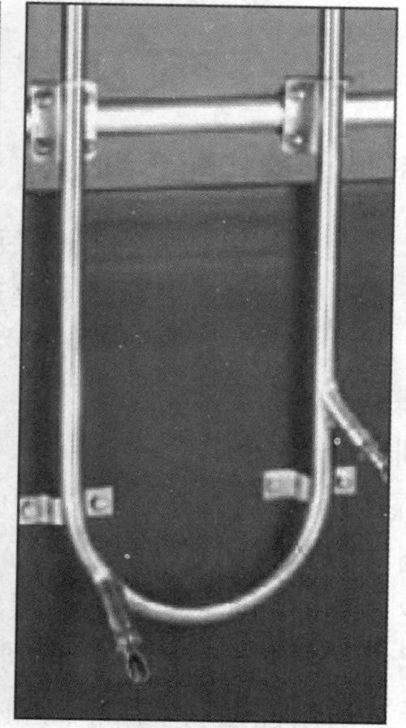
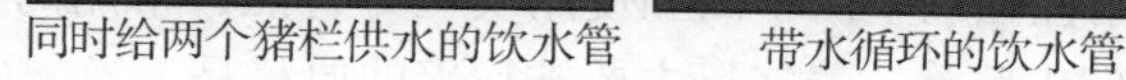
同时给两个猪栏供水的饮水管　　带水循环的饮水管

图 3.7　鸭嘴式饮水器

2. 水碗　水碗形式的饮水器可以节约用水，特别是配合饮水加药时具有明显优势。水碗由不锈钢碗和内部的按压式水嘴构成，为防止割伤，碗边应做卷边设计（图 3.8）。

（三）水位控制器

通体食槽等可能会用到水位控制器，以便猪只能够随时充足饮水。

（四）加药器

产房与保育舍可能会用到饮水给药，现市面上有专用的加药装置，集减压、过滤、混合于一体，使用方便。一般直接安装在舍内给水管道上。

哺乳期仔猪饮水碗

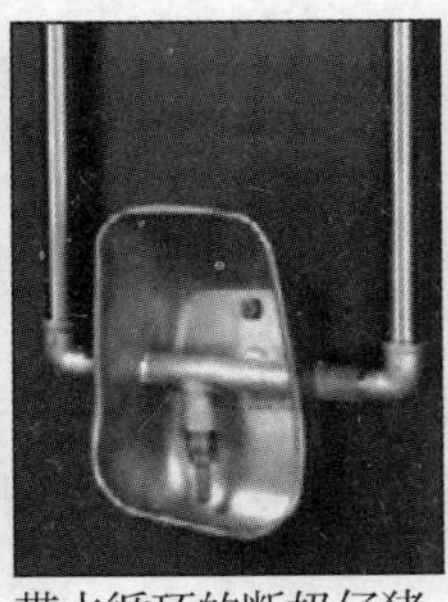
带水循环的断奶仔猪（最大35 kg）饮水碗

育成猪饮水碗

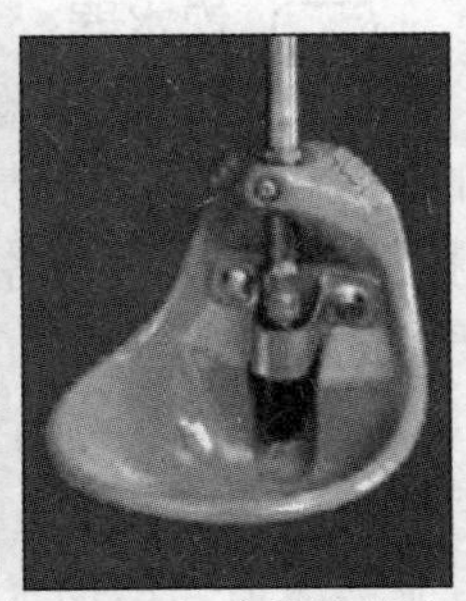
带阀门保护分娩栏饮水碗

图 3.8　水碗

四、饲料加工及其配套设备

饲料加工工艺主要包括原料接收与初清、粉碎、配料混合、打包四个工段，配套的设备有粉碎机、混料机、提升机、输送机、配料仓、配料秤、料位器、喂料器、风机、除尘器等，核心设备为粉碎机和混料机。

（一）饲料粉碎机

1. 粉碎机的分类

（1）对辊式粉碎机：该机是一种利用一对做相对旋转的圆柱体磨辊来锯切、研磨、调料的机械，具有生产率高、消耗功率低、调节方便等优点，多用于小麦制粉业。在饲料加工行业，一般用于二次粉碎作业的第一道工序。

（2）锤片式粉碎机：该机是一种利用高速旋转的锤片来击碎饲料的机械，具有结构简单、通用性强、生产率高和使用安全等特点，常用的有 9F-45 型、9FQ-50 型和 9FQ-50B 型等。养猪场主要被粉碎的原料是玉米，多使用此类型粉碎机。

（3）齿爪式粉碎机：该机是一种利用高速旋转的齿爪来击碎饲料的机械，具有体积小、重量轻、产品粒度细、工作转速高等优点。

2. 饲料粉碎机的选择

（1）根据粉碎原料选型：粉碎谷物饲料为主的，可选择顶部进料的锤片式粉碎机；粉碎糠麸谷麦类饲料为主的，可选择齿爪式粉碎机；若是要求通用性好，如以粉碎谷物为主，兼顾饼谷和秸秆，可选择切向进料锤片式粉碎机；粉碎贝壳等矿物饲料，可选用贝壳无筛式粉碎机；如用作预混合饲料的前处理，要求产品粉碎的粒度很细又可根据需要进行调节的，应选用特种无筛式粉碎机。

（2）根据生产能力选择：一般粉碎机的说明书和铭牌上都载有粉碎机的

额定生产能力（kg/h）。但应注意几点：

1）粉碎机额定生产能力，一般是以粉碎玉米，含水量以储存安全水分（约13%）和1.2 mm孔径筛片的状态下每台每时产量为准，因为玉米是常用的谷物饲料，直径1.2 mm孔径的筛片是常用的最小筛孔，此时，生产能力最小。

2）选定粉碎机的生产能力略大于实际需要的生产能力，避免锤片磨损、风道漏风等引起粉碎机的生产能力下降，影响饲料的连续生产供应。

（3）根据能耗选择：粉碎机的能耗很大，在购买时，要考虑节能。根据标准规定，锤片式粉碎机在粉碎玉米用1.2 mm筛孔的筛片时，每度电的产量不得低于48 kg。目前，国产锤片式粉碎机的每度电产量已大大超过上述规定，优质的已达70~75 kg/（kW·h）。

（4）粉碎机的配套功率：机器说明书和铭牌上均载有粉碎机配套电动机的功率千瓦数。它往往表明的不是一个固定的数而是一定的范围。

（5）应考虑粉碎机排料方式：粉碎成品通过排料装置输出有自重落料、负压吸送和机械输送三种方式。小型单机多采用自重下料方式以简化结构。

（6）粉碎机的粉尘与噪声：饲料加工中的粉尘和噪声主要来自粉碎机。选型时应对这两项环卫指标予以充分考虑。如果不得已而选用了噪声和粉尘高的粉碎机，应采取消音及防尘措施，以改善工作环境，有利于操作人员的身体健康。

（二）饲料混合机

对混合机的一般要求是混合均匀度高，机内物料残留量少；结构简单坚固，操作方便，便于检视、取样和清理；有足够大的生产容量，以便和整个机组的生产力配套；混合周期应小于配料周期，应有足够的动力配套，以便在全载荷时可以启动，在保证混合质量的前提下，尽量节约能耗。

混合机又称搅拌机，种类很多。按混合机布置形式可分为立式混合机和卧式混合机。按其适应的饲料种类可分干粉料混合机、潮饲料混合机和稀饲料混合机。按其结构可分为回转筒式和壳体固定式两大类。回转筒式混合机内部无搅拌部件，多用于药物混合；壳体固定式混合机内部有回转搅拌部件，如螺旋、螺带、叶片、桨叶等，在饲料加工业中应用较多。混合机按混合过程又可分为连续式混合机和分批式混合机，前者必须和连续式配料计量装置配合使用，后者则和分批式配料计量装置相配合，分批式混合机的混合质量好，且易于控制。

在混合过程中，主要有以下三种方式：在物料中彼此形成剪切面，使物料发生混合作用（剪切混合）；许多成团的物料颗粒，从混合物的一处移向另一处做相对运动（对流混合）；混合物的颗粒，以单个粒子为单元向四周移动

(扩散混合)。

目前，在配合饲料工厂中应用最广的是壳体固定式分批混合机，其中，最常用的形式为立螺旋式混合机、卧式螺带混合机和卧式双轴桨叶混合机三种。

（三）料罐车

料罐车主要用来将饲料转运到栏舍的料塔，实际上由料罐与卡车两部分构成，生产料罐的厂家一般不生产车，因此，多数都是组装的，有的是料罐厂家组装，有的可以直接由用户组装，需要上路运营的最好购买整车，场内自用可以组装。

注意输料绞龙的电力来源，有的为机车直接提供电力，有的需要现场插接电力。显然前者更为方便，多数情况下整车才支持。对于绞龙的收放打料，最好支持遥控操作，并配备遥控器。

五、人工授精测孕设备

猪的人工授精包括采精、精液处理及检测、精液储存、输精等过程，用到的仪器设备也比较多。近年来，对于母猪怀孕的检测也更加先进。

（一）假畜台

假畜台有时也称为假台畜，以钢筋骨架裹以海绵帆布制成，倾斜角度与高度可调。

（二）显微镜

尽管可供选择使用的显微镜有多种，但必须包括100倍、400倍和1 000倍物镜（油镜），一般实验室用的光学显微镜都能满足要求。

（三）电子秤

精液的体积是通过称其重量来间接测量的，这是当前测量精液体积最常用的方法。

（四）光密度仪

光密度仪用来检测样本中精子的数量，由此可以更加精确地进行精液稀释，稀释出尽可能多的精液份数。但是光密度仪十分昂贵，且必须在使用前进行校准，因此，其通常仅用于大规模及商业化精液生产中。

（五）水浴锅

水浴锅主要用来控制稀释液的温度。

（六）精液储存设备

精液储存设备是指储存和运送精液所用的泡沫箱、恒温箱或者培养器。因为要维持17 ℃温度，市面上多数恒温箱一般由冰箱加温控电热器改造而来，高于17 ℃时冰箱工作，低于这个温度电热器工作。

(七) 净水制造系统

净水制造系统是制造蒸馏水或反渗透水的设备仪器，确保使用高质量的水是非常重要的，质量不好的水可降低储精的活力。

(八) 烘干设备

烘干设备是用来干燥和储存所有采集和检测精液用的设备。

(九) 测孕仪

市面上有 A 超和 B 超测孕仪。A 超结构相对简单，通过回波形成声音，根据音调来判断是否怀孕；B 超结构相对复杂，一般为手持式，由主机、线缆、探头构成，还配有耦合剂和充电器等配件，使用时通过回声成像，看到孕囊可确诊怀孕，准确率 95% 以上，应用相对广泛。B 超可用于怀孕早期（28 d）诊断。

第二节 环境控制设备

一、供暖设备

(一) 热源设备

1. 锅炉 锅炉是一种将燃料燃烧后释放的热能或工业生产中的余热传递给容器内的水，使水达到所需要的温度或一定压力蒸汽的热力设备。

(1) 锅炉类型分为以下几种。

1) 按锅炉用途分类：可以分为热能动力锅炉和供热锅炉。热能动力锅炉包括电站锅炉、船舶锅炉和机车锅炉等，相应用于发电、船舶动力和机车动力。供热锅炉包括蒸汽锅炉、热水锅炉、热管锅炉、热风炉和载热体加热炉等，相应地得到蒸汽、热水、热风和载热体等。

2) 按锅炉本体结构分类：主要分为火管锅炉和水管锅炉。火管锅炉包括立式锅炉和卧式锅炉，水管锅炉包括横水管锅炉和竖水管锅炉。

3) 按锅炉用燃料种类分类：可分为燃煤锅炉、燃油锅炉和燃气锅炉，以及燃煤锅炉的升级技术、油气炉的替代产品——煤粉锅炉、煤气双用锅炉等。燃煤锅炉按燃烧方式可以分为层燃锅炉、室燃锅炉和沸腾锅炉。最新采用醇类作燃料的醇基燃料锅炉，对大气环境几乎无污染。

4) 按锅炉容量分类：蒸发量小于 20 t/h 的称为小型锅炉，蒸发量大于 75 t/h 的称为大型锅炉，蒸发量介于两者之间的称为中型锅炉。

5) 按锅炉压力分类：2.5 MPa 以下的锅炉称为低压锅炉，6.0 MPa 以上的称为高压锅炉，压力介于两者之间的称为中压锅炉。此外，还有超高压锅炉、亚临界锅炉和超临界锅炉。

6）按锅炉水循环形式分类：可以分为自然循环锅炉和强制循环锅炉（包括直流锅炉）。

7）按装置形式分类：可以分为快装锅炉、组装锅炉和散装锅炉。此外，还有壁挂锅炉、真空锅炉和模块锅炉等形式。

养殖场独立供暖的锅炉主要为低温常压热水锅炉，燃烧原料可以为煤、气(天然气或沼气)、油，以燃煤或燃气居多，有的还设计成煤、气两用。

（2）主要部件：锅炉本体由汽水系统（锅）和燃烧系统（炉）组成，汽水系统由省煤器、汽包、下降管、联箱、水冷壁、过热器、再热器等组成，其主要任务就是有效地吸收燃料燃烧释放出的热量，将进入锅炉的给水加热，以使之形成具有一定温度和压力的过热蒸汽或热水。锅炉的燃烧系统由炉膛、烟道、燃烧器、空气预热器等组成，其主要任务就是使燃料在炉内能够良好燃烧，放出热量。此外，锅炉本体还包括炉墙和构架，炉墙用于构成封闭的炉膛和烟道，构架用于支撑和悬吊汽包、受热面、炉墙等。

（3）规格参数：包括以下几种。

1）蒸发量（D）：蒸汽锅炉长期安全运行时，每小时所产生的蒸汽数量，即该台锅炉的蒸发量，用“D”表示，单位为吨每小时（t/h）。

2）热功率（供热量 Q）：热水锅炉长期安全运行时，每小时出水有效带热量，即该台锅炉的热功率，用“Q”表示，单位为兆瓦（MW），工程单位为千卡/小时（kcal/h）。

3）工作压力：工作压力是指锅炉最高允许使用的压力。工作压力是根据设计压力来确定的，通常用 MPa 来表示。

4）温度：锅炉铭牌上标明的温度是锅炉出口处介质的温度，又称额定温度，通常用摄氏度即“℃”表示。

（4）技术标准：参考 JB/T 7985—2002《小型锅炉和常压热水锅炉技术条件》。

（5）注意事项：

1）养殖场宜采用常压热水锅炉，以降低危险性；否则，需要具有特种行业资质的专业部门和专业人员进行安装、维护、改造。

2）尽量使用智能化程度高的锅炉，如配置知名品牌燃烧器和控制电脑，锅炉一键开机，全自动定时、定温运行，用户可以设定启停炉时间，设置完成后，按照控制器指令自动吹扫，电子自动点火，自动燃烧，风油（气）自动比例调节，性能安全稳定，燃烧效果好。并有熄火保护装置，保证安全运行，而且不需专人值守，省事、省力。

卡（cal）为非法定计量单位，1 卡约为 4.2 焦（J）。

3）锅炉整机应配备过热保护（炉内水温超高时，燃烧器自动停止工作并蜂鸣报警）、二次过热保护（锅炉外壳温度超过 105 ℃时，自动切断二次回路）、防干烧缺水保护（炉水低于极低水位时，锅炉停止工作并发出蜂鸣报警）、锅炉漏电保护（控制系统检测到电器漏电、短路后，将自动切断电源）。

4）不推荐使用燃煤锅炉。因其存在需要专人值守、环境污染、不方便自动控制等诸多缺点，因此，推荐使用燃气（含沼气）或燃油锅炉。

5）做好停炉的保养。有干法和湿法两种，停炉 1 个月以上应采用干保养法，停炉 1 个月以下可采用湿保养法。热水锅炉停用后，最好采用干保养法，水必须放净，并用小火烘出潮气，然后加入生石灰块或氯化钙，按每立方米锅炉容积加 2~3 kg，确保锅炉内壁干燥，这样就能有效地防止停用期间的腐蚀。

2. 模温机 模温机又叫模具温度控制机，是一种工业温度控制设备，因最初应用在注塑模具的控温而得名，根据其传热媒介的不同，分水温机和油温机两类，猪场只用到水温机。水温机又称为水循环加热器、运水式模温机、水循环温度控制机、水加热器、导热水加热器，与热水锅炉的功能相似，以热水为媒介，以热水泵为动力传送热力，但采用电加热的方式，温控范围为常温至 180 ℃。智能化猪场用它做热源设备，主要用于小范围供暖或冬天对饮用水进行循环加热。

（1）技术特点：

1）能在较低的运行压力下（<0.5 MPa），获得较高的工作温度（≤180 ℃），降低了用热设备的受压等级，可提高系统的安全性。

2）水温均匀适宜，温度调节采用智能温度控制器，控温精度高（≤±1 ℃），可满足高工艺标准的严格要求。

3）动力、加热、温控、调节、保护装置高度集成，体积小，占地少，安装方便，不需专设锅炉房。

4）警报保护装置齐全，自动化程度高，不需要设专人操作看护，无运行的人工费用。

5）闭路循环供热，热量损失小，节能无污染。

3. 太阳能热水系统 太阳能热水系统是利用太阳能集热器，收集太阳辐射能把水加热的一种装置，是目前太阳能应用发展中最具经济价值、技术最成熟且已商业化的一项应用产品。太阳能热水系统按加热循环方式分类可分为自然循环式太阳能热水器、强制循环式太阳能热水系统、储置式太阳能热水器三种。

太阳能热源系统主要由集热器、储水箱、水循环管道、辅助热源、控制器等构成。其中，集热器是太阳能装置的关键部分，目前，应用较多的是平板型集热器和真空管集热器，平板集热器结构简单，运行可靠，成本适宜，还具有承压能力强、吸热面积大等特点，最有利于实现太阳能系统与建筑结合；采用回流排空技术，平板集热器太阳能系统可以方便地解决防冻和防过热等技术难点，高效平板集热器在同等面积下比真空管可以提供更多热水。

（二）输送设备

热力输送系统输送蒸汽或热水等热能介质。因其输送的介质温度高、压力大、流速快，在运行时会给管道带来较大的膨胀力和冲击力。因此，在管道安装中应解决好管道材质、管道伸缩补偿、管道支吊架、管道坡度及疏排水、放气装置等问题，以确保管道的安全运行。输送设备主要有热水循环泵、热力管道、分水器等部分。

1. 热水循环泵 热水循环泵又称 R 型热水泵，系单级单吸或两级单吸悬骨式离心泵。用于输送 250 ℃以下不含固体颗粒的高压热水。被输送热水最高温度为 250 ℃，泵最高进口压力为 5 MPa；当热水温度不高于 250 ℃，泵进口压力不应大于 3 MPa。

热水循环泵型号说明：100R-37A，100 表示进口直径为 100 mm；R 表示热水循环泵；37 表示泵设计扬程为 37 m；A 表示叶轮外径改变。

2. 热力管道 分为低温水管道（供/回水温度为 95 ℃/70 ℃）和高温水管道（供/回水温度为 150 ℃/90 ℃、130 ℃/70 ℃、110 ℃/70 ℃），为了减少热力输送过程中的损失，一般都使用保温管。保温管分两类，一类为钢套钢复合管，另一类为聚氨酯保温管。前者又分为内滑动型和外滑动型两种形式，内滑动型由输送介质的钢管、复合硅酸盐或微孔硅酸钙、硬质聚氨酯泡沫塑料、外套钢管、玻璃钢壳防腐保护层组成；外滑动型由工作钢管、玻璃棉保温隔热层、铝箔反射层、不锈钢紧固钢带、滑动导向支架、空气保温层、外护钢管、外防腐层组成。后者由工作钢管层、聚氨酯保温层和高密度聚乙烯保护层三层构成，聚氨酯保温管直埋技术为当今热力输送的流行技术，这种技术不需要砌筑庞大的地沟，只需将保温管埋入地下即可，并且在保温管预制时就在靠近工作钢管的保温层中埋设有警报线，一旦管道某处发生泄漏，通过警报线的传导，便可在专用检测仪表上报警并显示出漏水的准确位置和漏水程度的大小，以便快速处置。

热力管道使用及配置时应注意如下几点：

1）配水立管的始端、回水立管末端应设阀门。

2）与配水或回水干管连接的分干管上，有三个及以上配水点时应设阀门，以避免局部管段检修时，因未设阀门而中断了管网大部分管路配水。

3）在水加热器、热水贮水器、水处理设备、循环水泵和其他需要考虑检修的设备进出水口管道上，均应设置阀门，在自动温度调节器、自动排气阀，以及温度、压力等控制阀件连接的管段上，按安装要求配置阀门。

4）为防止热水管道输送过程中发生倒流或串流，应在水加热器或贮水罐的冷水供水管上，机械循环的第二循环回水管上，冷热水混合器的冷、热水进水管道上装设止回阀。当在水加热器或贮水罐的冷水供水管上安装倒流防止器时，应采取保证系统冷、热水供水压力平衡的措施。

5）在上行下给式的配水横干管的最高点，应设置排气装置（自动排气阀或排气管），管网的最低点还应设置口径为管道直径的1/10~1/5的泄水阀或丝堵，以便泄空管网存水。对于下行上给式全循环管网，为了防止配水管网中分离出来的气体被带回循环管，应将回水立管始端接到各配水立管最高配水点以下0.5 m处，可利用最高配水点放气，系统最低点设泄水装置。

6）所有横管应有与水流相反的坡度，便于排气和泄水。坡度一般不小于3/100。

7）为了避免管道热伸长所产生的应力破坏管道，横干管直线段应设置伸缩器以补偿管道热胀冷缩。

8）在水加热设备的上部、热媒进出口管上、蓄热水罐和冷热水混合器上，应装温度计、压力表。在热水循环管的进水管上，应装温度计及控制循环泵启停的温度传感器。热水箱应设温度计、水位计。压力容器设备应装安全阀，安全阀的泄水管应引至安全处且在泄水管上不得装设阀门。

3. 分水器或集水器 分、集水器是热水系统中用于连接各路加热管供、回水的配、集水装置。地暖、空调系统中用的分水器材质宜为黄铜，自来水供水系统户表改造用的分水器多为PP或PE材质。地板采暖系统中的分、集水器管理若干的支路管道，并在其上面安装有排气阀、自动恒温阀等，口径较小，多位于DN25~40。

分水器在地暖系统中主要负责地暖环路中水流量的开启和关闭，当锅炉中的水经过主管道流入分水器中，经过滤器将杂质隔离，之后将水均衡分配到环路中，经过热交换后返回到集水器，再由回水口流入到供热系统中，从而完成供暖系统的水循环。

分、集水器执行标准为GA 868—2010《分水器和集水器》。

（三）散热设备

1. 暖气片 暖气片为室内热量发散设备，比地水暖升温更快，但也存在较占地方和热不够均匀的问题。暖气片材质应符合GB/T 13237—2013《优质碳素结构钢冷轧钢板和钢带》的规定，水道管厚度为1.5 mm，承压能力不小于1.6 MPa，暖气片进出水管均设置在暖气片下方，侧面不设置进出水管，进出水管管中心间距为120 mm。

（1）暖气片分类：暖气片有老式暖气片和新型暖气片两类。

1）老式暖气片：①铸铁片，②钢串片。

2）新型暖气片：①钢制管式（就是钢管型，有圆管、扁管等），②钢制板式（主要是从欧洲进口的，散热效果好，投入较大，无内防腐不适合集中供暖），③铝合金型，④铜铝复合（还有钢铝复合、不锈钢铝复合），⑤铸铝，⑥钢制内搪瓷（以内搪瓷为防腐，寿命较长），⑦铜管对流散热器等。

（2）不同材质特点：

1）铸铁片：耐腐蚀，价格低廉；样式难看，笨重，占地；主要运用在北方的大型城市供暖中。

2）铜铝复合片：耐腐蚀，样式新颖美观，轻便，散热较快；价格较高，硬度低。

3）低碳钢片：美观大方，价格实惠，贮水量大，保温性能好，耐压；易被氧化腐蚀。

4）铝合金片：铝合金暖气片主要有高压和拉伸铝合金焊接两种，其共同特点是，价格便宜，导热性好，散热快；但其怕碱性水腐蚀，怕氧化，寿命较短。

5）钢铝复合片：样式美观，散热好，耐腐蚀；热损失较大。

6）纯铜暖气片：导热性能优越，耐腐蚀能力强；造价极高，款式较少，生产厂家很少。

考虑到猪舍环境，采用铸铁、钢制或钢铝复合片比较好。

2. 地暖散热管 简称为地暖管，是用于低温热水循环流动散热的一种管材。

（1）常用类型：从地暖诞生到现在共有以下几种管材作为地暖管使用。

1）XPAPR：交联夹铝管。

2）PE-X：交联聚乙烯，有四种交联方式，①过氧化物交联（PE-Xa），②硅烷交联（PE-Xb），③电子束交联（PE-Xc），④偶氮交联（PE-Xd）。前两种是国内常用的两种交联聚乙烯管材，但过氧化物交联因渗氧过快而不被广泛应用，硅烷交联因交联剂硅烷有毒，2004 年欧洲已禁用；电子束交联（PE-Xc）是采用物理方法改变分子结构，健康环保的管材；偶氮交联（PE-Xd）处于实验状态。

3）PAP：铝塑复合管，市场上的铝塑复合管有 PE/AL/PE、PE/AL/XPE、XPE/AL/XPE 三种。第一种是内外层为聚乙烯；第二种是内层为交联聚乙烯，外层为聚乙烯；第三种是内外层均为交联聚乙烯，中部层为铝层。第一种一般用于冷水管道系统，后两种一般用于热水管，可作为地暖管。

4）PP-B：耐冲击共聚聚丙烯。

5）PP-R：无规共聚聚丙烯。

6）PB：聚丁烯（超耐高温管材）。

7）PE-RT：耐高温聚乙烯。

（2）常用类型的性能比较：

1）PE-X：国内生产一般采用中密度聚乙烯或高密度聚乙烯与硅烷交联或过氧化物交联的方法。就是在聚乙烯的线性长分子链之间进行化学键连接，形成立体网状分子链结构。相对一般的聚乙烯而言，提高了拉伸强度、耐热性、抗老化性、耐应力开裂性和尺寸稳定性等性能。但是，PE-X管材没有热塑性能，不能用热熔焊接的方法连接和修复。

2）PB：被誉为塑料中的软黄金，耐蠕变性能和力学性能优越，在几种地暖管材中最柔软，在相同的设计压力下壁厚最薄。在同样的使用条件下，相同的壁厚系列的管材，该品种的使用安全性最高。但原料价格最高，比其他品种高1倍以上。当前在国内应用面积少，未来市场会慢慢地普及。

3）PE-RT：该地暖原料是一种力学性能十分稳定的中密度聚乙烯，由乙烯和辛烯的单体经茂金属催化共聚而成。它所特有的乙烯主链和辛烯短支链结构，使之同时具有乙烯优越的韧性、耐应力开裂、耐低温冲击、杰出的长期耐水压性能和辛烯的耐热蠕变性能，而且可以用热熔连接方法连接，遭到意外损坏也可以用管件热熔连接修复，与PP-R相似加工简便，也可以回收利用，不污染环境。因此，PE-RT是一种性价比较高的地暖管材，使用较为广泛。PE-RT分Ⅰ型与Ⅱ型，后者比前者耐应力开裂性能更佳。

4）PP-R：性能与PE-RT相似，热发散性能约为其一半，但价格相对便宜，因此主要用于给水管，已较少用于地暖。

5）PE-Xb：耐高温，长期使用温度可达95℃；抗紫外线，耐老化，使用寿命长达50年；易弯曲，安装简单、快捷，管件少，经济实用，使用专用管件，可方便快捷地安装；不需攻丝、套扣、焊接；具有更好的耐环境应力开裂性。

6）阻氧管：在应用塑料管道的热水循环系统中，当管材加热后，氧分子更容易透过塑料层而深入到管内的水中，导致设备中金属部件快速腐蚀，由此而研发出了阻氧管。在欧美，采暖系统中阻氧管道的使用率达到70%，阻氧管道系统中的金属部件寿命可延长10~20年。阻氧管主要使用了EVOH（乙烯/乙烯醇共聚物），即在上述基质管材中加入一层EVOH膜，使其对气体、气味、香料、溶剂等呈现出优异的阻断作用。常根据阻氧管基质管材来命名，如PERT阻氧管、PB阻氧管等。

（3）常用规格：一般有DN16、20、25、32、40五种规格。16管和20管用于地面盘管，25管、32管和40管用于支管连接。

（四）分散供暖设备

1. 移动式工业暖风机　移动式工业暖风机用于没有配套集中供暖设施的

栏舍，可以较迅速地加热舍内空气。比较适合冬天寒冷时间较短的南方地区，布置灵活，其他温暖季节移出也方便。但其供暖范围有限，舒适性也比不上地暖。

2. 碳纤维地暖 碳纤维是由有机纤维经碳化及石墨化处理而得到的微晶石墨材料，具有质轻、强度高、热转化效率高、安全、耐高温、耐腐蚀、使用寿命超长等优点，是一种新型的发热材料，碳纤维材料的地暖已经基本代替以前的铜合金材料。

碳纤维发热电缆的命名是以 K（K 代表千）为规格标准的，有 1 K、3 K、6 K、12 K、24 K、36 K、48 K 等规格，地暖多使用 12 K 和 24 K，数字越大代表纤维的根数越多，电阻越小，功率越大。如 12 K 电阻为 33 Ω/m 左右；24 K 为 17 Ω/m 左右；26 K 属于特殊规格碳纤维，电阻在 15 Ω/m 左右。

3. 红外线加热灯 红外线加热灯由吹制的泡壳或者压制的玻璃制成，是一种反射灯，可以提供能精确控制的能量辐射。使用简单安全，还兼有照明作用。配置硬质玻璃的红外灯机械和热学强度高，能抵抗突然的冷却和水的溅射，涂敷红色玻璃可以减少 75%的可见光（眩光）。一般用功率标称规格常见有 150 W \ 175 W \ 200 W \ 250 W \ 275 W 几种。主要用于产房初生仔猪供暖。

二、通风降温设备

（一）风机

风机根据其作用原理的不同，分叶片式风机与容积式风机两种类型，养殖场所用风机主要是指通风风机，为叶片式风机。

1. 风机分类 风机（离心式风机、轴流式风机）通常按工作压力进行分类。养殖场的动物特别是幼小动物受风能力很弱，一般采用负压通风，常常按安装位置来进行分类，如侧墙风机、地沟风机、吊顶风机等，从工作原理来看应属于低压轴流风机范畴。负压风机从结构材质上主要分为镀锌板方形负压风机和玻璃钢喇叭形负压风机。负压风机具有体积庞大、超大风道、超大风叶直径、超大排风量、较低能耗、低转速、低噪声等特点（图 3.9）。

2. 风机构造 风机与水泵结构基本相同。总体上分为五大部分：机壳、叶轮、轴与轴承、支架和动力电机等主要部件。负压风机结构相对简单，没有离心式风机或传统轴流式风机的集流器、导叶、动叶调节装置、进气箱和扩压器等必需部件，但在进风端（或出风端）常增加百叶，出风端增加拢风筒等结构；地沟风机由于进风与出风有 90°转向，还要在进风口配置呈弧形的进风转向罩。

3. 风机参数

（1）外壳尺寸：宽×高×厚（mm）。

图 3.9 风机

（2）风机叶轮直径：一般用毫米（mm）表示，在型号中为了避免数字过大，将这个数除以 100 即实际上以分米数来标示。

（3）动力：电源（两相或三相），功率 kW。

（4）传动方式：A. 直联，电机轴就为风机轴；B. 间接连接，如三角皮带，皮带轮在两个轴承之间；C. 也是间接连接，采用三角皮带，皮带轮为悬臂状；D. 弹性联轴器连接，风机处于悬臂状；E. 皮带轮连接，但风机处在两个轴承之间，比较稳定；F. 联轴器连接，风机在两轴承之间，用于大号风机。

（5）转速：r/min，风机的转速，不完全等同于电动机的转速。

（6）风量（流量）：m^3/h，即通风量。

（7）压力：MPa，一般指全压，即动压与静压之和。风机的全压是指风机出口截面上气体的全压与风机入口截面上气体的全压之差，即单位体积的气体流过风机后所获得的能量。风压越大，表示风阻越大，风量越小。

4. 负压风机型号

（1）镀锌板方形负压风机主要型号有：1 380 mm×1 380 mm×400 mm 1. 1 kW、1 220 mm×1 220 mm×400 mm 0. 75 kW、1 060 mm×1 060 mm×400 mm 0. 55 kW、900 mm×900 mm×400 mm 0. 37 kW 四种，转速均为 450 r/min，所配电机为 4 极 1 400 r/min，电机防护等级 IP44，B 级绝缘。

（2）玻璃钢喇叭形负压风机：按传动结构不同分为皮带式和直接式两种。皮带式转速在 370~450 r/min，采用六极或四极铝壳马达，防护等级 IP5F 级绝缘，转速低的产品噪声相对要低。直接式马达主要有 12 极 440 r/min、10 极 560 r/min、8 极 720 r/min 三种，12 极马达使用最多，转速高的风机噪声大。皮带式产品最省电节能、经济耐用，直结式产品适合在皮带式不能工作的如有油污、对皮带有腐蚀的场所使用。喇叭形拢风筒材质多数为玻璃钢，也有用镀锌板制作的，带拢风筒风机同时工作时，能有效避免空气回流干扰，提高运行效率。

负压风机风叶主要有 6 叶、7 叶、3 叶、5 叶，风叶材质主要有压铸铝合金、工程塑料（尼龙加纤维）、玻璃钢、不锈钢等几种。风叶片数、角度、弧度需要与转速、功率等合理匹配，单一的数据不能说明风机的抽风性能。一般以正规实验室的检测数据为准。

5. 注意事项

（1）环控型猪舍风机会成组安装，建议采用带拢风筒风机。

（2）风机的配置要根据空间大小、猪只的最小通风量、猪只能承受的最大风速、风机的风量等综合考虑、合理配置，最好由专业设计公司经精确计算后配置。

（3）风机的外形尺寸在设计方案阶段就必须确定，以方便土建施工时预留孔洞。

（4）多栋栏舍相邻时，风机布局采用“对吹”和“对吸”方式，即选择同一个空隙出风或进风，且相邻栋的距离最好在 15 m 以上。

（5）保持供电设施容量充足，电压稳定，严禁缺相运行，供电线路必须为专用线路，不应长期用临时线路供电。

（6）在运行过程中发现风机有异常声、电机严重发热、外壳带电、开关跳闸、不能启动等现象，应立即停机检查。不允许在风机运行中进行维修。检修后应进行试运转 5 min 左右，确认无异常现象再开机运转。

（7）定时检修注油（电机封闭轴承在使用寿命期内不必更换润滑油）。

（二）湿帘

湿帘较冷风机或空调具有面积大、冷风分布均匀、造价低等优点，在养殖场降温工艺中被广泛采用。

1. 湿帘系统构成 湿帘系统由湿纸、外框、循环水系统（上下水管、上下框架、水箱、泵）构成（图 3.10）。为了冬天防风，湿帘外还应配备 PE 防风布帘。

2. 湿帘规格 湿帘呈蜂窝结构，是由原纸加工生产而成，在国内，通常有波高 5 mm、7 mm 和 9 mm 三种，波纹为 60°×30°或 45°×45°交错对置。新一代优质湿帘采用高分子材料与空间交联技术，具有高吸水、高耐水、抗霉变、使用寿命长等优点。

按湿帘国家标准 JB/T 10294—2001《湿帘降温装置》规定，湿帘的型号由“产品名称-高×宽×厚”表示，高宽厚均用 mm 表示，厚度系列参数为 80，100，120，150，200；高度系列参数为 500，700，900，1 100，1 400，1 700，1 900，2 100（对应湿帘箱体需加 10 mm）；宽度系列参数为 300，600，1 000，1 500，2 000，长度、宽度也可以用非标准规格，由用户与生产厂家商议订做。湿帘厚度越大，要求的风速越高，猪舍以 150 mm 厚度较合适。

图 3.10　湿帘系统

3. 注意事项

（1）自动排水：随着水的不断蒸发和新的水不断地补充，在水循环过程中，盐分和矿物质被残留下来。为减少形成沉淀和水垢，需要一个自动排水装置，因为排水率为蒸发率的 5%～10%，而蒸发率主要取决于水的硬度和空气污染水平，在一般运转情况下的排水率，应该为较差条件下的最大蒸发率的 20%。

（2）保持干燥：每天在关机前，切断水源后让风扇继续转 30 min 甚至更长时间，使湿帘完全干燥后才停机，这样有利于防止藻类的生长。

（3）恰当的水位：不要让系统内的水溢出来。如果水位太高，湿帘的底部将一直被泡在水中变得过分充水，这将影响介质的自给水系统，缩短其使用寿命。

（4）喷水管清理：打开两端的螺塞，插入一外径约为 25 mm 的橡皮软管，另一端接自来水，冲洗即可。

（5）定期清理：排干所有水泵、水槽、储水室、湿帘中的水并进行清洁，湿帘表面的水垢和藻类物在湿帘彻底晾干后，用软毛刷上下轻刷，注意不要横刷。

（三）通风窗

一般为侧墙通风窗和吊顶通风窗两种，通风口大小可依据两侧的风压差自动调节，无压差不通风时处于关闭状态，利于冬天保温，材质为不锈钢、PVC 或玻璃钢。有的侧墙通风窗无窗叶，用卷帘或滑动挡板控制其通风口大小。

三、自动控制设备

养殖场的自动控制包括温湿度的控制、通风的大小和方式控制、喂料控制、清粪控制、灯光控制、停电报警、防雷和过流过压保护和远程监控等方面。控制系统大致由中央控制器、电控柜和传感器三部分组成。

（一）中央控制器

中央控制器是环境控制系统的核心部分，它可以控制风机、通风小窗、卷帘、湿帘、灯光、加热、供料等设备。通过感应室内外温度来实现各风机的开启和关闭，通过感应压力调节通风小窗系统的开启和关闭，可实现春、夏、秋、冬不同季节通风模式的自动控制。

（二）电控柜

电控柜一般由控制柜和电气柜两部分组成，控制柜用来提供控制单元的容器，用来收集各种探测信号线及控制线缆，安装环控器及其附属零件等，提供人机操控界面和安全保护（包括确保未经授权的人不能进行非许可修改），一般放置在控制室，为壁挂式，便于值班人员操作和管理；电气柜为接收控制信号的执行单元，一般放置在被控制设备附近，也为壁挂式，自动运转，无人值守。

（三）传感器

环境控制方面的传感器主要有温度传感器、湿度传感器、空气质量传感器、风向风速传感器等，供水或供暖方面还有压力流速方面的传感器。其主要作用就是将探测到的结果转变为数字信号输送给中央控制器进行处理。

第三节　粪污处理设备

一、刮板清粪设备

（一）刮板板

刮板板是由钢索拉动在粪坑中往复行走刮扫粪污的机械装置，猪粪的机械清理一般做了粪尿自动分离处理，刮板板在导向板下的导尿管中还有一个盘状刮板，以清扫管中的残渣。

由于坡度等限制，刮板板只能往一个方向清扫，回程时刮板应适当倾斜往上抬升，以免刮到粪便。刮板板以镀锌或不锈钢材料制作，刮板刮粪部位安装有可拆卸橡胶条，以便增加其耐磨耐腐蚀能力，也可使刮粪更加干净。

（二）驱动器

驱动器的工作原理是由减速电机带动绞轮转动从而拉动钢索运动，因为需要往复运动，电机配置有回程开关，通过触碰来控制正转与反转。一般 1 台驱动器至少拉动 2 台刮板板，因此，多数做双绞盘设计。

二、固液分离设备

（一）固液分离机

市场上的固液分离机分为转鼓式、筛网螺旋挤压联体式、离心式三种类型，筛网螺旋挤压联体式固液分离机在资金投入、处理量、能耗等综合分离效率方面占优（图 3.11）。

图 3.11 猪场固液分离机

筛网螺旋挤压联体式固液分离机主要由主机、无堵塞泵、控制柜、管道等设备组成。主机由机体、网筛、挤压绞龙、振动电机、减速电机、配重、卸料装置等组成。其工作过程如下：无堵塞泵将未经发酵的猪粪水泵入机体，在振动电机的作用下加速落料，此时经动力传动，挤压绞龙将粪水逐渐推向机体前方。同时，不断提高前檐的压力，迫使物料中的水分在边压带滤的作用下挤出网筛，流出排水管。挤压机的工作是连续的，物料不断泵入机体，前檐的压力不断增大，当大到一定程度时，就将卸料口顶开，挤压口出料，调节主机下方的配重块可以控制出料的速度与含水量。其自动化水平高，操作简单，易维修，日处理量大，动力消耗低，适合连续作业。分离机关键部件材质一般选用不锈钢。

其使用要求主要是：物料应是未经发酵的粪水，且固化物含量不低于3%。工艺要求上要修建一个储存粪水的贮粪池。如果待分离的粪水太稀，会大大地降低出料效率。因此，为了提高效率，就要求在贮料池前修一个 30～40 m^3 的沉积池，此池略高于贮料池，池上方留有溢流口，让较稀的粪水从高位上溢流出去，池底会相应沉积得到较浓的物料。此后，再进行固液分离就可大大提高出料速度了。整机占地面积要求不大，安装在一个 15 m^2 左右的房间里就可以正常使用。

（二）潜水切割泵

潜水切割泵能够将集污池中较大的固形物切碎抽出，为固液分离机提供状态稳定的粪水，可以处理固形物含量达12%以上的粪水。与普通泥浆泵不同的是其内部带有切割叶片。

（三）搅拌机

搅拌机主要是对粪水进行混合、搅拌和环流，防止粪水沉积造成管道阻塞，为潜水切割泵提供更好的工作环境。搅拌机装有行星齿轮，可以转向对不同方位搅拌，同时有专用的起吊系统，能够根据液面调整高度，一般壳体为铸铁，刀片为不锈钢。

三、排污管道

排污管道主要包括排气阀、排气管、排污管、漏粪塞等。

（一）漏粪塞

漏粪塞主要用于水泡粪工艺，其规格用与其配套的排污管的规格来表示，一般有200 mm和250 mm两种规格，即分别适用于200 mm和250 mm的排水管，后一种规格较多用。漏粪塞实际上分两部分，塞子与外部套管，材质一般均为PVC。外部套管分两种形式，一种为马鞍形，安装时直接在下面的排污管上开口，再用黏胶将其黏结在排污管上；另一种为直通形，安装时还需要配套一个三通，将外套管直接套接在三通管上，实际安装中前者更为灵活。

（二）排气管与排气阀

排气阀主要用于水泡粪工艺，其作用是排出排污管中的气体，并且在漏粪塞拔开漏粪时排气阀会因为负压而阻挡空气的进入。排气管一般使用110 mm的UPVC管，从地下排污管起点端延伸，通过弯头折转向上出地面后再接排气阀。实际上排气阀在给排水、暖通工程中均有广泛应用，水泡粪用到的一般为简易的自动立式排气阀。

（三）排污管

排污管一般使用UPVC管，可按GB 50015—2009《建筑给水排水设计规范》分为干管、支管、接户管三级，常用的管径为干管315～500 mm、支管250～315 mm、接户管200～250 mm。

四、沼气利用设备

（一）沼气发电机组

沼气发电主要原理是将“空气沼气”的混合物在气缸内压缩，用火花塞使其燃烧，通过活塞的往复运动得到动力，然后连接发电机发电。在我国，有全部使用沼气的单燃料沼气发电机组及部分使用沼气的双燃料沼气-柴油发电机组，前者不需要辅助燃料油及供给设备，在控制方面比可烧两种燃料的发电机组简单。沼气在进入发电机组前应经过脱水脱硫处理，否则，会影响机组寿命。沼气热值一般在 26 MJ/m^3，每标准立方米沼气可发电 2.3 kW·h 以上，耗气率为 0.43 Nm^3/（kW·h）。

（二）沼气灯

沼气灯由玻璃灯罩、弹片、纱罩、灯头、灯体、锁紧螺母、引射管、喷嘴接头和吊钩构成，主要用于照明。其工作原理是：沼气由输气管送至喷嘴，在一定的压力下沼气由喷嘴喷入引射器，借助喷入时的能量，吸入所需的一次空气（从进气孔进入），沼气和空气充分混合后，从泥头喷火孔喷出燃烧。在燃烧过程中得到二次空气补充，纱罩在高温下缩成白色珠状的二氧化钍，其在高温下发出白光，可用来照明。一盏沼气灯的照明度相当于 60~100 W 白炽电灯，其耗气量只相当于炊事灶具的 1/6~1/5。因其易碎不能碰撞，可能会存在火灾隐患，环控型猪场使用意义不大。

（三）沼气灶

养殖场的沼气灶主要用于员工生活。沼气与天然气主要成分相同，均为甲烷，但含量与输送压力均有区别。气源不同，灶具额定压力（沼气约为 0.8 kPa、人工煤气约为 1 kPa、天然气约为 2 kPa、液化石油气约为 2.8 kPa）不同，灶具的喷头大小不一样，配比的空气流量也不同。因此，沼气灶不能直接用一般的燃气灶来代替，如沼气用天然气灶则火焰极弱，天然气用沼气灶就会冒烟出红火，燃烧不彻底。市场上有专门燃烧沼气的沼气灶出售，从实际使用情况来看，如沼气脱硫不彻底，灶具容易损坏。灶具执行标准为 GB/T 3606—2001《家用沼气灶》。

第四章　规模化猪场规划设计

第一节　猪场规划设计建设的原则和程序

一、规划设计原则

猪场规划设计首先要考虑可持续发展，养殖是一个长期、持续的生产过程，猪场建设要考虑当地的自然条件，根据项目地的自然条件，合理地开发和利用并做到农牧结合，循环发展，使养猪生产达到可持续发展。其次，保护好环境尤为重要，不仅要做到防止养殖场污染到周边的环境，还要做到防止周边环境威胁到养殖场的安全。再次要根据自身条件选择合适的养殖方式，合理设计生产工艺，优化布局养殖场生产设施，为生产人员和猪群提供适宜的生活环境。最后猪场规划设计建设应做到安全实用、经济合理、技术可行。

二、猪场规划设计建设的程序

在猪场规划设计之前应充分考虑多方面因素，设计及建设过程中需做好三个阶段的工作。

（一）做好建设前的准备工作

要根据自身优势，认真分析相关政策法规、市场环境、当地建设条件等，与当地政府、发改委、畜牧、环保等相关部门接触和沟通，做好立项报告及可行性研究报告，在发改委、畜牧部门进行备案，做好项目环境评价，获得相关批文，同时与工商、税务等部门做好对接，做好工商及税务登记等工作。前期的决策工作对整个项目起着至关重要的作用，此环节中可行性研究、环境影响评价、土地等环节至关重要，建设地点及环评任何一方面出现问题，项目都将会搁置，造成不必要的损失。

（二）做好猪场的规划设计工作

首先是根据当地实际情况及企业发展规划选定养殖方式、规模等，并进行前期方案设计，提出至少两套相对较为合适的养殖生产工艺、猪舍建筑形式及总体布局等，对比、分析、研究不同方案，并确定最终的设计方案。方案确定后开始进行初步设计，完成生产工艺设计及建筑方案平立剖设计、总平面规划布局设计。最后阶段完成施工图设计，对各个单体的建筑、结构、采暖通风、给排水、电气进行施工图设计（小规模猪场可以将初步设计和施工图设计同时完成）。同时做好施工前的准备工作，做好施工单位的选择、监理的选择，做好三通一平（通水、通电、通路、场地平整）等各项工作。目前有部分养殖场并没有做整体规划及设计，建设过程中往往造成边建边改，浪费了人力、物力、财力，建成后也不一定能够正常使用，即使修修改改使用了，势必会造成生产能力低下。

（三）做好施工、建设工程验收及试生产

此阶段是资金投入最大、参与人员最多、耗时最长的一个过程，此阶段应注重施工质量，做到按图施工，确保达到实施目的。试生产结束后需经环保、畜牧部门验收颁发相关证书，养殖场方可投入正常使用。

第二节 规模化猪场养殖工艺设计

一、养殖工艺的选择

（一）猪场的类型和规模

1. 猪场类型 猪场建设要考虑企业自身情况、当地环境等因素，确定建设何种类型的猪场。根据情况确定建种猪场或商品场，种猪场分为原种场、祖代场、父母代场，商品场分为自繁自养商品场、繁殖场、保育场、育肥场等，应根据具体情况进行选择。

2. 饲养规模 并非规模越大越好，单场规模越大风险也越大，规模应与当地条件及自身的管理能力相匹配。饲养规模必须考虑废弃物消纳问题，关注环保，考虑环境承载能力，与当地环境相适应。

3. 饲养品种 应确定饲养的品系，如地方品种、外来品种或者它们相互杂交品种，纯种猪、二元杂交、三元杂交或四元杂交等。

（二）猪群组成及转群方式

猪群一般按公猪、后备公猪、后备母猪、空怀母猪、妊娠母猪、哺乳母猪、哺乳仔猪、保育仔猪、生长猪、育肥猪进行分群，规模较大猪场把头胎母猪和经产母猪分开，头胎母猪单独分群。各猪群占全群的比例应根据设定的生产性能参数进行计算。

常规转群方式是均衡转群，现代化规模猪场应做到全进全出，按一定的节律进行配种，一定规模、同一生长阶段的猪群同时转入下一生产单元，并做好空圈消毒。正常情况下一般以周（7 d）为节律。

(三) 猪场饲养管理方式

饲养方式一般分为群养、单养。由于目前群养方式和限位方式的流程都比较统一，只需要确立如下参数即可。

(1) 母猪是否群养：群养方便与水泡粪配合，限位饲养方便与干清粪方式配合。

(2) 仔猪哺乳期（即离奶日）：3 周或 4 周，智能化猪场栏舍条件好，管理水平也较高，建议 3 周。

(3) 仔猪离奶后是否留栏饲养：智能化猪场保育条件好，不建议留栏继续饲养。

饲喂方式有人工饲喂、半自动饲喂、自动饲喂、智能化饲喂，规模化猪场采用自动饲喂和智能化饲喂方式。

(四) 确定供暖降温方式

我国除华南地区外均建议采用热水锅炉集中供暖，华南地区或华中靠南地区冬季仔猪、保育猪用电地暖、红外灯暖或热风机，大猪依赖自身产热和栏舍保温即可。

降温一般采用湿帘降温，但湿帘降温一般用于封闭式猪舍。因此，华南地区可采用卷帘封闭的半开放式猪舍，其他地区建议采用全封闭式猪舍。

(五) 清粪及粪污处理工艺选定

清粪方式一般有水冲粪、液泡粪、人工干清粪、机械干清粪等，环保部门提倡干清粪模式，国外特别是美国集约化猪场多采用深粪池方式。

环境敏感性很高、消纳污水能力较弱、或用水紧张的地区，宜采用干清粪。劳动力成本不高时采用人工干清，否则，用机械干清；粪污处理可以用生物堆肥，或直接上有机肥生产设备。少量污水可以多级沉淀或上小型沼气解决。

环境敏感性一般，且水源充足，建议采用水泡粪，一般不再主张水冲粪；粪污处理如果有配套种植面积，可上生态型沼气工程（没有消纳面积，前端沼气工程不变，但沼气工程后的污水必须上有氧处理工艺，如 SBR 曝气处理）。

二、猪群结构计算

(一) 确定生产指标

根据选定的猪场类型、饲养规模及品种确定其生产指标。

(1) 生产规模：依据基础母猪数量确定生产规模。

(2) 成活率：（期末存栏数+转出数）/（期初存栏数+转入数）。

(3) 年产胎数：

理论值：如按 21 d 断奶计算，应该为 365/母猪生产周期（空怀 7+怀孕

114+哺乳 21）=365/142=2.57。

实际值为2.2~2.3，主要受不发情或延迟发情、不怀孕（空怀）等异常状况影响。

如果按年产2.3胎计算，则异常状况约占1-2.3/2.57=10.5%。

（4）胎产（健）仔数：主要受品种、饲养水平、健康状况、配种技术影响，如长大二元母猪为10~12头/胎。

（5）年死淘率：一般算年淘汰率，母猪为25%~30%，公猪为35%~50%。

（6）公母比：即基础公猪与基础母猪之比，人工授精约为1∶（100~150）。

（7）后备猪培育合格率及培育期（或育成期）：培育合格率约为70%；培育期=适配年龄-哺乳期-保育期，地方品种适配年龄约为6个月，引进品种约为8个月，按哺乳21 d，保育49 d计算，地方品种培育期约为16周（112 d），引进品种约为25周（175 d）。

（二）计算猪群结构

（1）各阶段基础母猪存栏数：产仔母猪数=（提前转入天数+哺乳期）/生产周期×基础母猪数；配怀母猪数=基础母猪-产仔母猪数。考虑到约有10%异常不能进产房，则产房实际存栏数为理论数×90%。如1 000头基础母猪产房理论存栏为（7+21）/（7+21+114）×1 000=197.2头，实际应为197.2×90%=177.5头，配怀母猪数为1 000-177.5=822.5头，如前期限位35 d，则限位母猪数为822.5×35/114=252.5头。

（2）存栏仔猪数：先算1头母猪年提供仔猪数，再算1头母猪天提供仔猪数，最后考虑规模、成活率和哺乳期，计算公式如下。

存栏仔猪数=年产胎数×胎产仔数×哺乳期×仔猪成活率×基础母猪数/365

每天出栏仔猪数=年产胎数×胎产仔数×仔猪成活率×基础母猪数/365

（3）存栏保育猪数：先算每天入栏保育猪数（即每天出栏仔猪数），再考虑成活率和保育饲养天数，计算公式如下。

存栏保育猪数=每天出栏仔猪总数×保育期天数×保育成活率

每天出栏保育猪数=每天出栏仔猪总数×保育成活率

（4）存栏育肥猪数：先算每天入栏育肥猪数（即每天出栏保育猪数），再考虑成活率和育肥饲养天数，计算公式如下。

存栏育肥猪数=每天出栏保育数×育肥期天数×育肥猪中期成活率

每天出栏育肥猪=每天出栏保育数×育肥猪成活率

（5）后备母猪：后备母猪=基础母猪×年死淘率/后备猪培育合格率×后备猪培育天数/365。

（6）后备母猪自繁自养，还需要计算原种猪（即猪场核心群）的存栏数：核心群母猪=年补充母猪数/后备合格率/保育成活率/仔猪成活率/胎产健仔数/年产胎数/雌性仔猪比例（1/2）。

三、猪舍工艺参数和栏舍分区布局

遵循按周生产全进全出模式，可以对各栏舍进行分区，如果生产规模较大，一个分区可以独立成一栋。

（一）各类猪舍工艺参数

各类猪舍的工艺参数如表 4.1 至表 4.4 所示。

表 4.1　各类猪群饲养密度

猪群类别		每栏建议饲养头数	每头占栏面积（m^2/头）
种公猪		1	8~12
空怀、妊娠母猪	限位栏	1	1.32~1.56
	群饲	4~5	1.8~2.5
后备母猪		4~6	1.5~2.0
分娩母猪		1	3.15~4.32
保育猪		10~25	0.35~0.5
生长育肥猪		10~28	0.7~1.2

表 4.2　猪栏基本参数

单位：mm

猪栏种类	栏高	栏长	栏宽	栅栏间隙
公猪栏	1 200	3 000~4 000	2 700~3 000	100
配种栏	1 200	3 000~4 000	2 700~3 000	100
空怀母猪栏	1 000	3 000~3 300	2 900~3 100	90
妊娠定位栏	1 000	2 150~2 400	590~650	310~340
分娩栏	1 000	2 150~2 700	1 500~1 800	310~340
保育栏	700	3 000~3 600	2 400~3 000	55
生长育肥栏	1 000	3 000~4 000	3 000~5 000	85

表 4.3　食槽基本参数

单位：mm

形式	适用猪群	高度	采食间隙	前缘高度
水泥定制食槽	公猪、妊娠母猪	350	300	250
铸铁半圆弧食槽	分娩母猪	500	310	250
长方体金属食槽	哺乳仔猪	100	100	70
长方形自动落料食槽	保育猪	700	140~150	100~120
	生长育肥猪	900	220~250	160~190

表 4.4　自动饮水器的水流速度和安装高度

使用猪群	水流速度（mL/min）	安装高度（mm）
公猪、空怀妊娠母猪、哺乳母猪	2 000~2 500	600
哺乳仔猪	300~800	120
保育猪	800~1 300	280
生长育肥猪	1 300~2 000	380

（二）栏舍分区

（1）分娩舍：母猪提前 1 周进栏+哺乳 3 周+空栏消毒 1 周=5 周，即可分为 5 个区。

（2）保育舍：保育期 7 周+空栏消毒 1 周=8 周，即保育舍应分 8 个区。

（3）育肥舍：育肥期 18 周+空栏消毒 1 周=19 周，即育肥舍应分 19 个区。

（4）配怀舍：如完全限位饲养，则为 17+1=18 周，即分 18 个区；如前期限位后期群养，则限位分 35/7=5 区，群养分 18-5=13 区。

（三）栏舍内部布局及面积计算

（1）分娩舍：双列或四列。通道宽一般为 1 m，通常组成单通道，四列二通道或三通道。分娩舍面积=长（每列产床数×产床宽+两端通道宽）×宽（列数×产床长+通道数×通道宽）。

（2）保育舍：多数为双列式，每列两端不设通道，两列之间一条通道，算法与分娩舍类似，面积=长（每列保育栏数×保育栏宽）×宽（列数×保育栏长+通道数×通道宽）。

（3）育肥舍：多数为双列式，算法与保育相似，面积=长（每列育肥栏数×育肥栏宽）×宽（列数×育肥栏长+通道数×通道）。

（4）配怀舍：限位栏一般双列或四列，群养大栏一般双列，有的将配怀舍分成配种舍和怀孕舍，不影响面积的估算。限位栏面积=长（每列限位栏数×限位栏宽+两端通道宽）×宽（列数×限位栏长+通道数×通道宽）；群养大栏的面积=群养阶段存栏数×每头母猪应分配面积+通道面积，母猪面积需求一般为2.2~2.5 m^2。

其他如后备栏和公猪舍，根据其存栏数和面积需求计算。在布局上每多一列，要增加一条通道，一般的栏舍内部布局不会超过4列。

第三节 规模化猪场选址与规划布局

一、场址选择

猪场选址首先要进行方案论证，符合当地土地利用规划和村镇建设发展规划的要求。要有满足生产需要的水源、电源、交通条件，周围还要有足够的土地面积消纳粪便。具体场址应距居民区、工厂、畜牧场、畜产品加工厂等不低于500 m，距主要交通干道不低于500 m。应避开饮用水源，避开风景、名胜、旅游区（距重要水源地2 km，风景区3 km），避开自然灾害（滑坡、泥石流等）多发区。水电能源充足，水质清洁、无污染，便于取用防护。具体设计时以相关标准及规范为准。

猪场选址应地势高燥、平坦，地物少，向阳，坡度不超过20°。万头猪场自繁自育模式采用单栋猪舍设计时常规占地为45~60亩，“三点式”猪舍占地约200亩。

以下地段或地区严禁建场：各地市规定的禁养区，包括自然保护区、水源保护区、风景旅游区；受洪水或山洪威胁，以及泥石流、滑坡等自然灾害多发地带；自然环境污染严重、畜禽疫病常发区。

二、总体布局的原则

猪场总体布局的原则是，满足生产工艺要求，创造良好的生产和生活环境；合理利用地形，减少土方量，降低造价，节约土地；保证建筑物满足采光、通风、防疫、防火等间距要求；充分考虑废弃物处理与利用，保证清洁生产；长远考量，留有发展余地。

猪场总体布局要依据地形地势充分利用土地自然条件优势，做好平面布局设计和竖向设计。整体布局要做到合理分区、雨污分流、净污分开、适当绿化。

（一）合理分区

场区一般分为管理区、生产区、隔离及废弃物处理区。

管理区设置生活、办公用房及生产附属用房，应在上风向地势高燥处，位于场区主要出入口，接近交通干线便于内外联系。生产区设置各种猪舍及附属设施，可分繁殖区、保育区、育肥区，与生活管理区和辅助生产区之间应设围墙和必要的隔离设施，入口处应设人员及车辆消毒设施，位置应接近场外道路，方便运输。隔离及废弃物处理区设置隔离舍、剖检室及废弃物处理设施等，应在下风向地势低处，与生产区之间应保持适当的卫生间距和绿化隔离带，与生产区和场外的联系应有专门的大门和道路。

猪舍布局多为一点式、两点式或三点式，各类布局均应按全年主风向和地势顺序安排公猪舍、空怀舍、妊娠舍、产房、保育舍、育肥舍布局。三点式布局，各分场间距应≥100 m，最好分别处于三个地方。

（二）净污分开

场内道路净道、污道分开，尽量避免交叉混用。

（三）雨污分流

场区内的雨水和污水应分别收集，采用不同的处理方式分开处理。

（四）适当绿化

各功能区之间应当适当留出一定的距离用来绿化，场内设置防风带、隔离带，道路两侧进行绿化，设置一定的绿地。

三、猪场功能分区布局

猪场按功能大致可分为生产区、生产辅助区、污染处理区、管理与生活区。

（一）生产区

猪场生产区包括各种猪舍、消毒室（更衣、洗澡、消毒）、消毒池、药房、兽医室、值班室、过磅房、出猪台、仓库、隔离舍等。各猪舍是猪场的主要建筑，应处于生产区中心位置，按流水线方式布置，即按配怀舍→分娩舍→保育舍→育肥舍顺序排放，最后通向过磅房和出猪台，各舍间距应在舍高的4~5倍及以上。消毒室、消毒池处于生产区入口位置。隔离舍分两种，一种是引进猪的隔离观察舍，应位于入口处相对独立的区域；另一种为病猪隔离舍，应处于与化尸窖较近位置。生产区值班室多数情况下指分娩舍值班室，应与分娩舍连接在一起。其他舍根据生产方便进行布置。

（二）生产辅助区

猪场生产辅助区包括饲料厂及仓库、水塔、水井房、锅炉房、变配电室、车库、电工房等。生产辅助区按有利防疫和便于与生产区配合进行布置。

（三）污染处理区

猪场污染处理区包括病死猪处理区和粪污处理区，应处于地势较低位置。前者主要是化尸窖等设施，后者包含沼气工程设施、固液分离车间、有机肥厂、曝气池等。

（四）管理与生活区

猪场管理与生活区包括办公、食堂、职工宿舍等。管理与生活区地势应比生产区高，且处于上风处。

四、道路管网设计

（一）道路

猪场道路主要供人与车通行，整场可以分三级布局。一级为主干道，贯通各个功能分区；二级为支线，贯通某功能区各栋；三级为细线，到各舍入口。干道要保证双车通行，支线至少为单车道，细线为单车道或行人道。因饲料仓库进料道路一般都会有大中型车辆通行，应特别注意其设计宽度。

猪场道路有三种物料进出，可归纳为“一进两出”，一进主要是饲料和其他生产资料进场，两出指猪出栏和粪污处理后产品转运出场。有条件的最好三者的道都不进入生产区。如饲料由场外配送（这是趋势），料塔靠围墙，料罐车不进入场区，在围墙外打料；有机肥厂出料口靠近围墙，车辆直接在场外装料；贩运活猪的车辆带病的可能性最大，上猪时又很难保证饲养人员不与车辆接触，因此，必须保证这种车辆先进行消毒。考虑到出售猪只时行政管理人员也要参与，比较好的办法是将上猪台的出口设置在生活管理区，贩运车辆进入管理区大门时即进行消毒。

（二）赶猪通道

流水线上各栋栏舍应设置通道，如配怀舍到分娩舍、分娩舍到保育舍、保育舍到育肥舍，按最短路程原则，最好布置在两栋栏舍间隔的中间位置。再就是育肥舍到出猪台之间要设置通道，生长育肥猪存栏量最大，占面积最大，可以先规划出一条主干赶猪通道，各栋再通过分支通道连接到主干道。

（三）供水管路

猪场供水管路大致分为取水管路、泵房、水塔、输配水管路、各栏舍用水管路几部分，管径大小在饲养设备部分已经叙及，主干的输配水管路按最短线路埋地布置，舍内管线视设备分列摆放情况布置。输配水管的配送能力可以按如下公式计算：

$$每天配送水量=流速\times管径面积\times每天用水时间$$

如果流速按 1 m/s，输配水管路管径按 DN50，每天用水时间按 10 h 计，则输送量为：$1\ m/s\times3.14\times(0.05\ m/2)^2\times10\ h\times3\ 600\ s=70.65\ m^3$。

（四）排水管路

现代养殖场要求进行雨污分离，《畜禽规模养殖污染防治条例》也明确畜禽养殖场、养殖小区要建设雨污分流设施。特别是降水充沛的地区，栏舍要有专门的雨沟，整个场地要铺设排水管路，最后汇聚到山塘、水库、湖泊、河流等，要保证粪水不进入排水管路，雨水也不进入排污管道。

（五）排污管路

与供水管路相反，最后汇聚到地势最低的污水处理区，一般为无动力自然输送，坡度与管径在污水处理设备时已经叙及，各级管路因地制宜尽量按最短线路埋地布置，注意在管路汇聚处布置检查井。

（六）供电线路

养殖场一般都有自己的输变配电中心，饲料加工间、泵房的电机及栏舍中部分风机都使用三相电，再加上照明，生产区各栋、饲料加工间、泵房必须保证按三相四线制供电，其他建筑物根据需要，配置照明或动力线路，注意三相的用电平衡。各区域供电线路线径按其负荷估算或由电力部门进行专业设计。

（七）供暖线路

一般分娩舍与保育舍需要集中供暖。因此，锅炉房最好处于两栋之间的中心位置，通过埋地的保温热水管输送到各栋，流经地暖管或暖气片后通过回水管输送回来。保温管口径可以由锅炉生产厂家根据供暖面积和锅炉出水口径进行专业设计。

第四节　设备配置选型设计

一、饲养设备设施选型配置

（一）围栏、产床、地板设施选择

依据工艺设计，计算不同阶段所需的围栏、产床、地板数据，选择合适的设备制造厂家进行选购。

（一）料塔、料线、水线及选型

供料天数（一般为 3 d）×每头平均日采食量×存栏头/饲料密度（一般为 0. 55 g/cm^3），每头平均日采食量按配怀母猪 2. 5 kg、哺乳母猪 5. 5 kg、保育猪 1. 5 kg、育肥猪 2~3 kg 估算，根据测算容量选择合适的料塔。料线、水线依据猪舍养殖数量及舍内栏位布局进行布局设置。

（二）智能饲喂站数量估算选型

由于每头猪需要固定的采食时间，且不同生产厂家生产的设备性能不一致，一台饲喂站能饲喂 30~50 头母猪。

二、环控设备配置选型

（一）通风降温设备

良好的通风是猪舍空气质量的重要保障，通风方式有自然通风、负压机械通风、正压机械通风。猪舍降温多采用湿帘风机、冷风机，种猪舍可采用中央空调等方式。目前大型猪舍多采用纵向湿帘风机加侧向变频风机组合通风降温系统，对于改造猪舍，采用正压冷风机比较方便，也能收到很好的效果。

通风设计要考虑舍内排污、排湿、排余热等，通风量计算方法分风速法、换气次数法、换气量法，计算公式如下：

风速法：通风量（m^3）= 猪舍宽（m）×猪舍高（m）×所需风速（m/s）×3 600（s）

换气次数法：通风量（m^3）= 猪舍体积（m^3）×60（次/h，一栋猪舍每小时换气次数）

换气量法：通风量（m^3）= 舍内猪只存栏量（头）×每头猪夏季换气量［m^3/（h·头）］

猪舍通风量在通过不同参数计算出的数值不同的情况下须取其最大值来设计。

1. 风机的配置选型

（1）地沟风机的配置：地沟风机主要用于排氨并满足冬季通风换气的需要，在 GB/T 17824. 3—2008《规模猪场环境参数及环境管理》中有对猪舍通风量要求的规定，可以得出各阶段猪大致的通风量要求。

假设满足寒冷季节通风量时也可满足排氨的需要，这样地沟风机的配置就有了依据，即通风量=每头猪的寒冷季节通风量×存栏头数。

（2）侧墙风机的配置：侧墙风机主要用来降温，假设满足炎热季节通风量也可满足拉动湿帘的需要（实际上肯定是满足的，因湿帘的配置面积就由之计算出来的），则侧墙风机的通风量=炎热季节通风量×存栏头数。

（3）吊顶风机：根据选定的工艺选择是否采用吊顶风机。

2. 湿帘的配置选型

（1）湿帘面积估算：根据通风量和过帘风速进行推算，一般 100 mm 厚的湿帘要求过帘风速达到 1. 0～1. 5 m/s，15 cm 厚的湿帘风速要求达到 1. 5～2. 0 m/s。

（2）湿帘水泵流量估算：理论上为 $Q=q \times L \times W+B$

式中，Q 为水泵所需流量（m^3/h）；q 为湿帘顶部单位面积必要供水量，取值范围为 0. 36～0. 48 m^3/（h·m^2），视湿帘厚度确定，厚度大取较大值；L 为湿帘总长度（m）；W 为湿帘总厚度（m）；B 为湿帘排水量（m^3/h），为蒸发水量的0.25~5倍，水中pH值与矿物浓度越高取值越大，蒸发水量一般为0.003~0.004 m^3/h。

（3）湿帘水池大小的估算：V［水池容量（m^3）］=最小设计容量×湿帘面积。

最小设计容量为经验值，100 mm厚湿帘取0.03 m^3/m^2，120 mm取0.035 m^3/m^2，150 mm取0.04 m^3/m^2。

3. 进风窗的配置选型　设置进风窗的目的主要是通风和保暖，配置的主要原则是在满足通风量的前提下尽量减少风阻并均匀分布。通风窗个数=通风量/（过窗风速·单个通风窗通风面积）。

4. 探头的配置选型　探头主要指温度、湿度和空气质量探头，每个独立控制的小区一套，并安装在该区的中心位置。

5. 环境控制器选型　环境控制器是环控系统的核心设备，选择合适的环控器是猪舍环控的关键。

（二）采暖设备选择

猪舍的保温尤为重要，猪舍保温通常是按照低限热阻设计的，猪舍围护结构应按照保温、减少热损、降低能耗的原则选用，不同地区设计方案不同。

采暖形式主要有锅炉（燃煤、燃气、燃油）、电加热、空气能、地热能、热风炉等，散热装置主要有暖气片、电热地暖、水地暖、暖风管送风等多种形式。猪舍供暖常用的有地暖、水暖、电热板、热风炉、燃气炉等，仔猪的保温常采用保温箱、红外加热、电热板等多种形式结合使用。根据当地资源条件选择不同的供暖方式。

（三）猪舍的光照系统

猪舍光照有自然光照和人工光照两种形式。自然光照主要靠门窗及屋顶采光带采光，采光、通风、保温兼顾。人工光照采用白炽灯或节能灯，照度50 lx左右，一般设在饲喂道上，产房、清粪道上应设灯，可每3~5 m设一盏。

（四）防疫消毒设施

防疫消毒设施设计对猪场生产起着至关重要的作用。猪场应做到三级防疫：生活管理区应设置紫外灯、喷雾消毒、消毒垫、手消毒和车辆消毒设施等。生产区应设置专门的消毒通道、淋浴、更衣室和车辆消毒通道等。猪舍内应设人员及推车消毒设施。应根据防疫工艺进行选型设备设施。

三、废弃物处理设备选择

猪场废弃物主要有固体废弃物（粪便、病死猪等）和液体废弃物两种，处理上主要遵循减量化、无害化、资源化利用原则。

减量化原则是指对猪场废弃物的减排，首先要从源头抓起，猪场污染物来源主要是粪便和污水，其他还有恶臭、噪声等。为减少环境污染和减轻污染物处理难度，尽可能在生产过程中减少其产生量。可采用改善饲料营养成分、添加益生菌、提高饲料消化率等，以利于减少氮、磷的排放量，采取积水措施减少污水排放量等。

无害化原则是指对养殖场产生的废弃物应进行无害化处理，避免对环境造成二次污染。

资源化利用原则是指猪场粪便含有大量有机物，是有机肥的重要原料，加工成有机肥后进行合理利用，既保护了环境又充分利用了资源，实现农牧结合，种养一体化。

粪污清理主要有人工干清粪、机械干清粪、水冲粪、水泡粪（尿泡粪）等多种工艺，常用的处理方法有物理法、化学法、生物法等。采用尿泡粪养殖工艺的一般是先处理再固液分离，此模式需设置大型的地下厌氧发酵池，充分厌氧发酵。猪场废弃物处理有先分离后处理和处理后再分离两种形式。采用干清粪养殖工艺的，猪场粪便先采用物理法进行固液分离，分离后分别处理固体物和液体物。依据选定的清粪工艺结合猪舍布局及总体布局选择合适的设备设施。

目前我国病死猪无害化处理有多种形式，主要有焚烧、化制、掩埋、高温处理、化学处理、生物处理。养殖场应建设适合自身规模的无害化处理设施，目前小型一体化生物发酵无害化处理设施在中小规模养殖场得到了部分应用。无害化处理设施建设当中，应特别重视尾气的处理，设置尾气处理装置，否则会对周边环境造成影响。应根据当地条件选择合适的处理工艺及设备设施。

第五节　设计过程及其交付文件

一、准备阶段

猪场建设准备阶段主要由建设单位提出设计要求，如规模、投入、工艺等，多数为一些宏观或概念上的要求，也可以有一些细节上的要求，具体表现为《设计任务书》或《可行性研究报告》，《可行性研究报告》一般会包含设计任务书的内容。

猪场建设进入设计程序之前，一般均初步选定了建设地址，因此必须进行初步设计工程地质勘察，对场地内建筑地段的稳定性做出评价，形成岩土工程地质勘察报告，以方便设计单位进行建筑布局和基础设计。

二、设计阶段

猪场建设设计阶段的工作主要由设计单位完成。智能化猪场建设属技术较复杂的项目，采用三阶段设计，即初步设计、技术设计和施工图设计。

（一）初步设计阶段

初步设计的内容一般包括设计说明书、设计图纸、主要设备材料表和工程概算等四部分，智能化猪场工艺流程、栏舍的整体布局等均要在这一阶段完成，也可以称之为方案设计。初步设计文件应当满足编制施工招标文件、主要设备材料订货（或招标）和编制施工图设计文件的需要。具体的图纸和文件如下。

（1）设计总说明：包括设计指导思想及主要依据，设计意图及方案特点，建筑结构方案及构造特点，建筑材料及装修标准，主要技术经济指标，以及结构、设备等系统的说明。

（2）建筑总平面图：比例为1∶500、1∶1 000，应表示用地范围，建筑物位置、大小、层数及设计标高，道路及绿化布置，技术经济指标。

（3）各层平面图、剖面图及建筑物的主要立面图：比例为1∶500、1∶100、1∶150、1∶200、1∶300，应表示建筑物各主要控制尺寸，如总尺寸、开间、进深、层高等，同时，应表示标高，门窗位置，室内固定设备及有特殊要求的厅、室的具体布置，立面处理，结构方案及材料选用等。

（4）设备方案书：智能化猪场设备占比较多，设计方应提供主要设备配置方案，包括设备名称、规格、数量等。

（5）土方调配图：表示路基土方纵向调运数量及位置的图表，确定填、挖方区土方的调配方向和数量。

（6）工程概算书：建筑物投资估算，主要材料用量及单位消耗量。

（7）必要时可绘制透视图、鸟瞰图或制作模型。

（二）技术设计阶段

技术设计阶段的主要任务是在初步设计的基础上进一步解决各种技术问题。技术设计的图纸和文件与初步设计大致相同，但更仔细些。具体内容包括整个建筑物和各个局部的具体做法，各部分确切的尺寸关系，内外装修的设计，结构方案的计算和具体内容、各种构造和用料的确定，各种设备系统的设计和计算，各技术工种之间各种矛盾的合理解决等。如智能化猪场的设备具体配置和安装方法等要在这个阶段确定。

（三）施工图设计阶段

施工图设计是建筑设计的最后阶段，是提交施工单位进行施工的设计文件。

施工图设计的主要任务是满足施工要求，提出施工中的技术措施、用料及具体做法。

施工图设计的内容包括建筑、结构、水电、采暖、通风等工种的设计图纸，工程说明书，结构及设备计算书和预算书。具体图纸和文件如下。

（1）建筑总平面图：与初步设计基本相同。

（2）建筑物各层平面图、剖面图、立面图：比例为 1：50、1：100、1：200。除表达初步设计或技术设计内容以外，还应详细标出门窗洞口、墙段尺寸及必要的细部尺寸、详图索引。

（3）建筑构造详图：应详细表示各部分构件关系、材料尺寸及做法、必要的文字说明。根据节点需要，比例可分别选用 1：20、1：10、1：5、1：2、1：1 等。

（4）各工种相应配套的施工图纸：如基础平面图、结构布置图、钢筋混凝土构件详图、水电平面图及系统图、建筑防雷接地平面图等。

（5）设计说明书：包括施工图设计依据、设计规模、面积、标高定位、用料说明等。

（6）结构和设备计算书。

（7）工程预算书。

以上三个阶段中，许多细节问题设计方必须在第一、第二阶段与建设方充分沟通好，第三阶段才会少做无用功。图审通过并完善后再编制工程预算书。

第五章　规模化猪场建筑设施设计建造

第一节　规模化猪场建筑设施设计基础

一、猪场建筑设施类型

猪舍建筑设施主要分为生产设施、公用配套设施及管理和生活设施、防疫设施、粪污及无害化处理设施等。

（1）生产设施：空怀配种舍、妊娠舍、分娩哺乳舍、保育舍、育成舍、育肥舍。

（2）公用配套设施及管理和生活设施：围墙、大门、场区道路、变配电室、发电机房、锅炉房、水泵房、蓄水构筑物、饲料加工车间、物料库、车库、修理间、办公用房、食堂、职工宿舍、门卫值班室、场区厕所等。

（3）防疫设施：淋浴消毒室、兽医化验室、病死猪无害化处理设施、病猪隔离舍。

（4）粪污及无害化处理设施：粪污储存、处理及无害化处理设施。

二、建筑设施设计建造原则

规模化猪场设计建造应综合考虑各种影响因素，包括猪只的生物学特性、组织生产的目的、当地的自然条件等。因此在设计建造时应考虑以下几点基本原则。

（一）猪舍设计应考虑猪只的生活习性和生物学特性

考虑猪只不同生理阶段所需要的温度和湿度。比如哺乳仔猪的温度随周龄的变化而变化，第 1 周 30~32 ℃，第 2 周 26~30 ℃，第 3 周 24~26 ℃。除哺乳仔猪外，其他猪舍夏季温度不应超过 25 ℃。另外要考虑猪只生长的适宜密度和群体大小，其多少直接影响圈舍建设设计是否合理和经济效果。

（二）猪舍设计应考虑组织生产的目的

考虑猪场建设的生产目的，可分为不同类型的猪场：原种猪场、扩繁猪场、商品猪场及养殖小区等，设计猪舍时还应考虑到日后科学的生产管理，便于机械设备的安装、操作方便，降低劳动强度。

（三）猪舍设计应结合当地气候和地理条件

我国幅员辽阔，从南到北气候、地质条件相差甚远，因而对猪舍的建筑设计要求也各有差异。南方雨量充沛、气候炎热，主要注意夏季的通风降温。北方干燥寒冷、冻土层厚，应考虑冬季保温。

三、猪舍设计建造

（一）猪舍的建筑造型

1. 猪舍的建筑形式 猪舍可采用单层、多层厂房，可采用单栋、连栋形式。猪舍建筑按其外围护结构完整性，可分为开放式、半开放式、密闭式和有窗式等；按屋顶形式，可分为平屋顶、单坡式、双坡式、拱顶式、半气楼式等；按舍内猪栏配制，可分为单列式、双列式和多列式等。此外，还可按猪舍用途分为公猪舍、配种猪舍、空怀母猪舍、妊娠母猪舍、分娩舍、保育舍、生长育肥舍等。

2. 猪舍外围护结构类型

（1）开放式猪舍：开放式猪舍有三面墙，南面无墙而全部敞开，用运动场的围墙或围栏作为分隔；或无任何围墙，只有屋顶和地面，外加一些围栏，除对雨、雪、太阳辐射等有一定的遮挡外，几乎都暴露于外界环境中。这种猪舍一般多建于炎热地区。这种猪舍能获得充足的阳光和新鲜的空气，同时猪只能自由地到运动场活动，有益于猪只的健康，但舍内昼夜温差较大，保温防暑性能差。

（2）半开放式猪舍：半开放式的猪舍上有屋顶，东、西、北三面为满墙，南面为半截矮墙，上半部分开敞，可设运动场或不设运动场。这类猪舍采光、通风良好，但保温性能差，冬季可使用卷帘进行保暖防寒。

（3）密闭式猪舍：密闭式猪舍无窗，与外界自然环境隔绝，完全依赖机械通风、自动控温、人工补光等工程手段，创造适合猪群生长的最佳小环境。此类猪舍适用于我国各地。

（4）有窗式猪舍：这类猪舍设置侧窗、天窗或气楼等自然通风口，还可根据当地的气候情况配合使用机械通风。这类猪舍适用于我国大部分地区。

3. 猪舍屋顶形式

（1）平屋顶：屋顶一般采用钢筋混凝土现浇板或预制板，排水方式可以采用无组织排水或有组织排水。

（2）单坡式：屋顶由一面坡构成，跨度很小，构成简单，排水顺畅，通风采光良好，造价低，但冬季保温性能差。

（3）双坡式：根据两面坡长可分为等坡和不等坡两种。我国大部分养殖场建筑多采用双坡式。优点与单坡式基本相同，但保温性能较好，造价略高。

（4）拱顶式：拱顶式结构猪舍的材料有砖石和轻型钢材。砖石结构为砌筑而成，可以就地取材，造价低廉；而轻钢结构配件可以预制，快速装配，施工速度快，可迁移。

（5）半气楼式：屋顶成高低两部分，在高低落差处设置窗户，供南侧采光和整栋舍的通风换气，也可配合机械通风。

通常单坡式屋顶适用于公猪舍或一些采用单列的猪舍。北方地区选用单坡式或南坡短、北坡长的不等坡屋顶，可在冬季获得较好的太阳辐射。此外，有些猪舍往往根据当地的建筑习惯、施工条件和结构造价等，建成平顶式、锯齿式、联合式等类型的猪舍。由于屋顶形式不同，对猪舍温热环境会产生较大的影响。

（二）猪舍栏位的配置形式

1. 单列式　一般猪栏在舍内（东西向布局的猪舍）南侧排成一列，猪舍内北侧设走道。具有通风和采光良好、舍内空气清新、防潮、建筑跨度简单等优点；北侧设有走道，更有利于保暖防寒，且可以在舍外南侧设运动场。但建筑利用率较低，一般中小型猪场建筑和猪舍建筑多采用此种类型。

2. 双列式　在舍内将猪栏排成两列，中间设走道或两侧走道，此设计一般不设运动场。其优点是便于管理，利于实现机械化饲养，建筑利用率高；缺点是采光、防潮不如单列猪舍，北侧猪栏比较阴冷。育成、育肥舍一般采用此种形式。

3. 多列式　舍内猪栏排列在三列以上，一般设置偶数列居多。多列式猪舍的栏位集中，运输线路短，生产效率高；建筑外围护结构散热面积小，有利于冬季保温。但建筑结构跨度增大，建筑构造复杂；自然采光不足，自然通风效果较差。因此这类猪舍多用于寒冷地区的大群育成、育肥猪的饲养管理。

（三）猪舍建筑平面设计

猪舍建筑平面设计主要解决的问题是：根据不同猪群的特点，合理布置猪栏、走道和门窗，精心组织饲料路线和清粪线路。

1. 猪舍平面布置形式　圈栏排布（单列、双列、三列）选择及其布置，要综合考虑饲料工艺、设备选型、每栋猪舍应容纳的头数、饲养定额、场地地形等情况。选用定型设备时，可以根据设备尺寸及围栏排列计算猪舍的长度和跨度。若选用非定型设备，则需要根据每圈容纳头数、猪只占栏面积标准和采食宽度标准来确定；若饲槽沿猪舍长边布置，则应按照采食宽度确定每个圈栏的宽度。走道面积一般占猪舍面积的20%~30%，因此饲喂走道宽度一般为0.8~1 m，清粪通道一般宽1~1.2 m。一般情况下，采用机械喂料和清粪，走道宽度可以窄一些，而采用人工送料和清粪，则走道需要宽一些。

2. 猪舍跨度和长度计算 猪舍的跨度主要由圈栏尺寸及其布置方式、走道尺寸及其数量、清粪方式与粪沟尺寸、建筑结构类型及其构建尺寸等决定。猪舍长度由工艺流程、饲养规模、饲养定额、机械设备利用率、场地地形等因素决定，一般不超过 70 m，猪舍过长生产管理不方便，且机械通风受到影响。

3. 门的平面布置 门的位置要根据饲养人员的工作和猪只转群路线的需要而设置。猪舍的外门一般高 2.0~2.4 m，宽度不应小于 1.5 m，应采用双扇门；供饲养人员、猪只转群、手推车出入的门宽应在 1.2~1.5 m，门外设坡道；双列猪舍的中间过道应用双扇门，宽度不小于 1.5 m，高度不小于 2.0 m；猪栏圈门宽不小于 0.8 m，所有的门一律往外开启。外门设置时应避开冬季主导风向或加门斗。

窗的设置应考虑采光和通风的要求，面积大、采光好、通风换气好，但冬季散热和夏季传热多，不利于保温防暑。窗地面积比：总猪舍为 1：（8~10），育肥舍为 1：（15~20）；通风口设计时需计算夏季最大通风量和冬季最小通风量需求，合理组织舍内自然通风，确定窗户的大小、数量和位置。

4. 窗、通风洞口的平面布置及设计要求 窗的设置应考虑采光和通风的要求，面积大，采光好，通风换气好，但冬季散热和夏季传热多，不利于保温防暑。窗地面积比：种猪舍为 1：（8~10），育肥舍为 1：（15~20）；通风口设计时需计算夏季最大通风量和冬季最小通风量需求，合理组织舍内通风流线，确定窗户的大小、数量和位置。

（四）猪舍建筑的剖面和立面设计

1. 猪舍建筑剖面设计 猪舍剖面设计主要解决剖面形式、建筑高度、室内外高差及采光通风洞口设置问题。根据工艺、区域气候、地方经济、技术水平等选择平屋顶、单坡、双坡、气楼或其他剖面形式。在剖面设计时，需要考虑猪舍净高、窗台高度、室内外地面高差，以及猪舍内部设施与设备高度、门窗与通风洞口的设置等。

一般单层猪舍的净高取 2.2~2.6 m。全漏粪式的猪舍一般舍内净高为 2.2 m。人工干清粪式的猪舍多高于 2.4 m。窗户的高度不低于靠前布置的栏位高度。

舍内外高差一般为 0.3 m，舍外坡道为 1/10~1/8。舍内净道一般略高于猪床。此外，猪床、舍内污道、漏粪地板等处的标高应根据清粪工艺和设备需要来确定。门洞口的底部标高一般同所处的室内地面标高，猪舍外门一般高 2.0~2.4 m，双列猪舍中间过道上设门时，高度应不小于 2.0 m。风机洞口底标高一般高出舍内地面 0.8 m。

2. 猪舍建筑立面设计 猪舍的功能在平面、剖面设计中基本已经解决，立面设计是对建筑造型的适当调整。为了美观，有时要调整在平、剖面设计中已经解决的门、窗的高低大小，在可能的条件下也可以进行装修。

（五）猪舍建筑构造设计要求

1. 地面设计要求　猪栏、通道等地面部分是猪休息、活动的地方，对生产影响很大。根据猪的行为观察与分析，猪的躺卧和睡眠时间约占80%，猪喜欢拱啃。因此，对地面设计要求较高，应做到：①不返潮、少导热；②易保持干燥；③坚实不滑，有一定弹性，耐腐蚀，易于冲洗消毒；④便于猪行走、躺卧；⑤使用耐久，造价低廉。此外，应使躺卧区地面有不小于1.7%的坡度，排粪区地面3%~5%的坡度。

2. 墙体设计要求　墙体是猪舍的主要围护结构和承重结构。总体要求坚固耐久、抗震防火、便于清扫消和具有良好的保温隔热性能。规模化猪舍可采用装配式轻型钢结构、聚苯乙烯复合夹心板、聚氨酯复合夹心板和岩棉复合夹心板等新型保温墙体材料。

3. 屋顶设计要求　屋顶位于房屋的最上层，由屋面和承重结构组成。屋面是房屋最上部起覆盖作用的外部围护构件，用以防御自然界风霜雨雪、气温变化、太阳辐射和其他外界的不利因素，以使屋顶下的空间有一个良好的使用环境。承重结构支撑屋面，并将屋面上的荷载传递至墙身或柱子上。屋顶的形式和构造不但对功能要求起作用，对经济美观也有影响。因此，正确进行屋顶设计是很重要的。屋顶要求结构简单、坚固耐久、保温良好、防雨、防火和便于清扫消毒。

屋顶的形式与房屋的使用功能、建筑造型及屋面材料等有关。因此，便形成了平屋顶、坡屋顶及曲面屋顶等多种形式。屋面坡度小于10%的屋顶称为平屋顶。通常把屋面坡度大于10%的屋顶称为坡屋顶，坡屋顶的形式有单坡、双坡。另外还有四坡顶、歇山、折板、锯齿形等屋顶形式，拱形、圆形或其他曲面形式的屋顶。在畜牧场的建筑中，主要有坡屋顶、平屋顶等形式。

屋顶的结构形式有砖混结构、混凝土结构、钢结构和木结构。砖混结构适用于跨度小于6 m的猪舍；混凝土结构和木结构适用于跨度小于10 m的猪舍；钢结构适用于大跨度的猪舍。砖混结构和混凝土结构结实耐用，但建设周期长，不适用于大跨度的猪舍；木结构造价低，在潮湿环境下容易腐蚀，而且防火要求高。对于规模化的猪场建设适宜采用钢结构，可以应用于大跨度猪舍，施工速度快，可以重复使用，但要注意钢构件表面的防锈处理。

屋面材料有混凝土现浇、混凝土预制板、玻璃钢波形瓦等，与墙体材料一样，也可采用彩色钢板和复合夹心板等新型材料。

4. 顶棚设计要求　顶棚又称天棚、吊顶，主要用来增加房屋屋顶的保暖隔热性能，同时还能使坡屋顶内部平整、清洁、美观。吊顶所用的材料有很多种类，如板条抹灰吊顶、纤维板吊顶、石膏板吊顶、铝合金板吊顶等。猪舍内的吊顶应采用耐水材料制作，以便清洗消毒。顶棚的结构一般是将龙骨架固定在屋架或檩条上，然后在龙骨架上铺钉板材。

5. 粪沟和漏缝地板设计要求 为了保持栏内清洁卫生，粪沟上一般均加漏缝地板（条），其优点是易于消除猪栏内的粪尿，易于清洁，保持干净、干燥。

不采用漏缝地板的猪舍内的粪尿沟，宽度取350～400 mm，沟最浅处200 mm左右，沟由两端向中间坡，坡度取1.5%～3%，粪沟内设沉淀池，上盖水泥盖板或铁箅子。

常用的有水泥漏缝地板块及水泥漏缝地板条等。现在也有厂家生产铸铁、塑料制品漏缝地板块和金属编制网漏缝地板。其中塑料漏缝地板效果最好，耐腐蚀、易消毒、导热数小。漏缝地板的缝隙宽度，不大于猪蹄表面积的50%。

根据集粪工艺的不同分为水泡粪、机械干清粪模式。水泡粪模式下的粪沟要加强防水防渗、粪沟底部防开裂的处理，粪沟底板和侧壁转角处可做圆角。机械干清粪模式下的粪沟要注意底板的平整度及混凝土的耐磨强度，防止底板不平整损坏刮粪设备。

四、猪舍建筑材料

（一）基础材料

基础是猪舍地下承重部分，它承受由承重墙和柱等传递来的一切重量，并将其下传给地基。因此，基础要求具有足够的强度和稳定性，以保证圈舍的坚固、耐久和安全。基础的类型较多，按基础所用材料及受力特点分为刚性基础和非刚性基础。按所在位置分为墙基础和柱基础两类。用刚性材料制作的基础称为刚性基础。刚性材料一般是指抗压强度高，而抗拉和抗剪强度低的材料。常用的砖、石、混凝土等均属刚性材料。

刚性基础常用于地基承载力较好、压缩性较小的中小建筑。

非刚性基础也叫柔性基础，常用于建筑物的荷载较大而地基承载力较小的建筑物中。

1. 各种刚性基础的材料和特点

（1）普通烧结砖：主要用于砌筑砖基础，采用台阶式逐级向下放大的做法，称之为大放脚。为满足刚性角的限制，一般采用每两批砖挑出1/4砖或每两批砖与每一批砖挑出。砌筑砖基础前基槽底面要铺20 mm厚沙垫层。具有造价低、制作方便的优点，但取土烧砖不利于保护土地资源，目前一些地区已禁止采用黏土砖，可发展各种工业废渣砖和砌块来代替。由于砖的强度和耐久性较差，所以砖基础多用于地基土质好、地下水位较低的多层砖混结构建筑。

（2）毛石：由石材和砂浆砌筑毛石基础。石材抗压强度高、抗冻、耐水和耐腐蚀性都较好，砂浆也是耐水材料，所以毛石基础常用于受地下水侵蚀和冰冻作用的多层民用建筑。毛石基础剖面形式多为阶梯形，基础顶面要比墙或柱每边宽出 100 mm，每个台阶挑出的宽度不应大于 200 mm，高度不宜小于 400 mm，以确保符合高宽比不大于 1∶1.5 或 1∶1.25 刚性角的要求。当基础底面宽度小于 700 mm 时，毛石基础应做成矩形截面。

（3）混凝土：混凝土基础具有坚固耐久、可塑性强、耐腐蚀、耐水、刚性角较大等特点，可用于地下水位高和有冰冻作用的地方。混凝土基础断面可以做成矩形、梯形和台阶形。为方便施工，当基础宽度小于 350 mm 时，多做成矩形；大于 350 mm 时，多做成台阶形；当底面宽度大于 2 000 mm 时，为节省混凝土，减轻基础自重，可做成梯形。混凝土基础的刚性角为 45°，台阶形断面台阶宽高比应小于 1∶1 或 1∶1.5，而梯形断面的斜面与水平面的夹角应大于 45°。

2. 柔性基础的材料和特点　柔性基础的材料即钢筋混凝土。利用基础底部的钢筋来承受拉力，可节省大量的土方工作量和混凝土材料用量，对工期和降低造价都十分有利。基础中受力钢筋的直径不宜小于 8 mm，数量通过计算确定，混凝土的强度等级不宜低于 C20。施工时在基础和地基之间设置强度等级不低于 C10 的混凝土垫层，其厚度宜为 60～100 cm。钢筋距离基础底部的保护层厚度不宜小于 35 mm。

（二）墙体材料

1. 烧结砖　砖按孔洞率分有无孔洞或孔洞率小于 15%的实心砖（普通砖）；孔洞率等于或大于 15%，孔的尺寸小而数量多的多孔砖；孔洞率等于或大于 15%，孔的尺寸大而数量少的空心砖等。砖按制造工艺分有经焙烧而成的烧结砖；经蒸汽（常压或高压）养护而成的蒸养（压）砖；以自然养护而成的免烧砖等。

凡经焙烧而制成的砖称为烧结砖。烧结砖根据其孔洞率大小有烧结普通砖、烧结多孔砖和烧结空心砖等 3 种。

（1）烧结普通砖：黏土、页岩、煤矸石、粉煤灰等原料的化学组成相近，都可用作烧结普通砖的主要原料。因此，烧结普通砖有黏土砖、页岩砖、煤矸石砖、粉煤灰砖等多种，目前一些地区已禁止采用黏土砖。烧结普通砖的长度为 240 mm，宽度为 115 mm，厚度为 53 mm，烧结砖是以上述原料为主，并加入少量添加料，经配料、混匀、制坯、干燥、预热、焙烧而成的。

烧结普通砖根据 10 块砖样的抗压强度平均值和强度标准值，分为 MU30、MU25、MU20、MU15、MU10 和 MU7.5 共 6 个强度等级。烧结普通砖有一定的强度，较好的耐久性，可用于砌筑承重或非承重的内外墙、柱、拱、沟道和基础等。

（2）烧结多孔砖：烧结多孔砖是以黏土、页岩、煤矸石等为主要原料，经焙烧而成的。烧结多孔砖为大面有孔的直角六面体，孔多而小孔洞垂直于受压面。砖的主要规格为 M 型 190 mm×190 mm×90 mm，P 型 240 mm× 115 mm× 90 mm。

烧结多孔砖孔洞率在 15%以上，表观密度约为 1 400 kg/m^3，虽然多孔砖具有一定的孔洞率，使砖受压时有效受压面积减小，但因制坯时受较大的压力，使砖孔壁致密程度提高，且对原材料要求也较高，这就补偿了因有效面积减少而造成的强度损失。故烧结多孔砖的强度仍较高，常被用于砌筑 6 层以下的承重墙。

（3）烧结空心砖：烧结空心砖是以黏土、页岩、煤矸石等为主要原料，经焙烧而成的。烧结空心砖为顶面有孔洞的直角六面体，孔大而少，孔洞为矩形条孔或其他孔形，平行于大面和条面，在与砂浆的接合面上应设有增加结合力的深度 1 mm 以上的凹线槽。

烧结空心砖孔洞率一般在 35%以上，表观密度为 800~1 100 kg/m^3，自重较轻，强度不高，因而多用作非承重墙，如多层建筑内隔墙或框架结构的填充墙等。多孔砖、空心砖可节省资源，且砖的自重轻、热工性能好，使用多孔砖尤其是空心砖和空心砌块，既可提高建筑施工效率，降低造价，还可减轻墙体自重，改善墙体的热工性能等。

2. 蒸养（压）砖　蒸养（压）砖是以石灰和含硅材料（沙子、粉煤灰、煤矸石、炉渣和页岩等）加水拌和，经压制成型、蒸汽养护或蒸压养护而成的。我国目前使用的主要有灰沙砖、粉煤灰砖、炉渣砖等。

（1）灰沙砖（又称蒸压灰沙砖）：灰沙砖是由磨细生石灰或消灰粉、天然沙和水按一定配比，经搅拌混合、陈伏、加压成型，再经蒸压（一般温度为 175~203 ℃、压力为 0.8~1.6 MPa 的饱和蒸汽）养护而成。实心灰沙砖的规格尺寸与烧结普通砖相同，其表观密度为 1 800~1 900 kg/m^3，导热系数约为 0.61 W/（m^2·K）。按砖浸水 24 h 后的抗压强度和抗折强度分为 MU25、MU20、MU15、MU10 共 4 个等级，每个强度等级有相应的抗冻指标。

（2）粉煤灰砖：粉煤灰砖是以粉煤灰、石灰为主要原料，添加适量石膏和骨料经坯料制备、压制成型、常压或高压蒸汽养护而成的实心砖。

用粉煤灰砖砌筑的建筑物，应适当增设圈梁及伸缩缝，或采取其他措施，以避免或减少收缩裂缝的产生。粉煤灰砖出釜后宜存放 1 周后才能用于砌筑。砌筑前，粉煤灰砖要提前浇水湿润，如自然含水率大于 10%时，可以干砖砌筑。砌筑砂浆可用掺加适量粉煤灰的混合砂浆，以利黏结。

（3）炉渣砖：炉渣砖又名煤渣砖，是以煤燃烧后的炉渣为主要原料，加入适量石灰、石膏（或电石渣、粉煤灰）和水搅拌均匀，并经陈伏、轮碾、成型、蒸汽养护而成的。

炉渣砖呈黑灰色，表观密度一般为 1 500～1 800 kg/m³，吸水率为 6%～18%。炉渣砖按抗压强度和抗折强度分为 MU20、MU15、MU10 共 3 个强度等级。

炉渣砖可用于一般工程的内墙和非承重外墙。其他使用要点与灰沙砖、粉煤灰砖相似。

3. 砌块　砌块是用于砌筑的人造块材，外形多为直角六面体，也有各种异形的。砌块系列中主规格的长度、宽度或高度有 1 项或 1 项以上分别大于 365 mm、240 mm 或 115 mm，但砌块高度一般不大于长度或宽度的 6 倍，长度不超过高度的 3 倍。系列中主规格的高度大于 115 mm 而又小于 380 mm 的砌块，简称为小砌块；系列中主规格的高度为 380～980 mm 的砌块，称为中砌块；系列中主规格的高度大于 980 mm 的砌块，称为大砌块。以中小型砌块使用较多。砌块按其空心率大小分为空心砌块和实心砌块 2 种。空心率小于 25% 或无孔洞的砌块为实心砌块。空心率等于或大于 25%的砌块为空心砌块。砌块通常又可按其所用主要原料及生产工艺命名，如水泥混凝土砌块、粉煤灰硅酸盐砌块、混凝土砌块、多孔混凝土砌块、石膏砌块、烧结砌块等。制作砌块能充分利用地方材料和工业废料，且制作工艺不复杂。砌块尺寸比砖大，施工方便，能有效提高劳动生产率，还可改善墙体功能。

（1）混凝土小型空心砌块：混凝土小型空心砌块是由水泥、粗细骨料加水搅拌，经装模、振动（或加压振动或冲压）成型，并经养护而成；其粗、细骨料可用普通碎石或卵石、沙子，也可用轻骨料（如陶粒、煤渣、煤矸石、火山渣、浮石等）及轻沙。混凝土小型空心砌块可用于低层和中层建筑的内墙和外墙。使用砌块作为墙体材料时，应严格遵照有关部门所颁布的设计规范与施工规程。这种砌块在砌筑时一般不宜浇水，但在气候特别干燥炎热时，可在砌筑前稍喷水湿润。砌筑时尽量采用主规格砌块，并应先清除砌块表面污物和芯柱所用砌块孔洞的底部毛边。采用反砌（即砌块底面朝上），砌块之间应对孔错缝搭接。砌筑灰缝宽度应控制在 8～12 mm，所埋设的拉结钢筋或网片必须放置在砂浆层中。承重墙不得用砌块和砖混合砌筑。

（2）粉煤灰硅酸盐中型砌块：粉煤灰硅酸盐砌块简称粉煤灰砌块。粉煤灰中型砌块是以粉煤灰、石灰、石粉和骨料等为原料，经加水搅拌、振动成型、蒸汽养护而制成的密实砌块。通常采用炉渣作为砌块的骨料。粉煤灰砌块原材料组成间的互相作用及蒸养后所形成的主要水化产物等与粉煤灰蒸养砖相似。

粉煤灰砌块可用于一般工业和民用建筑的墙体和基础。但不宜用于有酸性介质侵蚀的建筑部位，也不宜用于经常处于高温影响下的建筑物，如铸铁和炼钢车间、锅炉房等的承重结构部位。砌块在砌筑前应清除表面的污物及黏土。常温施工时，砌块应提前浇水湿润，湿润程度以砌块表面呈水印为准。冬季施工砌块不得浇水湿润。砌筑时砌块应错缝搭砌，搭砌长度不得小于块高的1/3，也不应小于 15 cm。砌体的水平灰缝和垂直灰缝一般为 15~20 mm（不包括灌浆槽），当垂直灰缝宽度大于 30 mm 时，应用 C20 细石混凝土灌实。粉煤灰砌块的墙体内外表面宜做粉刷或其他饰面，以改善隔热、隔声性能并防止外墙渗漏，提高耐久性。

（3）蒸压加气混凝土砌块：蒸压加气混凝土砌块是以钙质材料和硅质材料，以及加气剂、少量调节剂，经配料、搅拌、浇注成型、切割和蒸压养护而成的多孔轻质块体材料。原料中的钙质材料和硅质材料可分别采用石灰、水泥、矿渣、粉煤灰、沙等。根据所采用的主要原料不同，加气混凝土砌块也相应有水泥-矿渣-沙；水泥-石灰-沙、水泥-石灰-粉煤灰 3 种。加气混凝土砌块可用于一般建筑物的墙体，可作为多层建筑的承重墙和非承重外墙及内隔墙，也可用于屋面保温。

4. 预应力混凝土空心墙板　预应力混凝土空心墙板，简称预应力空心墙板，是以高强度低松弛预应力钢绞线、水泥、沙、石为原料，经张拉、搅拌、挤压、养护、放张、切割而成的。使用时按要求可配以泡沫聚苯乙烯保温层、外饰面层和防水层等。其外饰面层可做成彩色水刷石、剁斧石、喷砂、釉面砖等多种式样。预应力空心墙板可用于承重或非承重外墙板、内墙板、楼板、屋面板、雨罩和阳台板等。

5. 轻型复合板　轻型复合板除上述的钢丝网水泥夹心板外，还有用各种高强度轻质薄板为外层、轻质绝热材料为芯材而组成的复合板。外层板材可用彩色镀锌钢板、铝合金板、不锈钢板、高压水泥板、木质装饰板、塑料装饰板及其他无机材料、有机材料合成的板材。轻质绝热芯材可用阻燃型发泡聚苯乙烯、发泡聚氨酯、岩棉和玻璃棉等。这类板的共同特点是质轻、隔热、隔声性能好，且板外形多变、色彩丰富。

例如，以镀锌彩色钢板为面层，阻燃型发泡聚苯乙烯做心材的轻质隔热夹心板，板密度为 10~14 kg/m^3，导热系数为 0.031 W/（m^2 · K），且具有较好的抗弯、抗剪等力学性能和良好的防潮性能，安装灵活快捷，还可多次拆装，重复使用。这种板可用于一般工业与民用建筑，还可用于加层、组合式活动房、室内隔断、天棚、冷库等。

（三）屋顶材料

随着现代畜牧业的发展，畜牧建筑的内部环境调控要求也在不断提高，而屋面是建筑物重要的围护结构，目前我国用于猪舍建筑屋面的材料有各种材质的瓦和复合板材。

1. 黏土瓦　黏土瓦是以黏土为主要原料，加适量水搅拌均匀后，经模压成型或挤出成型，再经干燥、焙烧而成的。制瓦的黏土应杂质含量少、塑性好。黏土瓦按颜色分有红瓦和青瓦2种，按用途分为平瓦和脊瓦2种，平瓦用于屋面，脊瓦用于屋脊。

2. 混凝土瓦　混凝土瓦的标准尺寸有400 mm×240 mm和385 mm×235 mm 2种。单片瓦的抗折力不得低于600 N，抗渗性、抗冻性应符合要求。混凝土瓦耐久性好、成本低，但自重大于黏土瓦。在配料中加入耐碱颜料，可制成彩色瓦。

3. 石棉水泥瓦　石棉水泥瓦是用水泥和温石棉为原料，经加水搅拌、压滤成型、养护而成的。石棉水泥瓦分大波瓦、中波瓦、小波瓦和脊瓦4种。石棉水泥瓦单张面积大，有效利用面积大，还具有防火、防腐、耐热、耐寒、质轻等特性，适用于简易工棚、仓库及临时设施等建筑物的屋面，也可用于装敷墙壁。但石棉纤维对人体健康有害，现多采用耐碱玻璃纤维和有机纤维生产水泥波瓦。

4. 彩色压型钢板　彩色压型钢板是指以彩色涂层钢板或镀锌钢板为原材，经辊压冷弯成型的建筑用围护板材。彩色涂层钢板各项指标应符合GB/T 12754—2019《彩色涂层钢板及钢带》的规定，建筑用彩色涂层钢板的厚度包括基板和涂层两部分，压型钢板的常用板厚为0.5～1.0 mm，屋面一般为瓦楞性，常见的规格为750型、820型。

5. 轻型复合板　见墙面板一节。

6. 聚氯乙烯波纹瓦　聚氯乙烯波纹瓦又称塑料瓦楞板，它是以聚氯乙烯树脂为主体，加入其他配合剂，经塑化、压延、压滤而制成的波形瓦，其规格尺寸为2 100 mm ×（1 100～1 300）mm ×（1.5～2）mm，这种瓦质轻、防水、耐腐蚀、透光、有色泽，常用作车棚、凉棚、果棚等简易建筑的屋面，也可用作遮阳板。

7. 玻璃钢波形瓦　玻璃钢波形瓦是用不饱和聚酯树脂和玻璃纤维为原料制成的波形瓦，其尺寸为长1 800～3 000 mm、宽700～800 mm、厚0.5～1.5 mm。这种波形瓦质轻、强度大、耐冲击、耐高温、透光、有色泽，适用于建筑遮阳板及凉棚等的屋面。

8. 沥青瓦　沥青瓦是以玻璃纤维薄毡为胎料，以改性沥青为涂敷材料而制成的一种片状屋面材料。其特点是质量轻，可减少屋面自重，施工方便，具有互相黏结的功能，有很好的抗风能力。制作沥青瓦时，表面可撒以各种不同色彩的矿物粒料，形成彩色沥青瓦，可起到对建筑物装饰美化的作用。沥青瓦适用于一般民用建筑的屋面，彩色沥青瓦宜用于乡村别墅、园林宅院、斜坡屋面工程。

可用于屋面的板材还有多种，可根据当地常用建筑材料满足正常使用。

第二节　各类型建筑的要求

猪舍的建筑，首先要符合养猪生产工艺流程，其次要考虑各自的实际情况。长江以南地区以防潮隔热和防暑降温为主，黄河以北地区则以防寒保温和防潮防湿为重点，华中地区的冬季寒冷与夏季炎热时间基本相等，防寒与保暖并重，要全面考虑。

一、公猪舍

（一）设计建造要点

（1）公猪不能群养，宜单栏饲养，否则易出现咬架或性怪癖。

（2）公猪对运动要求高，否则，易引发肢蹄疾病，精液品质下降，利用年限降低。因此，需要较宽大的栏圈，10～15 m^2/只较合适，此外，还应设置专门的户外运动场。

（3）公猪精液对热应激敏感，比较适宜的舍内温度为15～20 ℃，舍内温度在29 ℃以上，精液品质急剧下降，因此，公猪舍夏季降温尤为重要。

（二）结构形式

1. 栏舍布局　公猪舍多设计为单列半开放式，内设走廊，外有小运动场。这种形式的公猪舍，运动场与舍内之间不设隔墙或有孔洞直接连通，公猪户外运动方便，但不利于内环境控制，特别是炎热天气时的降温处理。因此，可以将运动场与舍内用隔墙分开，变成封闭式猪舍，再在隔墙上做一扇门与运动场连通，炎热季节关好门窗，用水帘降温，其他季节将门打开，让公猪自由出入，运动与降温两个方面都得到兼顾。目前，一些养猪业发达的国家，如美国，公猪舍一般不设运动场，公猪使用一年后淘汰，减少了栏舍上的投入和操作上的麻烦，是一种可取的方法。为了采精等操作方便，公猪舍常常需要配套采精室、测定室、贮藏室等。

2. 环境控制　舍内安装水帘风机降温装置，夏季水平纵向通风，风速可达1.5 m/s，还可结合喷雾装置；冬季垂直通风，风速为0.2～0.3 m/s。其他季节横向或自然通风。

3. 地面　栏圈内2/3为漏粪板，1/3为防滑实地。运动场为泥地或草地对公猪运动更好。

二、空怀、妊娠母猪舍

由于人工授精技术的普及，一般不设专门的空怀待配母猪舍（通常又称配种舍)，空怀待配母猪与妊娠母猪同舍，通常直接称为配怀舍。

（一）设计建造要点

（1）由于配怀舍饲养密度较高，夏季降温比冬季保暖问题更为突出，必须保证有充足的通风量及水帘面积。

（2）一定的运动对提高母猪繁殖性能很有好处，因此要求能够给予母猪较宽敞的活动场地，最好能够群养。但群养也带来一些问题：第一，查情配种难度加大。空怀母猪分布于群体中，发情鉴定困难，配种操作比较麻烦，漏配风险加大。另外，疫苗注射等也相对困难。第二，群养需要混群，混群母猪易相互咬架，断奶空怀时混群尤为严重。因此，比较理想的方式是空怀母猪采用限位饲养，怀孕母猪采用群养，这样断奶母猪转入本舍后不混群，限位饲养，避免了咬架，同时发情鉴定、配种操作均较方便；母猪确认怀孕后，再转入大栏混群，这时，母猪因怀孕变得较温顺，更易混群。

（3）一定的自然光照可以刺激空怀母猪发情，因此，侧墙最好设置窗户。

（二）结构形式

1. 栏舍布局　配怀舍在进行栏舍布局设计时，如果采用前期限位后期群养工艺，则前期用限位栏，可做双列或四列，每两列尾对尾布局，每头猪占1.32~1.5 m^2；后期用大栏，双列布局，要求每头猪占地面积不低于2.2 m^2。圈栏的结构有实体式、栏栅式、综合式3种，为了通风方便，尽量采用后两者。舍温要求15~20 ℃，风速为0.2 m/s。

2. 环境控制　舍内安装水帘风机降温装置，夏季水平纵向通风，冬季垂直通风，其他季节横向或垂直通风。

3. 地面　限位区地面后1/3应使用漏缝地板，群养大栏区地面使用漏缝地板，建议预留1/3~1/2为实地作为其休息区。实地面区往漏粪板方向降坡，坡度不要大于1/45，地表做拉毛防滑处理。

三、分娩哺育舍

分娩哺育舍简称分娩舍，舍内有母猪与仔猪，对环境要求较高，母猪又分成待产和哺乳两种情况，要求也有所区别，情况相对复杂。

（一）设计建造要点

（1）母猪怕热，仔猪怕冷。哺乳母猪适宜温度18~22 ℃，最高不超过27 ℃，最低不低于16 ℃，特别是对于待产的怀孕母猪，由于负担较重，最为怕热，舍温超过30 ℃，有时会出现热应激而死亡。仔猪初生时要求34 ℃，断奶时可降至25 ℃。如何提供一个让双方都舒适的温度环境，是分娩舍设计时要着重考虑的内容。

对于仔猪与母猪在热需求上的矛盾，分娩舍有两种处理方式，一种是环境控制型分娩，可以设定一个共同的较适宜的环境温度，约为 23.5 ℃，仔猪在出生后温度要求较高可以用红外灯暖或地水暖提高局部温度，1 周后可基本适应设定的环境温度；另一种是冬天供暖跟不上的非环境控制型分娩舍，仔猪的保温以设置保温箱的方式来解决，用红外灯暖或地暖提高箱内温度。

针对待产的怀孕母猪，为防止其热应激，可再加滴水降温装置，每头母猪可独立控制。带仔哺乳母猪不要滴水，否则易引起仔猪腹泻。

(2) 哺乳仔猪受风能力弱，风速冬季不要超过 0.15 m/s，夏季不要超过 0.4 m/s。栏舍设计时特别要求多点进风，如走廊进风窗与吊顶进风窗要尽可能多并均匀分布，由电脑自动控制开合大小，或者采用屋顶弥散式进风方式。栏舍上使用不透风的 PVC 围栏等也有利于保护仔猪。

(3) 为了环境控制与转猪方便，宜用平装产床（床面与过道持平），不宜用高床。

(二) 结构形式

1. 栏舍布局 采用分隔单元设计，如以周为单位生产，提前 1 周进舍，3 周断奶仔猪不留栏，1 周空栏消毒，则至少需要 5 个单元。分娩栏为 2 的倍数列，每 2 列母猪尾对尾排列。

2. 环境控制 水帘风机降温，走廊外墙为水帘，内墙设置进风窗，夏季水平纵向通风，主要通过走廊进风窗进风，冬季垂直通风，通过吊顶通风窗进风，其他季节横向或垂直通风。

3. 地面 风道上为水泥现浇板，走廊为实地，其他为产床的漏粪板，以钢梁支撑。

4. 屋面 分为整体屋面和单元层面两种布局形式，例如，整栋分娩舍可做成一个屋面，也可按单元分成若干个屋面，外观呈"M"形。将整体屋面分解成单元屋面将有利于减小屋面跨度和施工难度，从而降低成本。

四、仔猪保育舍

(一) 设计建造要点

(1) 保育猪的最适温度为 20~25 ℃，最高不能高于 28 ℃，最低不能低于 16 ℃，温度要求逐渐降低，要特别注意前 3 d 的温度，尽量保持与产房一致。最好有专用的躺卧区，躺卧区不宜采用漏缝板，应采用实地，以方便安装地暖，但实地面积不宜超过 1/3，否则，很难保证清洁卫生，夏季尤为明显。

(2) 保育猪受风能力较弱，风速冬季不要超过 0.2 m/s，夏季不要超过 0.6 m/s。栏舍设计时与分娩舍相似，要求多点进风，如走廊进风窗与吊顶进风窗要尽可能多并均匀分布，由电脑自动控制开合大小。

(3) 现阶段生猪饲养工艺往往有较长的保育期（6~8 周），如果采用高床，仔猪转入与保育猪转出均很不方便，建议保育栏与地面相平，保育舍与产房和育肥舍有专用的转入转出通道，各舍地面之间尽量不要有高差。

（二）结构形式

1. 栏舍布局　与分娩舍相似，采用分隔单元，如以周为单位生产，保育期定为 7 周，则需要 8 个单元。栏位采用双列式。

料槽可以摆放在两个栏之间的隔板位置，最好不放在躺卧区，以免影响不采食猪只的休息。

2. 环境控制　通风与分娩舍相似，水帘风机降温，走廊外墙为水帘，内墙设置进风窗，夏季水平纵向通风，主要通过走廊进风窗进风，冬季垂直通风，通过吊顶通风窗进风，其他季节横向或垂直通风。

3. 地面　保育舍 1/3 为实心地面作为躺卧区，下铺设水地暖或者电地暖，另 2/3 为漏缝板。风道上为水泥现浇板，作为过道使用。

4. 屋面　与分娩舍相似，为了减少跨度，也可以按单元做“M”形屋面。

五、生长育肥舍和后备母猪舍

生长育肥舍和后备母猪舍除饲养后期要求有所不同，其他基本相同。因此，这两种猪舍设计基本一致。

（一）设计建造要点

（1）生长育肥猪的最适温度为 15~23 ℃，最高不能高于 27 ℃，最低不能低于 13 ℃，温度要求逐渐降低，饲养后期较怕热，注意夏季降温，有条件的应采用封闭式猪舍，湿帘降温。由于生长育肥猪栏饲养密度较高，自身产热较多，一般不另外配置取暖设施。

（2）肥猪栏饲养密度较高，单位面积粪尿排泄量大，猪只抵抗力也较强，华南地区宜采用全漏缝板设计，不设专用的躺卧区，采用机械或人工干清粪。当然，严寒时间较长的地区，如西北、东北、华北、华中地区，最好设专用的躺卧区。

（3）生长育肥猪风速要求与配怀母猪相同，风速冬季不要超过 0. 3 m/s，夏季不要超过 1. 0 m/s。炎热夏季可以采用湿帘降温，水平纵向通风，其他季节自然通风，严寒地区冬季可采用横向通风。

（二）结构形式

1. 栏舍布局　有两种方式，一种采用通栏双列式布局；另一种与保育舍相似，采用分隔单元设计，每个单元再做双列式通栏布局。两者并没有本质区别，后者一个饲养单元相当于前者一栋猪舍，但前者可以做成开放式、半开放式，后者一般只能做成封闭式。

料槽可以摆放在两个栏之间的隔墙位置，自动喂料时可以放在漏缝区，人工饲喂时放在靠近走廊的躺卧区。

2. 环境控制 封闭式猪舍与保育栏相似，降温用水帘风机，走廊外墙为水帘，内墙设置进风窗，夏季水平纵向通风，主要通过走廊进风窗进风，冬季垂直通风，通过吊顶通风窗进风，其他季节横向或垂直通风。

南部地区或中部地区半开放式育肥舍可以采用卷帘控制自然通风方式，即在猪舍南北侧墙上半部分不砌墙，用卷帘代替，冬季将卷帘放下，夏季全部收起，其他季节根据气温和猪只状况由人工控制卷帘的收放高度。

3. 地面 躺卧区占1/4～1/3，应为混凝土地面，其他为水泥漏缝板，缝隙宽度以2 cm较合适。

第三节 猪场附属设施建筑

一、防疫设施

（一）消毒池

消毒池主要用于车辆消毒，消毒药水深度应达到20～25 cm，池深30～40 cm，C25混凝土构筑，出口和进口留一定的坡度，宽度以物料车辆能够通过为准，大型货车一般不超过3 m，长度以保证每个车轮通过时能完全消毒到，即至少超过车轮的周长。如较大的轮胎为295/80R22.5，轮胎周长为［（295×80%×2）+（22.5×25.4）］×3.14＝3 277 mm，即4 m以上长度应该能满足需要。一般长度5～8 m应该足够。

消毒池至少应分为二级，进大门为一级消毒池，进生产区为二级消毒池。

（二）消毒通道

消毒通道主要用于人员消毒，现多采用喷淋设备进行消毒，人行消毒通道长度一般为3 m，宽度为1.2 m，高度为2.2 m。

（三）消毒室

消毒室主要用于人员消毒，多采用紫外线进行消毒，面积大致为10 m^2，因紫外线对人体伤害较大，猪场较少使用，多数情况下采用喷淋消毒。

（四）沐浴更衣室

沐浴更衣室位于行政区与生产区之间，主要用于进入生产区的人员消毒，种猪场较多用。最好分3区进行设计：脱衣间、沐浴间、穿衣间，即实际上为3间房，穿衣间的一切物品由猪场自备。在进行设计时，最好将外来人员与场内职工的消毒方式和进入通道分开。

二、供电、供暖及给水设施

（一）配电室

一个猪场的用电包含动力电，如饲料机组、风机、抽水机、料线等；照明用电，如办公及舍内照明等；智能控制、信息传输用电，如环境控制、网络、监控等弱电系统。强电系统应有专用的配电室，到各栋或各区还有配电箱；弱电系统另设控制或信息中心。

执行标准：

GB 50052—2009 供配电系统设计规范

GB 50053—1994 10 kV 及以下变电所设计规范

GB 50054—2011 低压配电设计规范

GB 50055—2011 通用用电设备配电设计规范

GB 50056—2011 交流电气装置的接地设计规范

建设要求：

（1）配电室应靠近电源，并应设在灰尘少、潮气少、振动小、无腐蚀介质、无易燃易爆物及道路畅通的地方。

（2）配电室和控制室应能自然通风，并应采取防止雨雪侵入和动物进入的措施。

（3）配电室布置应符合下列要求：

1）配电柜正面的操作通道宽度，单列布置或双列背对背布置不小于1.5 m，双列面对面布置不小于2 m。

2）配电柜后面的维护通道宽度，单列布置或双列面对面布置不小于0.8 m，双列背对背布置不小于1.5 m，个别地点有建筑物结构凸出的地方，则此点通道宽度可减少0.2 m。

3）电柜侧面的维护通道宽度不小于1 m。

4）配电室的顶棚与地面的距离不低于3 m。

5）配电室内设置值班或检修室时，该室边缘距配电柜的水平距离大于1 m，并采取屏障隔离。

6）配电室内的裸母线与地面垂直距离小于2.5 m时，采用遮栏隔离，遮栏下面通道的高度不小于1.9 m。

7）配电室围栏上端与其正上方带电部分的净距不小于0.075 m。

8）配电装置的上端距顶棚不小于0.5 m。

9）配电室内的母线涂刷有色油漆，以标志相序。以柜正面方向为基准，其涂色符合规定。

10）配电室的建筑物和构筑物的耐火等级不低于3级，室内配沙箱和可用于扑灭电器火灾的灭火器。

11）配电室的门向外开，并配锁。

12）配电室的照明分为正常照明和事故照明。

（4）配电柜应装设电度表，并应装设电流表、电压表。电流表与计费电度表不得共用一组电流互感器。

（5）配电框应设电源隔离开关及短路、过载、漏电保护电器。电源隔离开关分断时应有明显可见分断点。

（6）配电柜应编号，并应有用途标记。

（7）配电柜或配电线路停电维修时，应挂接地线，应悬挂“禁止合闸、有人工作”的停电标志牌。停送电必须由专人负责。

（8）配电室应保持整洁，不得堆放任何妨碍操作、维修的杂物。

（二）发电机房

发电机房的配置，首先应该计算整个场的总负荷，再按总负荷的120%的负荷配备发电机组，再根据发电机组的要求配置发电房的面积。

参照标准：JGJ 16—2008《民用建筑电气设计规范》。

建设要求：

1. 柴油发电机房的选址

（1）进风、排风、排烟方便。

（2）尽量远离生产区，以免噪声影响猪生产。

（3）变电所宜靠近建筑物，这样便于接线，减少电能损耗，也便于运行管理。

2. 通风 柴油发电机房的通风问题是机房设计中要特别注意解决的问题，机组的排风一般设热风管道有组织地进行，不宜让柴油机散热器把热量散在机房内，再由排风机抽出。机房内要有足够的新风补充。柴油机在运行时，机房的换气量应等于或大于柴油机燃烧所需新风量与维持机房室温所需新风量之和。维持室温所需新风量由下式计算

$$C=0.078PT$$

式中，C 为需要的新风量（m^3/s）；P 为柴油机的额定功率（w）；T 为机房温升温度（℃）。

维持柴油机燃烧所需新风量可向机组厂家索取，若无资料时，可按每千瓦制动功率需要0.1 m^3/min 算（柴油机制动功率按发电机主发电功率千瓦数的1.1倍配备）。柴油发电机房的通风一般采取设置热风管道排风，自然进风。热风管道与柴油机热器连在一起，其连接处用软接头，热风管道应平直，如果要转弯，转弯半径尽量大而且内部要平滑，出风口尽量靠近且正对散热器，热风管道直接伸出管外，进风口与出风口宜分别布置在机组的两端，以免形成气

流短路，影响散热效果。机房的出风口、进风口的面积应满足下式要求：

$$S_1 \geq 1.5S_2 \geq 1.8S$$

式中，S 为柴油机散热面积；S_1 为出风口面积；S_2 为进风口面积。

在寒冷地区应注意进风口、出风口平时对机房温度的影响，以免机房温度过低影响机组的启动。风口与室外的连接处可设风门，平时处于关闭状态，机组运行时能自动开启。

3. 排烟 排烟系统的作用是将气缸里的废气排放到室外。排烟系统应尽量减少背压，因为废气阻力的增加将会导致柴油机出力的下降及温升的增加。排烟管常用的敷设方式有2种：①水平架空散设，优点是转弯少，阻力小；缺点是增加室内散热量，使机房温度升高。②地内散设，优点是室内散热量小；缺点是排烟管转弯多，阻力相对较大。排烟管应单独引出，尽量减少弯头。排烟温度在350~550 ℃，为防止烫伤和减少辐射，排烟管宜进行保温处理。排烟噪声在机组总噪声中属最强烈的一种，应设消音器以减少噪声。

4. 基础 基础主要用于支撑柴油发电机组及底座的全部重量，底座位于基础上，机组安装在底座上，底座上一般都采取减震措施。

应按机组要求设置混凝土基础。底角螺钉可预埋，也可以等机组到达后再用电钻打孔安装。

5. 机房接地 柴油发电机房一般应用3种接地。

(1) 工作接地：发电机中性点接地。

(2) 保护接地：电气设备正常不带电的金属外壳接地。

(3) 防静电接地：燃油系统的设备及管道接地。各种接地可与建筑的其他接地共用接地装置，即采用联合接地方式。

6. 燃油的存放 机房内需设置3~8 h的日用油箱。

(三) 锅炉房

猪场的锅炉主要为燃煤（油）或燃气低温热水锅炉，锅炉房的设计能够满足这一类型的锅炉安装、运行、维护即可。

执行标准：GB 50041—2008 锅炉房设计规范

建设要求：

(1) 锅炉房宜为独立的建筑物。

(2) 宜选燃料及热力输送方便的地方修建。

(3) 全年运行的锅炉房应设置于总体最小频率风向的上风侧，季节性运行的锅炉房应设置于该季节最大频率风向的下风侧，并应符合环境影响评价报告提出的各项要求。

(4) 锅炉房通向室外的门应向室外开启，锅炉房内的工作间或生活间直通锅炉间的门，应向锅炉间内开启。

（5）锅炉房应配置 2 台以上锅炉以方便检修时供暖。

（四）供水设施

猪场多使用地下水作为饮用水，一般需要修建水塔或无塔供水器以方便供水。

水塔按其结构分为两部分：水柜和支撑部分。按水柜形式可分为圆柱壳式和倒锥壳式水塔。也可将水塔按建筑材料分为钢筋混凝土水塔、钢水塔、砖石支筒与钢筋混凝土水柜组合的水塔。

丘陵山地的地区可以按地势在高处直接修建贮水池，即不需要支撑部分；平原地区靠近水源修建水塔。水塔的容量按生产工艺进行估算，用水高峰应能保证 1 d 的用水量，其他由专业部门设计修建。

无塔供水器直接购置即可。

三、污水处理设施

（一）污水沉淀池

污水沉淀池是应用沉淀作用去除水中悬浮物的一种构筑物。沉淀池在废水处理中广为使用。它的模式很多，按池内水流方向可分为平流式、竖流式和辐流式 3 种。

1. 平流式沉淀池　平流式沉淀池多用混凝土筑造，也可用砖石圬工结构，或用砖石衬砌的土池。平流式沉淀池构造简单，沉淀效果好，工作性能稳定，使用广泛，但占地面积较大。若加设刮泥机或对相对密度较大的沉渣采用机械排出，可提高沉淀池工作效率。由进水口与出水口、水流部分和污泥斗 3 个部分组成。池体平面为矩形，进口设在池长的一端，一般采用淹没进水孔，水由进水渠通过均匀分布的进水孔流入池体，进水孔后设有挡板，使水流均匀地分布在整个池宽的横断面。沉淀池的出口设在池长的另一端，多采用溢流堰，以保证沉淀后的澄清水可沿池宽均匀地流入出水渠。堰前设浮渣槽和挡板以截留水面浮渣。水流部分是池的主体。池宽和池深要保证水流沿池的过水断面布水均匀，依设计流速缓慢而稳定地流过。池的长宽比一般不小于 4，池的有效水深一般不超过 3 m。污泥斗用来积聚沉淀下来的污泥，多设在池前部的池底以下，斗底有排泥管定期排泥。

2. 竖流式沉淀池　池体平面为圆形或方形。废水由设在沉淀池中心的进水管自上而下排入池中，进水的出口下设伞形挡板，使废水在池中均匀分布，然后沿池的整个断面缓慢上升。悬浮物在重力作用下沉降入池底锥形污泥斗中，澄清水从池上端周围的溢流堰中排出。溢流堰前也可设浮渣槽和挡板，保证出水水质。这种池占地面积小，但深度大，池底为锥形，施工较困难。

3. 辐流式沉淀池　池体平面多为圆形，也有方形的。直径较大而深度较小，直径为20~100 m，池中心水深不大于4 m，周边水深不小于1.5 m。废水自池中心进水管入池，沿半径方向向池周缓慢流动。悬浮物在流动中沉降，并沿池底坡度进入污泥斗，澄清水从池周溢流入出水渠。

大型沉淀池的防渗处理：沉淀池渗漏污染会严重威胁地下水系统，且治理相当困难，沉淀池如果为了防渗全部用钢筋混凝土硬化，成本很高。一种新的处理方式能够解决这个问题，即采用高密度聚乙烯（HDPE）土工膜进行处理，它的寿命超过50年，对挖掘出的沉淀池进行平整后（平整要求较高）就可以铺设，接缝部位可以用热熔方式焊接，建设成本不到钢筋混凝土方式的30%。其最新执行国家标准为GB/T 17643—2011《土木合成材料聚乙烯土工膜》。

（二）沼气工程设施

沼气工程应按照设计的工艺路线进行建设，沼气工程的主体设施有格栅集料池、进料调节池、发酵罐、储气罐等。一般中小型以800 m^3为例。

1. 格栅集料池 砖石或砖混结构，主要用来去除污水中较粗的异物，100 m^3 的调节池配10 m格栅集料池即可。

2. 进料调节池 砖混结构，800 m^3的发酵罐配置100 m^3调节池即可。

3. 发酵罐 地上式厌氧消化装置宜采用钢筋混凝土结构或钢结构（碳钢焊制、搪瓷钢板拼装、钢板卷制等）；地下式或半地下式厌氧消化装置宜采用钢筋混凝土结构；削球形池拱盖的矢跨比（即矢高与直径之比，矢高指拱脚至拱顶的垂直距离）一般在（1∶4）~（1∶6）；反削球形池底的矢跨比为1∶8左右（具体的比例还应根据池子大小、拱盖跨度及施工条件等决定）。800 m^3有效容积，每天处理水量约100 t，HRT为8，容积产气率为0.4 m/（m^3·d），则每天产气量约为320 m^3。

4. 储气罐 有湿式低压储气装置、干式低压储气设备（由钢、红泥塑料、高分子复合材料制作）、中高压钢制储气罐等。800 m^3的发酵罐配置有效容积为200 m^3储气罐即可。湿式低压储气罐池墙一般为钢混结构，壁厚200 mm，内外水位的高差即为沼气的压强，一般为3 000~5 000 Pa。

以上钢筋混凝土结构的发酵罐等设施，造价高，防渗漏处理施工难度大。与上述沉淀池用PE膜防渗类似，如果池顶部也用PE膜覆盖起来并与底部的膜进行热熔焊接而形成一个密封体，即成为一个“HDPE膜完全混合厌氧反应器（CSTR）”，俗称“黑膜发酵”。这种形式的反应器投资建设成本低，耐冲击负荷能力强，是一种值得推广应用的新技术。

四、饲料仓储设施

集团化养殖公司有专用的饲料厂对各猪场进行饲料配送，不必再配套建设饲料仓储设施。中小型养殖场则需要配套建设饲料加工车间，主要包含 3 个部分：原料仓库、饲料加工间、饲料暂存间。

（一）原料仓库

以 1 000 头母猪规模场为例，饲料日消耗量可达 30 t，如果备齐 1 周的原料，则至少需要空间 30×7/0. 55＝381 m^3，即约需要 400 m^3，考虑到春节等长假，饲料原料的调运问题，约需要准备 2 周的原料，则约需要 800 m^3有效容积的原料仓库，专业饲料厂一般使用散装原料，可设专门的散装料原料仓，其空间大小可以根据日生产量和配方进行估算，采用砖混加钢屋架构筑，注意地面防潮。

（二）饲料加工间

饲料加工间主要根据饲料生产工艺和设备进行配置，由于混料过程配料仓较高，需要构建较高的加工间，可以由设备厂家进行设计。

（三）饲料暂存间

饲料暂存间主要根据生产流程和生产量进行配置。可以使用室外料塔来暂存加工好的饲料，这样暂存间可以省略或比较小。

五、转猪及产品销售设施

（一）赶猪通道

赶猪通道的宽度为 0. 9～1. 5 m，砖混结构，通道地板为混凝土或漏缝地板，在通道内下方或外边应做好通道冲洗用的排污沟和排污孔。注意与地磅相接的两端的通道，一般都要拓宽作为暂存通道，以每间不小于 30 m^2 为宜，以方便过磅前后暂存猪只。

（二）过磅房

过磅房以能安放过磅设备并进行简单的登记，8～10 m^2 即可。

（三）上（卸）猪台

可以使用专用的高度可调的上猪设备，也可以地面砌筑上猪台，设定 3～4 个高度的通道。

第六章　猪的营养需要与饲料加工技术

第一节　猪的营养需要

一、猪的基本营养需要

为了维持猪的生命健康，保证猪正常的生长发育，并能最大限度地发挥饲料的利用率生产更多的肉产品，必须合理地根据猪的生理需要提供各种营养物质，如蛋白质、碳水化合物、矿物质、维生素和水等，以满足猪在不同的环境条件下对营养的需求。营养物质以饲料的形式为猪提供，被猪利用。合理地利用饲料中的营养成分，有助于提高饲料中各种营养物质的利用率，从而提高猪的生产性能及经济效益。

（一）能量

猪为了维持生命和生产活动均需要一定的能量。饲料中的能量物质包括糖类、脂肪和蛋白质等。

1. 饲料的能量　总能是指饲料完全氧化成二氧化碳和水所释放出的能量，即燃烧热能。1 g 碳水化合物平均可释放 17. 15 kJ 的能量，1 g 脂肪平均可释放 39. 75 kJ 的能量，而 1 g 蛋白质则平均可释放 23. 85 kJ 的能量。

2. 猪对饲料能量的利用　根据饲料进入畜体内能量的变化规律，通常把饲料能量分为总能、消化能、净能和代谢能等。对于猪一般采用的都是消化能和代谢能。

（二）蛋白质

蛋白质不仅是猪体内组织、器官等的主要组成成分，而且在猪维持生命过程中也以酶、激素等形式广泛参与到各种生理机能和代谢过程中。

氨基酸是组成蛋白质的基本单位，氨基酸通过脱水缩合连成肽链。蛋白质是由一条或多条多肽链组成的生物大分子，每一条多肽链有二十至数百个氨基酸残基（—R），各种氨基酸残基按一定的顺序排列。蛋白质的氨基酸序列由对应基因所编码。除了遗传密码所编码的 20 种基本氨基酸，在蛋白质中，某些氨基酸残基还可以被翻译后修饰而发生化学结构的变化，从而对蛋白质进行激活或调控。多个蛋白质往往是通过结合在一起形成稳定的蛋白质复合物，折叠或螺旋构成一定的空间结构，从而发挥某一特定功能。合成多肽的细胞器是细胞质中糙面型内质网上的核糖体。蛋白质的不同在于其氨基酸的种类、数目、排列顺序和肽链空间结构的不同。

猪体内对各种物质的消化、吸收、转运等都需要各种酶和载体来完成，这些酶和载体都是具有特殊功能的蛋白质，如果猪只体内缺乏这种酶，机体的生理功能就会发生紊乱甚至导致死亡。蛋白质既是猪体内的更新组织所需要的原料也是维持猪体内正常生命活动的重要物质。

（三）矿物质

矿物质是猪体内组织的重要组成部分，在体内骨骼、内脏器官中含量都较高。它在动物体内广泛存在，参与体内各种复杂的生命代谢活动。对于维持机体正常的组织、细胞的渗透压等具有重要的作用。在猪缺乏矿物质时，可以引起特异的生理功能障碍和组织结构的代谢异常。

（四）维生素

维生素是维持畜禽正常的生理功能和生命活动所必需的有机化合物。它不是组成各种组织器官的原料，但却是组织机构生理功能正常运转所不可或缺的物质。它主要是以辅酶和催化剂等形式广泛参与体内代谢的各种生理生化活动。维生素的供给不足会产生严重的缺乏症，给生产带来严重的经济损失。

猪可通过饲料及消化道微生物等合成满足其对维生素的需求。饲料是猪只维生素获得的主要途径，尤其对于高产的猪和处于应激环境下的猪，提供必要量的维生素可缓解症状。

（五）水

水是重要的营养成分。相比其他的营养成分，水的来源充足，也是在生产中比较容易忽略的。缺水比缺少其他的任何养分都对猪只的影响更大，危害更大。水是理想的溶剂，体内各种养分的吸收和转运等都有水的参与，水是化学反应的介质，体内各种生命活动均有水的参与。水的导热性能比较好，能够通过蒸发散热，很好地调节体温；动物的各种组织和关节间的组织液等，可以减少关节器官的组织摩擦，起到润滑的作用。

二、各阶段猪只的营养需要

（一）育肥猪的营养

商品育肥猪生长到 60 kg 或 70 kg 以后要逐渐进入育肥期。育肥猪的营养及大体出栏体重不能一概而论，需根据育肥目的而论。第一，建议在增重高峰过后及时出栏，一般建议在 90~120 kg 出栏。第二，针对不同市场（城镇、农村）需要灵活确定出栏体重。第三，最好以经济效益为核心确定出栏体重。出栏体重越小，单位增重耗料量越小，饲养成本就越低，但其他成本的分摊费用就越高，且售价等级越低，很不经济。出栏体重越大，单位产品非饲养成本分摊费用越少，此阶段的生长速度主要体现在脂肪的沉积，但饲料的转化率有所下降，饲养成本相对来说偏高。

此阶段必须从市场经济效益考虑，如果追求生长速度，则推荐日粮营养标准为：消化能 3 300~3 400 kcal/kg，粗蛋白质 14%~15%，食盐 0.4%~0.8%，钙 0.45%~0.6%，有效磷 0.2%，赖氨酸 0.6%。如果追求的是瘦肉率，则推荐日粮营养标准为：消化能 3 100~3 200 kcal/kg，粗蛋白质 16%~17%，食盐 0.5%~0.8%，钙 0.45%~0.6%，有效磷 0.2%，赖氨酸 0.9%。

（二）后备母猪的营养需要

尽管有必要某种程度地限制后备母猪的生长（脂肪沉积），但重要的是让营养方案使后备母猪发育至初次配种期间瘦肉达到最佳水平。许多现代瘦肉型品种在 210~230 日龄初次配种（第二个发情期）时应达到 125~135 kg，这就意味着从出生至配种的日增重应达到 600 g/d（从断奶至配种的日增重应达到 635~650 g/d）；同时为确保繁殖寿命，母猪整个生产阶段体内贮备也是必需的。初次配种时母猪的理想背膘厚随不同品种而定，大多数高瘦肉率品种在最后一根肋骨处（P2）的背膘厚为 16~18 mm，即使瘦肉率非常高的品种也至少应为 14 mm。但是背膘厚不要超过 20~22 mm，这同样适用于母猪的整个繁殖周期。

可能饲养后备母猪（或公猪）一个很大的误区是钙与有效磷的含量太低。NRC（美国国家科学委员会）给出的矿物质水平只是考虑生长速度与饲料转化率，而没有考虑最大的骨骼强度。生长后备种猪钙与有效磷的需要量至少比商品猪高出 0.1%，实际上，对 50~60 kg 以上种猪甚至高出 0.15%~0.20%，例如，NRC 给出的 50~80 kg 的商品猪钙与有效磷标准分别为 0.50% 和 0.19%，而后备母猪的标准应分别为 0.63% 和 0.35%，以上标准基于自由采食，如是限制饲喂则标准应做相应提高。如为提高种猪骨骼强度则对有效磷的需要量将会更高，如果这些较高水平的钙与有效磷得不到满足，将引起瘫痪母猪数量的增加。

生长后备母猪营养推荐标准见表 6.1，能量水平基于 15~25 ℃的适宜温度条件下，当温度低时能量摄入应增加，其他营养素保持适当水平，也就是说，随着饲料摄入量的增加，日粮粗蛋白质、微量元素等的百分比应相应降低；当温度提高时饲料摄入降低，为保持氨基酸与微量元素的摄入，必须相应提高它们在日粮中的百分比。从 100~105 kg 至催情补饲，氨基酸、微量元素等的摄入应与 85~105 kg 阶段保持同一水平，但需降低能量水平以防止母猪长得太肥，这同时有助于提高催情补饲的效果。

催情补饲：配种前11～14 d采用自由采食提高后备母猪饲料摄入量，可提高限制饲喂后备母猪的产仔数，提高的饲料摄入量对消化道产生作用，和后备母猪增加其卵巢分泌卵子的数量有关。但在配种后饲料摄入量应减到正常水平，妊娠早期的超量饲喂可导致胚胎死亡率提高与降低产仔数。

表6.1　生长后备母猪营养推荐标准

体重（kg）	20～35	35～60	60～85	85～105	105至催情补饲
预计消化能摄入[a]（kcal/d）	5 090	6 940	8 480	10 025	9 130
	计算的每日摄入量（g）				
总赖氨酸	15.0	18.3	20.0	19.1	19.1
可消化赖氨酸	12.3	14.8	16.0	15.0	15.3
蛋氨酸	4.0	4.9	5.4	5.1	5.1
蛋氨酸+胱氨酸	8.2	10.1	12.0	11.4	11.4
苏氨酸	9.7	11.9	13.5	12.9	12.9
色氨酸	2.8	3.5	4.0	3.8	3.8
钙	12.7	16.3	18.7	20.5	20.5
有效磷	7.3	9.1	10.0	10.6	10.6

a：日粮近似消化能水平（kcal/kg）随麸皮含量不同而变化，5%≈3 200，10%≈3 150，15%≈3 100，20%≈3 050。表6.1～表6.3同。

（三）后备公猪与成年公猪营养需要

后备公猪在100～105 kg体重前一般自由采食，由于瘦肉生长较快，因此公猪比后备母猪需要更高的赖氨酸需要量，后备公猪营养需要量见表6.2。

表6.2　后备公猪营养需要量

体重（kg）	20～35	35～60	60～85	85～105
预计消化能摄入[a]（kcal/d）	5 090	6 940	8 480	10 025
	计算的每日摄入量（g）			
总赖氨酸	16.7	20.5	22.5	22.1
可消化赖氨酸	13.6	16.8	18.3	17.7
蛋氨酸	4.5	5.5	6.1	6.0
蛋氨酸+胱氨酸	9.2	11.3	13.5	13.3

续表

体重（kg）	20~35	35~60	60~85	85~105
苏氨酸	10.8	13.3	15.2	14.9
色氨酸	3.2	3.9	4.5	4.4
钙	13.6	17.4	20.0	22.1
有效磷	8.0	10.1	11.3	12.1

对生长后备母猪而言，氨基酸和微量元素含量应随采食量变化而调整，温度低时调低，温度高时调高，以确保营养素的合理摄入。

当公猪体重达到100 kg时，每日必须提供7 800 kcal的消化能（2.5 kg含15%麸皮的日粮）。公猪1~2岁时，建议的饲喂量应使其增重为180~250 g/d（每年65~90 kg），因此，公猪料应不同于妊娠母猪料。目标是限制能量摄入而降低生长速度，但必须维持高含量的氨基酸、维生素与微量元素的摄入以保证受精率与性欲，定期地给公猪称重以决定特定条件下合理的饲养方案（表6.3）。

由于2岁以上公猪接近成熟体形，它们的饲喂应保证较低的生长速度。与母猪一样，日常的饲喂量也应根据公猪的身体状况或猪舍温度而调整，表6.3给出了100~340 kg体重常温下营养素的推荐标准，如温度发生变化，则能量摄入及其他营养素也应进行相应调整。

表6.3　不同体重公猪营养需要量

体重（kg）	<160	160	205	250	295	340
消化能摄入[a]（kcal/d）	7 500	8 250	9 000	9 900	10 800	11 700
	计算的每日摄入量（g）					
总赖氨酸	17.3	18.8	20.3	22.5	24.8	26.3
可消化赖氨酸	14.3	15.5	16.7	18.6	20.5	21.7
蛋氨酸	4.6	5.0	5.4	6.0	6.6	7.0
蛋氨酸+胱氨酸	12.2	13.3	14.3	15.9	17.5	18.6
苏氨酸	14.3	15.5	16.7	18.6	20.5	21.7
色氨酸	3.5	3.8	4.1	4.5	5.0	5.3
钙	19.5	21.2	23.0	25.5	28.0	29.8
有效磷	9.2	10.0	10.8	12.0	13.2	14.0
亚油酸（%）	1.9	1.9	1.9	1.9	1.9	1.9

(四) 妊娠母猪饲养需要

尽管妊娠母猪不应采用自由采食，否则会因长得太肥而减少产仔数，还会出现哺乳期采食量下降与过多的体重损失和其他的一系列问题，但必须注意两点：①妊娠期间及整个生产阶段母猪都应该增重；②母猪必须有最低量的体内储存（背部脂肪）否则不能发情配种。如果母猪哺乳期体重损失过多，那么在下一个妊娠期就需要增加营养。下面要讲到妊娠期母猪的营养需要取决于哺乳期的生产性能的表现情况。

母猪繁殖周期体增重推荐情况见表6.4，当10%以上母猪体重不递增，猪群可能有繁殖问题。母猪体增重的情况取决于其体形，孕体增重（胎衣、羊水与胚胎）与胚胎数量有关，孕体增重约为2.3 kg/胎儿。

除体增重和体损失外，体脂储存、背膘和体组织（肌肉）增重也非常重要。目标是配种时背膘厚为16~18 mm（最小14 mm），分娩时为18~20 mm（最大22 mm）。背膘厚探针可正确测出母猪身体脂肪的含量，但是最新研究指出，现代高瘦肉型母猪肌体蛋白的数量比体内脂肪水平更能影响母猪的繁殖性能，过量肌体蛋白的损失将延长母猪断奶至配种的时间，如果肌体蛋白损失过多，将导致母猪不能发情配种。

表6.4 高产母猪繁殖周期理想体增重推荐情况

配种体重（kg）	胎次	总产仔数	母体增重（kg）	孕体增重（kg）	总增重（kg）
125	1	10	35	23	53
150	2	11	35	25	50
175	3	12	25	27	47
190	4	12	20	27	42
200	5	12	15	27	42
210	6	11	13	25	35
218	7	10	11	23	28

很多养猪生产者不给母猪称重，也不测背部脂肪增加或损失。另外，建立一套评估母猪体况的方法也很花时间，在多数情况下依据主观的评分。但是一旦建立了一套方法并用于日常操作，则能通过改善繁殖性能与饲料节省而削减生产费用，超声波设备能检测脂肪存积或损失及猪只肌肉面积的情况，管理水平高的猪场采用这种方法。

大多数生产者采用体况评分来评估母猪的体况（图6.1），能准确评分者可以用分值来评估背膘厚度和肌肉生长情况。母猪分娩前较好的体况评分应为3，1或2的也较容易判断。如果在感觉肋骨或钓骨时（图6.2）用时超过3 s，则它的体况评分很可能为 4 或 5。

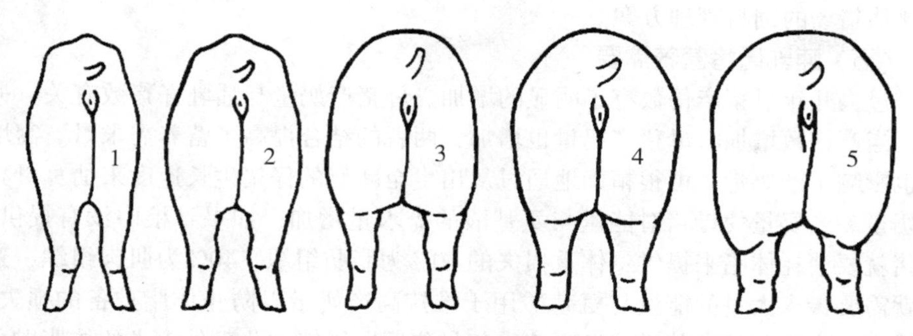

评分	状况	肋骨、钓骨与背骨测定
1	消瘦	明显
2	偏瘦	通过触摸很易测定
3	理想	用手掌按压能感觉到
4	肥	感觉不到
5	过肥	感觉不到

图 6.1　母猪体况评分

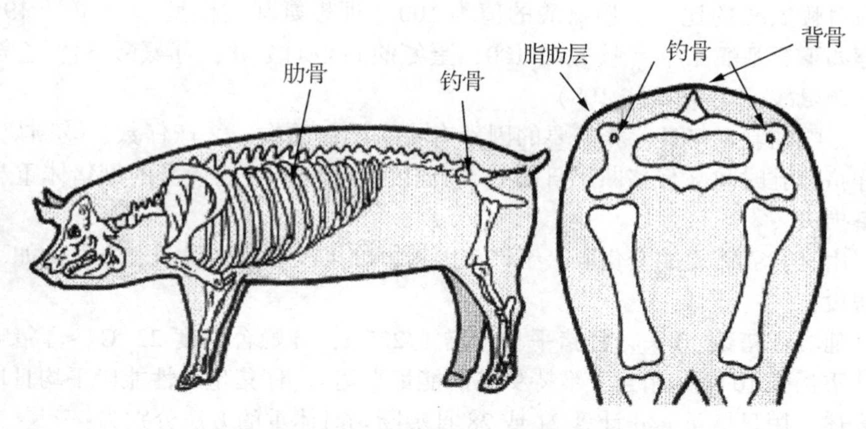

图 6.2　母猪肋骨、背骨、钓骨的位置

如果评分与配种、妊娠测定、免疫等相结合，则可以节省一些时间，评分的最佳时间为配种时、妊娠 50 d、妊娠 90 d 和断奶日。评分结果应记录在母猪信息卡上并用于确定饲料需要量。一旦群体中的母猪体况稳定在理想的水平或饲养管理方案证实是满意的话，那么一个体况评分监控方案就足够了。在一个体况监控方案中实际只需要评估 15%～20%的母猪，但必须注意识别那些评分在 2.5 以下的母猪。这些母猪需要额外的饲料，如果比例开始增加，则需重新评估猪场的饲料管理方案。

（五）哺乳母猪营养需要

过去几年母猪产仔数有了明显的增加。母猪产奶量与哺乳仔猪数有关，另外，当产仔数增加时母猪产奶量也增加，两者的结合提高了营养需求量。窝增重也影响了产奶量，可很精确地通过从出生至断奶的仔猪生长速度来估算母猪产奶量。产奶量使母猪对能量与氨基酸的需求量增加，如果日粮中没有提供，母猪就要消耗体脂来提供；体重损失的 60%为脂肪组织，40%为肌肉组织，这样就需要摄入大量的能量与氨基酸用于维持高产奶量以防止体脂贮备的损失。但是高瘦肉率猪的遗传进展已引起青年母猪用以维持这些额外需求的体脂贮备的降低，同时为提高饲料转化率带来了压力，饲料摄入没有与营养需要的增加成比例，实际情况是饲料摄入还可能下降。这些因素已经给营养师配制经济的高产日粮、分娩舍用猪维持高饲料摄入量带来了很大的压力，后者面临的问题尤其严重。

由于赖氨酸是参与肌肉组织与产奶的主要氨基酸，因此它的水平显得非常重要，如果母猪必须动用体蛋白来提供赖氨酸，就会有过度的体组织损失，最近的研究也证实支链氨基酸在产奶中的作用，在最近的 NRC 推荐量（1998）中，这些氨基酸特别是缬氨酸的需要有相当的增加，氨基酸的需要量经常被表述为对赖氨酸的比率，赖氨酸的值为 100（理想氨基酸模型）。NRC（1998）推荐如下氨基酸比率（赖氨酸 100，蛋氨酸+胱氨酸 48，苏氨酸 64，色氨酸 18，缬氨酸 85，亮氨酸 108）。

影响哺乳母猪日营养需要的因素有：①产仔胎次；②产仔数；③断奶重；④仔猪哺乳时间（仔猪断奶日龄）；⑤温度；⑥生产者能接受的母猪体重与体贮备损失。

由于营养需要的变化取决于许多因素，如果没有特别说明，本书做如下标准假设：

哺乳仔猪数 10 头，仔猪平均日增重 225 g，分娩舍温度 22 ℃，母猪哺乳期体重损失 10 kg（相当于维持 90%的能量平衡）。仔猪生长性能以平均日增重来表述，用日增重 g/d 计算 21 或 28 日龄断奶时体重的方法分别为：

$$225/1\,000\times21+1.3\ \text{kg（初生重）}=6.0\ \text{kg}$$

$$225/1\,000\times28+1.3\ \text{kg（初生重）}=7.6\ \text{kg}$$

产仔胎次：从营养角度来讲，一个完整的繁殖周期是母猪所承受的最具挑战性的事情，特别是体重较小的初产母猪。另外，初产母猪采食量比经产母猪至少低 0.5 kg，二产母猪比经产母猪低 200 g 以上（表 6.5）。

表 6.5 不同胎次平均日采食量

胎次	观察数	平均日采食量（kg）
1	5 256	4.51
2	3 699	4.96
3	2 916	5.10
4	2 559	5.13
5	2 080	5.03
6	1 715	5.08
7	1 151	5.28
8	692	5.13
9	428	5.32
10	177	5.30

注：本试验用了分布于 30 个商品猪场的，25 000 头母猪（Koketsu et al. 2006）。

初产母猪在哺乳期特别容易受营养缺乏的影响，哺乳期的饲养策略应该是最大的饲料摄入量与最小的体重损失，当然在哺乳期间要完全防止体重损失是很难做到的（但这可作为目标），但是体重损失超过 10 kg 可能会延长断奶到发情的间隔时间进而减少产仔数。

为了维持猪只的生命健康，保证猪只正常的生长发育，并能最大限度地发挥饲料的利用率生产更多的肉产品，必须合理地根据猪只的生理需要提供各种营养物质如蛋白质、碳水化合物、矿物质、维生素和水等，以满足猪只在不同的环境条件下对营养的需求。合理地利用饲料中的营养成分，有助于提高饲料中各种营养物质的有效利用率，从而提高猪只的生产性能及经济效益。

第二节 饲料的加工与日粮配制

一、饲料的加工工艺

饲料占据了生猪生产过程中的主要成本。饲料加工对饲料原料的物理特性、贮存运输特性、营养品质、饲喂特性等都有重要的影响。因此，人们一直在寻求着能够优化饲料加工工艺的技术来降低生产成本，从而来提高动物饲养的经济效益。饲料加工技术的优化要以动物的生产性能为标准来衡量。

膨化饲料、颗粒饲料及膨胀饲料的规模化生产已经成为世界饲料工业发展的一个趋势。现如今的饲料成品中，有70%以上的是经过热处理加工，主要是在调制、制粒或膨化的过程中。配合的饲料原料经过膨化或膨胀处理之后，能够杀死部分有害物质如沙门杆菌等，还能够降低饲料原料中的抗营养因子含量，使淀粉的糊化度增强改善饲料的适口性，提高生产饲料的经济效益。但同时，由于高温、高压和水分的原因，可能使许多对温度敏感的组分如维生素、酶类、微生态制剂等受到严重的破坏，降低了饲料的营养品质，增加了生产成本。为了降低对热敏物质的破坏和影响，生产上一般采用“包被”和“微胶囊”的方法对热敏物质进行处理，减少对热敏物质的破坏。

1. 添加悬浮液或胶体技术 就是将具有生物活性的物质与惰性的载体混合成泥浆状，然后制成悬浮液状态，再将悬浮液均匀地覆盖在饲料粒的表面。

2. 喷涂技术 饲料喷涂系统包括控制柜、液体的计量系统、喷涂机、液体罐、泵及喂料器等部分。物料进入主机后被分散成散状物落下，液体进入主机与物料进行充分混匀，目前的喷涂机主要类型有喷嘴雾化式和离心雾化式。

3. 真空喷涂技术 一般的喷涂技术都是将液体均匀地喷涂在饲料颗粒的表面，在之后的包装、运输等过程中的相互摩擦和碰撞等都可能将饲料表面的液体包被剥掉，造成营养成分的损失或饲料配方的失真。为了解决这个问题，多数企业已开始采用真空喷涂工艺。

真空喷涂工艺就是利用真空的抽除系统，使包被在饲料颗粒表面的液体更加深入到饲料颗粒内部，使液体在饲料颗粒中均匀分布，减少由于碰撞和摩擦等造成的营养损失，达到营养配方的保真。

4. 待开发满足农村实用的饲料加工机械 秸秆饲料的加工机械，如秸秆揉碎机械、秸秆的化学处理、饲料的压制处理等的加工机械，能将更多的秸秆转化为饲料原料；植物叶片蛋白的提取机械，能够从青绿资源中提取出供饲料使用的植物叶蛋白，从而降低饲料的生产成本。

二、日粮的配制

日粮是猪只营养获取的唯一途径，因此日粮配方中的营养物质是否合理，直接影响了猪只的生产和繁殖等性能。为了猪只能够更加健康地生长，应以最佳的饲料利用率，获得最大的经济效益。因此，日粮在配制的过程中必须把握好饲料配方配制的六个平衡和六个原则。

（一）六个平衡

（1）日粮营养成分含量与猪只的日采食量平衡。

（2）能量与蛋白质的平衡。

（3）氨基酸的平衡。

（4）钙磷的平衡。

（5）微量元素的平衡。

（6）酸碱平衡。

（二）六个原则

（1）要以猪只的营养需要为依据，根据饲料的营养标准，查找猪常用的饲料配方成分进行日粮配合，同时要根据生产实际中的饲养效果进行调整，保证每批、每个阶段猪只的营养全面。

（2）从经济学的观点来看，要选择成本较低、养分高的饲料原料，结合当地资源环境，因地制宜选择本地能及时满足生产的饲料原料，既节省运输费用，又能方便取材。

（3）在饲料的加工过程中，要注意饲料的适口性，在饲料的配制过程中既要保证饲料营养成分的全面性，又要考虑饲料的适口性等特点，满足猪爱吃、好吃等目的。

（4）根据猪只的生产目的及生长阶段合理地选择饲料原料。

（5）注意饲料中的有害物质和抗营养因子，如菜籽饼用量过高就会造成中毒。

（6）配制的全价料必须混合均匀，按实际生产需要量进行生产；否则，造成积压、霉变等，易引起动物中毒和饲料的营养物质损失，造成资源浪费。自配料的使用时间一般不要超过 10 d。

第七章　非哺乳种猪群生产管理

第一节　种公猪的饲养管理

一、种公猪在养猪生产中的重要性及种类

（一）种公猪在养猪生产中的重要性

公猪虽然饲养的数量比母猪要少得多，但是公猪在养猪生产中所起的作用无论从其产生后代的数量，还是从其后代生长速度和胴体品质影响程度上都远远超过母猪。这是由于一年中1头公猪与1头母猪所产生的后代数量不同而造成的。在本交季节性配种的情况下，1头公猪1年要负担20~30头母猪的配种任务，按每头母猪每年产仔2窝计算，每窝产仔10~12头，则1头公猪1年可以产生400~700头后代；如果实行人工授精技术，1头公猪每周采精2次，每次射精量300~400 mL，精液进行2~3倍稀释，母猪年产仔2.2窝，母猪每次发情配种输精2次，按每次输精80~100 mL计算，则1头公猪1年至少可以完成200头左右母猪的输精任务，这样一来，1头公猪1年可以产生4 000头左右的后代。而1头母猪无论是本交还是人工授精，1年只能产生20~30头的后代。因此民间有“母猪好好一窝，公猪好好一坡”的说法。与此同时，公猪种质的质量还将直接影响后代的生长速度和胴体品质，使用生长速度快、胴体瘦肉率高的公猪，其后代生长速度快、生长周期短，从猪舍折旧、饲养管理人员劳动效率、猪生产期间维持需要的饲料消耗等诸多方面均降低了养猪生产综合成本；胴体瘦肉率高的育肥猪在市场销售过程中，其价格和受欢迎程度均优于胴体瘦肉率低的猪。胴体瘦肉率高的育肥猪每千克的价格一般要高于普通育肥猪0.4元左右，这样一来，1头育肥猪可增加收入35~50元。基于上述情况，选择种质好的公猪并实施科学饲养管理是提高养猪生产水平和经济效益的重要基础。

（二）种公猪种类

种公猪有纯种和杂种之分。在现代养猪生产中，可根据其后代的用途进行合理选择。纯种公猪产生的后代可以种用和商品育肥猪生产。而杂种公猪产生

的后代只能用于商品育肥猪生产。过去一般多使用纯种公猪进行种猪生产和商品育肥猪生产，而现在一些生产者利用杂种公猪进行商品育肥猪生产应用效果较好。杂种公猪比纯种公猪适应性强、性欲旺盛（性冲动迅速），因此日益被养猪生产者所接受。

近几年，在我国养猪生产中常用的纯种公猪有长白猪、大白猪、杜洛克猪、皮特兰猪等。杂种公猪常用长白×大白、杜洛克×汉普夏、皮特兰×杜洛克等。在国外，一些养猪生产者采用汉普夏×杜洛克的杂种公猪与大白×长白的杂种母猪交配，生产四元杂交商品育肥猪。而国内，近几年来一些养猪生产者为了提高商品育肥猪的生长速度和胴体瘦肉率，选用皮特兰×杜洛克杂种公猪与长白×大白杂种母猪交配，生产四元杂交商品育肥猪。生产实践证明，利用杂种公猪进行商品育肥猪生产，其后代的生长速度和胴体瘦肉率均得到较大的提高。在使用引进品种做父本时有一点应注意，生产实践中发现凡是含汉普夏血统的商品育肥猪，出现了肌肉颜色较浅等问题，影响人们外观选择。

二、种公猪的饲养管理

（一）种公猪的生产特点及营养需要

1. 种公猪生产特点　种公猪的产品是精液，种公猪具有射精量大，本交配种时间长的特点。正常情况下每次射精量为300~400 mL，个别高产者可达500 mL，精子数量为400亿~800亿。每次本交配种时间，一般为5~10 min，个别长者达15~20 min。本交配种时间长，公猪体力消耗较大。公猪精液中干物质占2%~3%，其中蛋白质为60%左右，还含有矿物质和维生素。因此，应根据公猪生产需要满足其所需要的各种营养物质。

2. 种公猪营养需要　配种公猪营养需要包括维持生长发育、配种活动、精液生成和自身生长发育需要。所需主要营养包括能量、蛋白质（实质是氨基酸）、矿物质、维生素等。各种营养物质的需要量应根据其品种、类型、体重、生产情况而定。

（1）能量需要：一般瘦肉型品种，成年公猪（体重120~150 kg）在非配种期的消化能需要量是25. 1~31. 3 MJ/（头·d）；配种期消化能需要量是32. 4~38. 9 MJ/（头·d）。青年公猪由于自身尚未完成生长发育，还需要一定的营养物质供自身继续生长发育，应参照其标准上限值。北方冬季，圈舍温度不到15~20 ℃时，应在原标准基础上增加10%~20%。南方夏季天气炎热，公猪食欲降低，按正常饲养标准营养浓度进行饲粮配合，公猪很难全部采食所需营养。鉴于这种情况，可以通过增加各种营养物质浓度的方法使公猪尽量将所需营养摄取到，满足公猪生产、生长需要。值得指出的是，能量供给过高或过低对公猪均不利。能量供给过低会使公猪身体消瘦，体质下降，性欲降低，导致配种能力降低，甚至有时根本不能参加配种；能量供给过高，造成公猪过于肥胖，自淫频率增加或者不爱运动，性欲不强，精子活力降低，同样影响配种能力，严重者不能参加配种。对于后备公猪而言，日粮中能量不足，将会影响睾丸和其他性器官的发育，导致后备公猪体型小、瘦弱、性成熟延缓。从而增加种公猪饲养成本，缩短使用年限，并且导致射精量减少，本交配种体力不支，性欲下降，不爱运动等不良后果；但能量过高同样影响后备公猪性欲和精液产生数量，后备公猪过于肥胖，体质下降，行动懒惰，影响将来配种能力。

（2）蛋白质、氨基酸需要：公猪饲粮中蛋白质数量和质量、氨基酸水平直接影响公猪的性成熟、身体素质和精液品质。对成年公猪来说，蛋白质水平一般以14%左右为宜，不要过高和过低。过低会影响其精液中精子的密度和品质；过高不仅增加饲料成本，浪费蛋白质资源，而且多余蛋白质会转化成脂肪沉积在体内，使得公猪体况偏胖，影响配种，同时也增加了肝肾负担。在考虑蛋白质数量的同时，还应注重蛋白质质量，换句话说就是考虑一些必需氨基酸的平衡，特别是玉米-豆粕型日粮，赖氨酸、蛋氨酸、色氨酸尤为重要。目前国外先进的做法是以计算氨基酸含量来平衡饲料中含氮物营养。根据美国NRC（1998）建议，配种公猪日粮中赖氨酸水平为0.6%，其他氨基酸可以参照美国NRC（1998）标准酌情添加。

（3）矿物质需要：矿物质对公猪精子产生和体质健康影响较大。长期缺钙会造成精子发育不全，活力降低；长期缺磷会使公猪生殖机能衰退；缺锌会造成睾丸发育不良而影响精子生成；缺锰可使公猪精子畸形率增加；缺硒会使精液品质下降，睾丸萎缩退化。现在公猪多实行封闭饲养，接触不到土壤和青饲料，容易造成一些矿物质缺乏，应注意添加相应的矿物质饲料。美国NRC（1998）建议，公猪日粮中钙为0.75%，总磷0.6%，有效磷0.35%，其他矿物质参照美国NRC（1998）标准酌情添加。

（4）维生素需要：维生素营养对于种公猪也十分重要，在封闭饲养条件下更应注意维生素添加，否则，容易导致维生素缺乏症。日粮中长期缺乏维生素A会导致青年公猪性成熟延迟、睾丸变小、睾丸上皮细胞变性和退化，降低精子密度和质量。但维生素A过量时可出现被毛粗糙、鳞状皮肤、过度兴奋、触摸敏感、蹄周围裂纹处出血、血尿、血粪、腿失控不能站立及周期性震颤等中毒症状。日粮中维生素D缺乏会降低公猪对钙、磷的吸收，间接影响公猪睾丸产生精子和配种性能。公猪日粮中长期缺乏维生素E会导致成年公猪睾丸退化，永久性丧失生育能力。其他维生素也在一定程度上直接或间接地影响着公猪的健康和种用价值，如B族维生素缺乏，会出现食欲下降、皮肤粗糙、被毛无光泽等不良后果，因此，应根据饲养标准酌情添加，给予满足。

（5）水的需要：除了上述各种营养物质外，水也是公猪不可缺少的营养物质，如果缺水将会导致公猪食欲下降、体内离子平衡紊乱、其他各种营养物质不能很好地消化吸收，甚至影响健康，发生疾病。因此，必须按其日粮 3~4 倍量提供清洁、卫生、爽口的饮水。

（二）种公猪的饲养

种公猪必须进行科学饲养，才能充分发挥其种用价值，否则将会影响其繁殖性能。比较重要的一点是，公猪必须经常保持良好的种用体况，使其身体健康、精力充沛、性欲旺盛，能够产生数量多且品质好的精液。所谓种用体况是指公猪不过肥也不过瘦，七八成膘。对于七八成膘的判定方法是外观既看不到骨骼轮廓（髋骨、脊柱、肩胛等）又不能过于肥胖，以用手稍用力触摸其背部，可以触摸到脊柱为宜。也可以在早晨喂饲前空腹时根据其腰角下方，膝褶斜前方凸凹状况来判定。一般七八成膘的公猪应该是扁平或略凸起，如果凸起太高说明公猪过于肥胖；如果此部位凹陷，说明公猪过于消瘦，过肥过瘦均会影响种公猪的使用。有些场家由于饲养水平过高或者运动强度不够，造成部分公猪过于肥胖，一则影响睾丸产生精子功能，二则体重偏大行动不灵活，影响本交配种，最后过早淘汰；反之，公猪过于消瘦也会影响公猪精子产生，身体素质降低，最终导致性欲低下，不能参加本交配种，最后转归还是淘汰。

在公猪饲养过程中，可以使用氨基酸添加剂来平衡公猪的日粮，玉米-豆粕型日粮主要注意添加赖氨酸、蛋氨酸、苏氨酸和色氨酸，具体添加量参照美国 NRC（1998）酌情执行。

钙、磷的添加最好使用磷酸氢钙（钙 21%~23%，磷 18%左右）和石粉（钙 35%~38%），使用磷酸氢钙不但对钙磷的利用率高，而且还能防止同源动物传染病发生。而骨粉钙磷含量不稳定，并且由于加工不当会造成利用率降低，特别是夏季容易发霉、氧化而产生异味，影响公猪的食欲和健康等。磷酸氢钙在配合饲料中使用比例为 1.5%~2%，石粉 1%左右，在选购磷酸氢钙时要选择低氟、低铅的，防止氟、铅含量过高造成蓄积性中毒，影响公猪身体健康。一般要求氟磷比小于 1/100，铅含量低于 50 mg/kg，其他矿物质饲料均应注意有毒、有害物质的残留，以免影响公猪身体健康和种用性能。另外公猪日粮食盐含量应控制在 0.3%~0.4%。

维生素的补充多使用复合维生素添加剂，但要注意妥善保管，防止过期和降低生物学价值。

公猪饲养过程中，应根据其年龄、体重、配种任务、舍内温度等灵活掌握喂量。正常情况下，配种期间成年公猪的日粮量为 2.5~3.0 kg/头；非配种期间日粮量为 2 kg/头左右。为了使种公猪顺利地完成季节配种任务，保证身体不受到损害，生产实践中多在季节配种来临前 2~3 周提前进入配种期饲养。

对于青年公猪，为了满足其生长发育需要，可增加日粮给量 10%~20%。

种公猪每日应饲喂 2~3 次，其饲料类型多选用干粉料或生湿料。通过日粮也可以控制体重增长，特别是采用本交配种的猪场更应注意这一点，防止公猪体重过大，母猪支撑困难影响配种，从而造成公猪过早淘汰，增加种公猪的更新成本。

种公猪饲养过程中，不要使用过多的青绿多汁饲料，以免降低公猪对能量、蛋白质等营养物质的实际摄入量，并容易形成草腹而影响公猪身体健康和本交配种。稻壳粉和秸秆粉，不但本身不能被消化吸收还会降低其他饲料中营养物质的消化吸收，在公猪日粮中使用时会造成营养缺乏，降低种用价值，应严禁使用。

要保证公猪有清洁、卫生和爽口的饮水。所谓爽口是指水的温度和味道，对于水的温度要求应是冬天不过凉，夏季要凉爽；味道应该是无异味的。饮水卫生标准与人相同。每头种公猪每天饮水量为 10~12 L，其饮水方式为通过饮水槽或自动饮水器供给，最好选用自动饮水器饮水，自动饮水器安装高度为 55~65 cm（与种公猪肩高等同），水流量至少为 250 mL/min。

（三）种公猪管理

1. 分群 公猪在 6 月龄左右，体重 70~80 kg 时即达到性成熟，这时应进行公母猪分群饲养，防止乱交滥配。同时，分群后的公猪多实行单圈栏饲养，单圈栏饲养每头公猪所需面积至少为 2 m×2 m。单圈栏饲养虽然浪费一定的建筑面积，但是可以防止公猪间相互爬跨和争斗咬架；同时也便于根据实际情况随时调整日粮。当公猪间出现咬架现象时，应用木板隔开或用水冲公猪的眼部，然后将公猪驱赶开。

2. 运动 为了保证公猪膘情、增进体质健康、提高精子活力，公猪应进行一定量的运动。运动形式有驱赶运动、自由运动和放牧运动。驱赶运动适于工厂化养猪场，在场区内沿场区工作道每天上、下午各运动一次，每次运动时间为 1~2 h，每次运动里程 2 km，具体时间要安排在一天内适于出行的最佳时期，遇有雪、雨等恶劣天气应停止运动。还要注意防止冬季感冒和夏季中暑。如果不进行驱赶运动，应安排公猪自由运动，理想的户外运动场至少 7 m×7 m，保证公猪具有一定的运动面积。有放牧条件的可以进行放牧运动，公猪既得到了锻炼又可以采食到一些青绿饲料，从而补充一部分营养物质，对于提高公猪精液品质，增强体质健康十分有益。缺乏运动容易造成公猪体质衰退加快，配种性能降低，公猪过早淘汰，无形中增加种猪购入或培育成本。

3. 公猪采精训练 实行人工授精的猪场，应在公猪使用前进行采精训练。具体做法是：使用金属或木制的与母猪体形相似、大小相近的台猪，固定在坚实的水泥地上，台猪的猪皮应进行防虫蛀和防腐防霉处理。前几次采精训练前应涂上发情母猪尿液或黏液，便于引诱公猪爬跨。先将公猪包皮内残留尿液挤排出来，并用0.1%的高锰酸钾溶液将包皮周围消毒。然后将发情母猪赶到台猪的侧面，让被训练公猪爬跨发情母猪，当公猪达到性欲高潮时，立即将母猪赶离采精室，再引导公猪爬跨台猪。当阴茎勃起伸出后，进行徒手采精或使用假阴道采精。也可以不借助假台猪进行采精，其方法是：用0.1%的高锰酸钾将包皮、睾丸及腹部皮肤擦洗消毒，先用一只手用力按摩睾丸5~10 min，然后再用这只手隔着腹部皮肤握住阴茎稍用力前后撸动5 min左右，使阴茎勃起。阴茎勃起伸出后可用另一只手进行徒手或假阴道采精。注意不要损伤公猪阴茎，公猪射精完毕后，顺势将阴茎送回，防止阴茎接触地面造成感染。

采精训练成功后应连续训练5~6 d，以巩固其建立起来的条件反射。训练成功的公猪，一般不要再进行本交配种。训练公猪采精时要有耐心，采精室要求卫生清洁、安静、光线要好、温度15~20 ℃。要防止噪声和异味干扰。

4. 定期检查精液和称重　公猪在使用前2周左右应进行精液品质检查，防止因精液品质低劣影响母猪受胎率和产仔数。尤其是实行人工授精的场家应该作为规定项目来进行，以后每月要进行1~2次精液品质检查。对于精子活力0.7以下，密度1亿/mL以下，畸形率18%以上的精液不宜进行人工授精，限期调整饲养管理规程，如果调整无效应将种公猪淘汰。

青年公猪应定期进行体重测量，便于掌握其生长发育情况，使公猪在16~18月龄体重控制在150~180 kg。通过定期精液品质检查和体重测量，可以更加灵活地调整公猪营养水平，有利于公猪的科学饲养和使用。

5. 其他管理　每天刷拭公猪猪体5~10 min，这样既有利于皮肤卫生和血液循环，又有利于“人猪亲和”，便于使用和管理。

注意公猪所居环境温度，公猪在35 ℃以上的高温环境下精液品质下降，并导致应激期过后4~6周较低的繁殖力，甚至终生不育。使用遭受热应激的公猪配种，母猪受胎率较低，产仔数较少。为了减少热应激对公猪带来的不良后果，应采取一些减少热应激的措施。具体办法有：避免在烈日下驱赶运动，猪舍和运动场有足够的遮光面积供公猪趴卧，天气炎热时向床面洒水或安装通风设施，并且注意饲料中矿物质和维生素的添加。公猪因运动不足易造成蹄匣变形，非混凝土地面饲养的公猪蹄匣无磨损而变尖变形后影响正常使用和活动，应该用刀或电烙铁及时修理蹄匣。

除此之外，种公猪还应根据本地某些传染病的流行情况，科学地进行免疫接种。国外养猪技术先进国家的做法是定期对种公猪进行血清检测，随时淘汰阳性者。公猪每年至少进行2次驱虫，驱除体内外寄生虫，选用的药物种类和剂量根据寄生虫种类而定，防止中毒。

（四）种公猪利用

公猪的配种能力和使用年限与公猪使用强度关系较大，如果公猪使用强度过大，将导致公猪体质衰退，降低配种成绩，造成公猪过早淘汰。但使用强度过小时，公猪种用价值又得不到充分利用，是一种浪费。如果进行人工授精，12月龄以内公猪每周采精1~2次；12月龄以上的公猪每周采精2~3次，每次采精300~400 mL。值得指出的是，要避免青年公猪开始配种时与断奶后的发情母猪配种，以免降低公猪将来配种兴趣。种公猪使用年限一般为3年左右。国外利用年限平均为2~2.5年。

（五）种公猪选择和更新淘汰

1. 种公猪选择 在养猪生产上要选择生长速度快、饲料利用率高、背膘薄的品种或品系作为配种公猪，从而提高后代的生长速度和胴体品质。其外形要求身体结实强壮、四肢端正、腹线平直、睾丸大并且对称、乳头6对以上并且排列整齐，无瞎乳头。不要选择有运动障碍、站立不稳、直腿、高弓背的公猪，以免影响配种。

2. 淘汰更新 公猪更新淘汰率一般为35%~40%，因此，猪场应有计划地培育或外购一些生产性能高、体质强健的青年公猪，取代那些配种成绩较低（其配种成绩低是指本年度或某一段时间内与配母猪受胎率低于50%），配种使用3年以上，或患有国家明令禁止的传染病或难以治愈和治疗意义不大的其他疾病的公猪（如口蹄疫、猪繁殖与呼吸障碍综合征、圆环病毒病等）。现代养猪生产对于公猪所产生的后代如果不受市场欢迎，造成销售困难时，也应进行淘汰。通过淘汰更新，既更新了血缘又能淘汰一些不符合种用要求的公猪。

第二节 配种前母猪的饲养管理

配种前母猪分两种，一种是仔猪断奶后至配种的经产母猪，也称空怀母猪；另一种是初情期至初次配种的后备母猪。

一、母猪配种前的总体要求

经产母猪空怀时间很短，一般只有5~10 d，而后备母猪配种前的饲养时间，根据后备母猪开始配种的时期而定，如果在第2个发情期配种，其时间为21 d左右；如果在第3个发情期配种，则时间为42 d左右。无论是经产母猪还是后备母猪，其目标是通过科学的饲养和管理促使其正常发情、排卵和受孕。

母猪发情可以看到，但排卵是观察不到的，只能通过母猪体质膘情来推断饲养效果。生产实践中，要求母猪在配种前应具有一个良好的繁殖体况，不肥不瘦，七八成膘。具体地讲就是母猪外观看不到骨骼轮廓（髋骨、脊柱、肩胛骨），也不能因肥胖出现“夹裆肉”（“夹裆肉”是指由于母猪过于肥胖，在两后大腿的内侧形成两条皮下脂肪隆起），以用手稍用力触摸背部可以触到脊柱为宜。

外观能够看到脊柱及髋骨或肩胛骨甚至肋骨的母猪则属于偏瘦。对于那些体长与胸围几乎相等，出现“夹裆肉”，手触不到脊柱的母猪应该说是偏肥了。另外一种判断方法是在早晨空腹时，根据其腰角下方、膝褶斜前方凸凹状况来判定，一般七八成膘的母猪，此部位应该是扁平或略凸起的；如果凸起太高，说明母猪偏于肥胖；如果此部位凹陷，说明母猪过于消瘦。有条件的猪场可以使用超声波来测定母猪背膘厚度，根据背膘厚度来判定母猪饲养效果，判定母猪的膘情是否适宜配种。母猪适宜配种的背中部膘厚一般为16~18 mm。母猪过于肥胖，由于脂肪浸润卵巢或包埋在卵巢周围，会影响卵巢功能，引起发情排卵异常。后备母猪过于消瘦，会使性成熟延迟，减少母猪使用年限。因此过肥过瘦都不利于繁殖，将来均会出现发情排卵和产仔泌乳异常等不良后果。

二、母猪配种前的营养需要

经产母猪空怀时间较短，往往参照妊娠母猪饲养标准进行饲粮配合和饲养。而后备母猪由初情期至初次配种时间一般为21~42 d，不仅时间长而且自身尚未发育成熟，如果营养供给把握不好，就会影响将来健康和终生繁殖性能，因此，后备母猪应按后备母猪饲养标准进行饲粮配合和饲养。总体原则是，后备母猪饲粮在蛋白质、氨基酸、主要矿物质供给水平上，应略高于经产母猪，以满足其自身发育和繁殖的需要（表7.1）。

表7.1　后备母猪与经产母猪饲粮中主要营养物质含量

类别	能量（MJ/kg）	蛋白质（%）	钙（%）	磷（%）	赖氨酸（%）
后备母猪	14.21	14~16	0.95	0.80	0.70
经产母猪	14.21	12~13	0.75	0.60	0.50~0.55

1. 能量需要　能量水平与后备母猪初情期关系密切。一般情况下，能量水平偏高可使后备母猪初情期提前，体重增大；能量水平低，后备母猪生长缓慢，初情期延迟；但能量水平过高，后备母猪体况偏胖，抑制初情期或造成繁殖障碍，不利于发情配种，导致母猪配种受胎率低，增加母猪淘汰率。对于经产母猪，能量水平过高或过低同样影响其发情排卵，能量水平过低使母猪在仔猪断奶后发情时间间隔变长或者不发情；能量水平过高则母猪同样不发情或排卵少，卵子质量不好，甚至不孕。因此建议后备母猪日供给消化能35.52 MJ，经产母猪28.42 MJ。

2. 蛋白质、氨基酸需要　后备母猪饲粮中蛋白质、氨基酸的含量要求均高于经产母猪。如果蛋白质、氨基酸供给不足，会延迟后备母猪的初情期，因此建议后备母猪的饲粮中粗蛋白质为14%~16%，赖氨酸0.7%左右。经产母猪的饲粮中蛋白质、氨基酸不足，同样影响母猪的发情和排卵，建议经产母猪的饲粮中粗蛋白质为12%~13%，赖氨酸为0.50%~0.55%。

3. 矿物质需要 经产母猪泌乳期间会有大量的矿物质损失，此时身体中矿物质出现暂时性亏损，如果不及时补充，将会影响母猪身体健康和继续繁殖使用。后备母猪正在进行营养蓄积，为将来繁殖泌乳打基础，如果供给不科学同样会影响身体健康和终生的生产性能。在采用封闭圈舍饲养时，母猪接触不到土壤和青绿饲料，没有任何外源矿物质补充，必须注意矿物质的供给，防止不良后果出现。后备母猪饲粮中的钙为0.95%，总磷为0.80%；经产母猪的饲粮中钙为0.75%，总磷为0.60%。后备母猪饲粮中钙、磷、赖氨酸的含量要求均应高于经产母猪，如果后备母猪钙、磷摄入不足会对骨骼生长起到一定的限制，会增加肢蹄病的发生等。母猪缺乏碘、锰时，会出现生殖器官发育受阻、发情异常或不发情。

4. 维生素需要 维生素使用与否或含量高低，将直接关系到母猪的繁殖和健康。母猪有储存维生素A的能力，它可以维持三次妊娠，在此以后如不及时补给，母猪会出现乏情、行动困难、后腿交叉、斜颈、痉挛等症状，严重时影响胚胎生长发育（以后内容介绍）。母猪缺乏维生素E和硒时会造成发情困难。缺乏维生素B_1、维生素B_2、泛酸、胆碱时会出现不发情、假“妊娠”、受胎率低等。其他维生素虽然不直接影响母猪的发情排卵，但会使母猪的健康受到影响，最终影响生产。

5. 水的需要 由于配种前母猪饲粮中粗纤维含量较高，所以需要水较多，一般为日粮的4~5倍，即每日每头12~15 L，饮水不足将会影响母猪的健康和生产。因此，要求常备清洁、卫生和爽口的饮水。

三、母猪配种前的饲养

母猪配种前的饲养时间虽然只有5~42 d，但为了保证母猪能够正常地发情排卵参加配种，首先应根据后备母猪和经产母猪的饲养标准科学地配合饲粮，满足其能量、蛋白质、氨基酸、矿物质和维生素的需要。在饲粮配合过程中要注意饲料原料的质量，不用或少用那些消化吸收较差的原料，如血粉、羽毛粉、玉米酒糟、玉米蛋白粉等，有条件时可以使用5%~10%的苜蓿草粉，有利于母猪的繁殖和泌乳。据美国资料介绍，苜蓿对于母猪的终生生产成绩有利。值得指出的是，对于瘦肉型猪种，在饲料配合过程中，不要过多使用传统养猪中常用的营养价值不高甚至没有营养价值的“劣质粗饲料”，否则会降低母猪的繁殖性能，甚至造成母猪2~3胎以后发情配种困难。例如，有些猪场在封闭式饲养的条件下，配种前母猪饲粮中使用了30%~50%的所谓“稻糠”的稻壳粉，结果是后备母猪第1胎繁殖基本正常，第2胎后便表现仔猪初生重小、仔猪下痢发生率增加，仔猪断奶后母猪不能在5~10 d内发情配种，母猪发情配种困难、母猪产后无乳等不良后果。而在传统粗放饲养中，母猪生产水平较低，可以接触土壤和青草野菜，获得一定的营养补充，所以即使采用较多的劣质粗料，也较少出现繁殖问题。此外，应根据母猪的年龄和膘情灵活掌握日粮给量。经产空怀母猪一般每日每头给混合饲料 2 kg 左右；后备母猪每日每头给混合饲料 2. 5 kg 左右。北方冬季圈舍温度达不到 15~20 ℃时，可以增加日粮给量 10%~20%。为了增加后备母猪排卵数，尤其是初配母猪排卵数，可以对后备母猪实施短期优饲。具体做法是：在配种前 1~2 周至配种结束，增加日粮给量 2~3 kg，这样不仅可以增加排卵数 1~2 枚，而且可以提高卵子质量。

母猪配种前的饲养过程必须保证充足的饮水，建议每 6~8 头母猪安装一个自动饮水器，高度和水流量同公猪。一般多安装在靠近粪尿沟一侧，防止饮水时洒在床面上。使用水槽饮水时，要求水槽保持清洁，饮水经常更换（每日至少 3~4 次）。

四、配种前母猪的管理

母猪配种前的管理中要认真观察发情，特别是后备母猪初次发情，症状不明显，持续时间较短，如不认真仔细观察容易漏配。因此一定要认真观察并做好记录，以便于安排母猪配种。

配种前母猪多实行群养，每头母猪所需要面积至少 1. 6~1. 8 m^2（非漏缝地板），要求舍内光线良好，一般采光系数为 1∶10，同时地面不要过于光滑，防止跌倒摔伤和损伤肢蹄。床面如果是实体地面，坡度应为 3%~5%，以便于冲刷消毒，但坡度过大时，母猪趴卧疲劳增加体能消耗，或者增加脱肛和阴道脱出发生率。有条件的猪场，舍外应设运动场，增加母猪运动量、呼吸新鲜空气、接受阳光照射等都有利于母猪健康和胚胎生长发育，运动场的面积至少 3. 5 m×5 m。群养一般每栏饲养 6~8 头为宜，不要过多，以免影响观察发情或强夺弱食，影响生产。母猪小群饲养既能有效地利用建筑面积，又能促进发情。当同一圈栏内有母猪发情时，由于爬跨和外激素刺激，可以诱导其他空怀母猪发情。近年来，有些猪场采用空怀母猪单栏限位饲养，限位面积每头母猪至少 0. 65 m×2 m，这种饲养方式有利于提高圈舍建筑的利用率，便于人工授精操作和根据母猪年龄、体况进行饲粮配合和日粮定量来调整膘情。采用此种饲养方式时，最好在母猪栏尾端饲养公猪，有利于刺激母猪发情，同时要求饲养员认真仔细观察发情，才能确保降低母猪空怀率。但是，若单栏面积过小，母猪活动受限，只能站立或趴卧，缺少运动，会导致肢蹄病增加。因此母猪所居的单栏面积应为 0. 75 m×2. 2 m，便于母猪趴卧及前后运动，从而减少肢蹄病发生。

此外，还应注意母猪配种前的免疫接种，防止传染病发生。每个猪场应根据流行病学调查结果（查找以往发病史）、血清学检查结果等适时适量地进行传染病疫苗接种。无传染病威胁的猪场可接种灭活苗或不接种，以免出现疫苗的不良反应影响生产。对于传染病血清学检测阳性场，一种做法是淘汰种猪，消毒污染环境，空栏6~12个月，进猪前再消毒一次才能进行生产；另一种做法是对国家允许的传染病，对母猪进行弱毒疫苗的免疫接种，防止传染病发生和扩散。另外，母猪每年至少进行两次驱虫，如果环境条件较差或者某些寄生虫多发地区，应酌情增加驱虫次数。驱虫所需药物种类、剂量和用法应根据寄生虫实际发生情况或流行情况来决定，要防止中毒。

五、母猪的选择与更新淘汰

1. 母猪的选择 进行纯种繁殖的猪场，应选择相同品种但无亲缘关系的公猪、母猪相互交配；生产杂种母猪的猪场，应选择经过配合力测定或经多年生产实践证明杂交效果较好的杂交组合所需要的品种，与公猪进行配套生产；生产商品育肥猪的猪场，根据生产需要，选择二元或三元杂种母猪进行生产，目前多选择长大杂种母猪。母猪应该食欲旺盛，能够正常发情，体质结实健康，四肢端正，活动良好；背腰平直或略弓，腹线开张良好；乳头6对以上，并且排列整齐，无瞎乳头、内凹乳头、外翻乳头等畸形；外阴大小适中无上翘。

2. 母猪的淘汰更新 正常情况下母猪7~8胎淘汰，所以年更新率为30%左右，因此猪场应有计划地选留或购入一些适应市场需求、生产性能高、外形好的后备母猪补充母猪群。但遇到下列情形之一者应随时淘汰：①产仔数低于7头。②连续两胎少乳或无乳（营养、管理正常情况下）。③断奶后两个情期不能发情配种。④食仔或咬人。⑤患有国家明令禁止的传染病或难以治愈和治疗意义不大的其他疾病（如口蹄疫、猪繁殖与呼吸障碍综合征、圆环病毒病等）。⑥肢蹄损伤。⑦后代有畸形（如疝气、隐睾、脑水肿等）。⑧母性差。⑨体型过大，行动不灵活，压踩仔猪。⑩后代的生长速度和胴体品质指标均低于猪群平均值。

六、母猪繁殖障碍问题及解决方法

1. 母猪繁殖障碍的原因 繁殖障碍的主要问题是母猪不能正常发情排卵，其原因可归纳为以下几个方面。

（1）疾病性繁殖障碍：主要是由于卵泡囊肿、黄体囊肿、持久性黄体而引起的。卵泡囊肿会导致排卵功能丧失，但仍能分泌雌激素，使得母猪表现发情持续期延长或间断发情；黄体囊肿多出现在泌乳盛期母猪、近交系母猪、老年母猪中，母猪表现乏情；持久性黄体导致母猪不发情。另外，卵巢炎、脑肿瘤等都会造成母猪不能发情排卵。

（2）营养性繁殖障碍：母猪由于营养不合理也会造成繁殖障碍，如长期营养水平偏高或偏低，导致母猪过度肥胖或消瘦，致使母猪发情和排卵失常；母猪长期缺乏维生素和矿物质，特别是维生素 A 、维生素 E、维生素 B_2、硒、碘、锰等，使母猪不能按期发情排卵。

2. 解决母猪繁殖障碍问题的方法　母猪出现繁殖障碍，首先要分析查找原因，通常是根据繁殖障碍出现的数量、时间、临床表现等进行综合分析。封闭式饲养管理条件下，首先要考虑营养因素，其次考虑疾病或卵巢功能问题。如果是营养方面的原因，要及时调整饲粮配方，对于体况偏肥的母猪应减少能量给量，可以通过降低饲粮能量浓度或日粮给量来实现，可同时适当增加运动；体况偏瘦的母猪应增加能量给量，同时保证饲粮中蛋白质的数量和质量，封闭式饲养要特别注意矿物质和维生素的供给，满足繁殖母猪所需要的各种营养物质；如果是疾病原因造成的母猪繁殖障碍，有治疗可能的应积极治疗，否则应及时淘汰；卵巢功能引起的繁殖障碍，只有持久性黄体较易治愈，一般可使用前列腺素 F_{2a}或其类似物处理，使黄体溶解后，母猪在第二次发情时即可配种受孕。

后备母猪初次发情配种困难比较常见，为了促进母猪发情排卵，可以通过诱情办法来解决。具体做法是：每天早饲后或晚饲后将体质强壮、性欲旺盛的公猪与不发情母猪放在同一栏内一段时间，每次 30 min 左右，公猪爬跨行为和外激素刺激可以促进母猪发情，一般经过 1 周左右便有母猪发情。很多猪场为了促进后备母猪发情，在后备母猪体重达到 70~80 kg 时，使之与公猪接触，利用公猪爬跨和气味刺激促进母猪发情。如果接触 1~2 周，无母猪发情应更换公猪，最好是成年公猪。此种做法不要过早实行，防止后备母猪对公猪产生“性习惯”而不发情。

通过以下几种做法也能刺激母猪发情排卵：①母猪运输或转移到一个新猪舍，在应激刺激作用下可使母猪发情排卵。②重新组群。③将正在发情时期的母猪与不发情母猪同栏饲养。④封闭式饲养条件下的母猪安排几日户外活动，接触土壤及青草野菜。

目前市场上出售的各种催情药物均属于激素类，在没有搞清楚病因之前不要盲目使用，以免造成母猪内分泌紊乱，或者母猪只发情不排卵，即使母猪配了种也达不到受孕目的。

七、空怀配种舍生产操作规程示例

（一）工作目的

确保生产公猪、母猪及后备猪的健康，做好母猪的发情鉴定和适时配种，提高种猪利用率，提供健康、高产、稳产的妊娠母猪，保证场舍按照一定的生产流程和生产计划高效运营。

（二）操作要求

1. 饲喂

（1）饲喂量：年轻公猪（后备公猪）饲喂后备种猪料，采用自由采食方式，每头每天 3~3.5 kg，对初情期、性行为的发展及后期的繁殖性能皆无影响，初情期常在 5~6 月龄，体重为 80~120 kg。

种公猪（成年公猪）使用专门的公猪料，每天每头饲喂 2.5~3.0 kg，精子的质量可得到保证，公猪不大、不肥、不迟钝，对其爬跨力无任何影响，属于限制饲养。根据膘情和使用情况饲喂量可适当增减。

后备母猪饲喂后备种猪料，采取自由采食，每天每头 3~3.5 kg，配种时背膘达到 18~22 mm。断奶母猪在断奶当天可以适当减少喂料，第二天便可自由采食。配种前饲喂哺乳母猪料，配种后改喂妊娠母猪料。

配种后母猪的饲喂：在怀孕的前 7 d 饲喂过多会降低胎儿的存活率。这是因为母猪采食量高，血浆流动速度加快，使肝脏清除孕激素的速度也加快，导致血浆中孕激素浓度下降所致。配种后的 48~72 h 降低采食量可降低胚胎死亡率。因此在怀孕的前 7 d，日采食量应限制在 1.8~2 kg。但对于个别很瘦的母猪，适当增大采食量倒有利于胚胎成活；在 8~30 d，每头每天饲喂 2~2.5 kg，31~75 d 每头每天饲喂 2.5~3 kg，76~100 d 每头每天饲喂 2 kg，101~112 d 每头每天饲喂 3~3.5 kg，分娩前 2 d 开始适当减食，每头每天饲喂 1.8~2 kg，分娩当天少喂或不喂。

在以上饲喂标准的基础上，根据个体膘情、使用强度和不同的生理阶段等具体情况，饲喂量可适当增减。

（2）饲喂要求：每天 2~3 次饲喂，每次喂料前检查、清理饲喂系统，饲喂后检查猪群，记录食欲较差、厌食的猪只和发情母猪，并及时汇报给区域负责人，将剩余饲料及时处理，不得浪费。

（3）报料与拉料：根据现有猪群数量及相关技术人员通知猪群周转的情况，预算下周所需各类型饲料的数量，在本周一、周四报给统计员。并将本周内所需饲料分别在周一、周四全部运进猪舍料房内，当面点清数量，整齐摆放在料托上。

2. 卫生与防疫

（1）每天上午将圈内粪便全部清扫到粪池，不得留有死角。每次喂料前将圈内和墙壁打扫干净，喂料后，打扫走道，将饲料扫到圈内。

（2）腾出空栏后，及时清扫—冲洗—消毒—空栏。

（3）及时更换脚盆、手盆消毒液，保持一定水位和药效。进入每幢猪舍前必须消毒洗手、沾脚。脚盆使用 2%~3%的氢氧化钠溶液。

（4）每周二、周五必须定期消毒，周日杀螨。消毒要彻底，消毒剂要交替使用，根据使用说明，浓度不得过低，但也不得过高造成浪费。杀螨要根据螨虫繁殖规律和防疫员的安排认真执行。

（5）技术员、饲养员均不得随便串岗。

（6）定期做好防蝇、防鼠工作。

（7）认真配合技术员的工作，在防疫时，做好保定，一猪一消毒，一猪一针头。

3. 配种

（1）母猪发情鉴定：检查的最好时机是在每天早上喂料之后，检查时在母猪的后面使所有母猪都站立起来，特别是注意母猪精神、外阴的变化及阴道分泌物。发情的母猪精神兴奋、爬栏、嘶叫、接受压背及两耳不断竖立、外阴肿胀、潮湿，性兴奋时有透明黏液流出，有黏稠感。可用公猪在走道内试情，特别愿意接近公猪。记录母猪发情起止时间，尤其准确记录后备母猪每次发情时间和发情次数。

（2）配种：

1）合理使用公猪：配种时，必须按照配种计划提前通知人工授精站需提取哪种公猪精液及准确的精液头份。

2）把握配种时间和配种次数：理论上从母猪开始静立反应 8 h 后开始第一次交配或输精。实际生产中很难找到静立反应开始的确切时间，一旦母猪有静立反应表现，就可以开始第一次交配或输精（也可停半天时间开始），间隔 12 h 后再开始复配，人工授精时必须有试情公猪在场，不许强行配种。确保交配过程稳定，时间尽可能要长。对复发情及后备母猪采用早晚各配一次，连配 3~4 次。对不正常生产的母猪（流产、死胎），第一个情期不配，待子宫恢复正常后再交配。

3）清洗消毒：配种时，先挤出公猪包皮内的积尿，接着用百毒杀消毒液溶液清洗包皮和母猪外阴，然后再用清水分别擦洗包皮和外阴，用纸巾擦干。完毕后，再交配或人工采精。

4）精液检查：精液送来后，每头公猪的精液必须检测一份，先将检测精液在温水中逐渐升温至 30~32 ℃，然后再检查精液的活力和密度，精液合格再进行人工授精。

5）辅助交配：本交时从公猪放入配种栏的那一刻起，配种员必须自始至终守在旁边，一旦开始爬跨立即给予辅助，用脚（腿）顶住公猪、母猪，以防止在交配过程中公猪抽动过猛使母猪承受不住而终止交配。在做辅助阴茎插入阴道时，用手指做个圆圈引导阴茎插入阴道，切不可抓住公猪阴茎做牵拉引导。

6）做好交配记录：配种完毕后，认真填写每头猪的配种质量评定，分

“优”“良”“差”，填写母猪配种卡和母猪的位置。

（3）妊娠检查和复发情检查：借助仪器或其他方法及时对配种后 21 d 的母猪做妊娠检查，呈阴性的母猪及时赶回配种舍，刺激发情配种。特别注意配种 18~24 d 和 38~44 d 时复发情检查。

（4）公猪运动：种公猪每天要有 2~3 h 运动。运动时，不得擅自离开，以免公猪打架，不要将公猪放在母猪栏内与母猪混养，更不能将 2 头以上公猪养在一个公猪圈内。

（5）刺激母猪发情：对 1 个月后就能够利用配种的后备母猪，断奶后 2 周未发情的断奶母猪，30 d 妊娠检查呈阴性的母猪要采取一定的措施刺激发情：每天用公猪追赶 2~3 次，每次不超过 30 min，但不可混养，以免引致损伤和偷配；同公猪、已配母猪或发情母猪接近或换圈刺激；供水、停料、饥饿 24 h 刺激发情；赶进运动场进行室外运动；药物刺激等。

（6）淘汰猪检查：通过分娩记录、母猪简历和平时配种记录等，将生产成绩差、疾病难以康复、二次流产、三次复发情、二次阴道炎（子宫炎）的母猪，进入配种期 90 d 未配上的后备母猪，断奶 30 d 未配上的断奶母猪等及时汇报并监督畜牧操作员给予淘汰。

4. 种猪周转

（1）每周二将配种受胎 30 d 以上（27~33 d）的母猪逐头清洗消毒后转入妊娠舍，禁止多头母猪同时清洗转群，避免打架，转猪时不得打猪。

（2）转猪后及时调整猪群，腾出空栏，并冲洗消毒，为周四接断奶母猪做好准备。

（3）每周四做好断奶接猪工作。将断奶母猪按大小、肥瘦、强弱等 10~12 头转入一个猪圈内，避免激烈打架，及时消毒。

（4）每次转群后，及时清点猪群数量。

（5）转群时间安排：每年 4~9 月的上午转群，10 月至第二年 3 月的下午转群。

5. 检查设备 及时给猪舍内各种设备进行必要的保养和维修。每次喂料后要检查饮水器是否堵塞，圈门是否安全。调节室内温度，注意室内通风换气，冬季检查门窗，有无贼风并注意保暖，夏季注意通风。

第三节 猪人工授精技术

一、猪人工授精技术概述

猪人工授精技术是进行科学养猪、实现养猪生产现代化的重要手段。近年来，随着养猪生产方式的不断转变，采用人工授精技术发展养猪生产，已经成为提高养猪业生产水平的必然要求。

自从猪人工授精被养猪业采用以来，其技术和体系经过长期的发展，已得到各国养猪从业者的认可和信赖。从世界主要生猪生产国家的实践来看，不管养猪产业结构如何，猪人工授精都是能较好地用于改良繁育计划、提高猪群生产性能、确保屠体质量的一种方法。

20 世纪 60 年代末开始，人工授精技术作为“三化”（母猪当地化、公猪良种化、仔猪杂种化）养猪的重要技术支撑点在我国江苏、河南等地开始推广利用，到 20 世纪 90 年代初，我国南方猪场开始广泛采用猪人工授精技术。2007 年农业部组织实施“全国生猪良种补贴项目”，对项目区内使用良种猪精液开展人工授精的母猪养殖场（户）购买良种猪精液给予补贴，有效地促进了项目区内人工授精技术的普及和发展，显著提升了我国猪良种化水平，减少了疫病传播和农村公猪饲养成本，产生了显著的经济效益、社会效益和生态效益，深受广大养殖户的欢迎。经过十多年的探索实践，随着我国猪人工授精技术的推广应用和全国猪联合育种工作的逐步展开，养猪生产者对品种的认识普遍加强，对人工授精的认识也进一步加深。与生猪本交相比，它可以减少到不到 1/10 的公猪饲养量，降低猪饲养成本；可以扩大优良公猪的利用效率，迅速提高猪群的整体质量；可以减少因公猪直接交配所造成的疫病传播，减少猪群传染病暴发机会；可以通过精液质量控制，提高母猪的受胎率和窝产仔数；可以通过引入精液实现远距离的异地配种，提高猪群育种水平。

值得一提的是，猪人工授精技术作为支撑现代养猪业发展的关键技术，也是养猪生产中的一种管理工具和技术体系，其作用的发挥与整个养猪技术体系的实行密不可分。养猪从业者必须学会并且持续应用这一工具和体系，以最大限度地发挥其潜力。本节将就人工授精技术体系进行详细阐述，力求对我国猪人工授精技术的进一步推广和普及起到良好的作用。

二、猪人工授精技术的主要内容

猪人工授精需要有相关的理论知识作为基础，同时它也有着成熟的技术规范、体系及丰富的实践经验，本部分就猪的繁殖基础、种公猪的选择与管理、猪人工授精技术、种公猪站建设与管理等内容着重介绍。

（一）猪的繁殖基础

1. 公猪的繁殖基础　对公猪繁殖基础的了解是掌握人工授精技术的基础，只有掌握了这些知识才能更科学地对公猪进行饲养管理，才能正确地诊断公猪的繁殖问题。另外，了解公猪是怎样在其生殖系统的调配下生产和保护精子的，有助于在实验室尽可能真实地模拟配种过程。

(1) 公猪的繁殖系统：公猪的繁殖系统由大脑、性腺、睾丸、输精管、副性腺5部分组成。5部分必须协调工作才能使公猪产生具有授精能力的精子，许多功能都由繁殖激素的准确平衡来控制；应激和营养不良会影响繁殖激素的平衡，从而影响公猪的授精力。比如，急剧的应激能减少或阻止肌肉的氧化能力、交配能力和采精量。

公猪能记忆与性行为有关的某些刺激，如果公猪在配种前或配种期间受到应激，就会影响性行为并不愉快，性欲下降。饲养管理好的公猪，其性欲增强，在不良刺激下，更易学到不良习惯，这些不良习惯养成后，就很难纠正。因此，对公猪行为、配种能力、精液质量的检查，有助于评估公猪的生殖能力及各部分的功能。

(2) 精子细胞的结构和成分：精子细胞是一种具有特定形态和功能的能使卵子受精的细胞。正常精子细胞有一个头部和一个尾部（图7.1）。头的顶部称为顶体，顶体含有有助于精子进入卵子外壁的酶，这是受精过程所必需的。如果顶体受损，精子就不能使卵子受精。冷热刺激、酸碱度变化及压力的影响，都会损伤顶体，从而使精子失去授精能力。

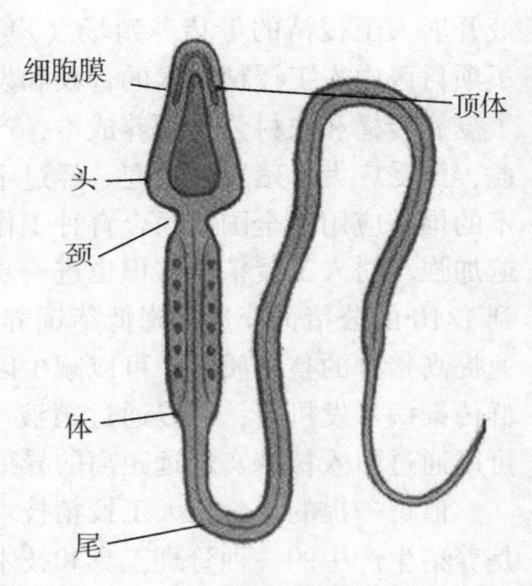

图7.1 精子细胞形态示意图

精子头部含有授精时带入卵子的雄性遗传物质（染色体中的DNA），如果精子头部的大小或形态不正常，精子就不可能使卵子受精。精子尾部控制精子的运动，精子的运动能使精子从子宫颈到达输卵管，并且在授精过程中推动精子头部进入卵子。运动问题是遗传缺陷的结果，表现为卷曲、双尾和线尾。不运动的精子也可能是由于不适当的精子处理或保存技术造成的。弯尾精子常表明精子受到冷热应激或pH的突然变化的影响，当精子受到机械应激或压力变化时，精子的头部也会与尾部断裂。不能正常运动的精子是不能使卵子受精的。多数畸形精子是遗传的，如果一头公猪产生的头部畸形的精子高于10%，就应淘汰这头公猪。

(3) 精液的产生：精液含有精子和副性腺液。射精时，附睾中的精子同副性腺的液体混合在一起，这些液体补充了化合物而将精子从公猪生殖道运送到母猪生殖道，人工授精的精液稀释液含有盐、能量，以便能模仿副性腺液的作用来保持精子质量。正常体温会抑制精子生产，为此，睾丸就必须悬置在公猪体外的阴囊内。睾丸通过表皮的蒸发散热和血液循环来降温。另外，由于外界温度的变化，睾丸会紧缩或松弛在阴囊内，阴囊的脂肪沉积较少，可以避免睾丸因隔热而过于温暖。

从减数分裂开始到射出成熟的精子需要 7 周的时间。精原细胞在精小管要发育大约 36 d，然后精子富集到附睾头部，这时的精子既不能运动，也无授精力。在附睾头部精子的密度很高，然后吸收大量的睾丸液后进入附睾，精子在附睾中的运行要花费 2 周的时间，在附睾中最终成熟。因此，精子要花费大约 7 周才能完成其生产过程。

在诊断精子质量问题时要记住这一点：如果热或其他应激损伤了睾丸中的精原细胞，4~6 周后这些精子就会出现在精液中，这就使解决公猪的授精力问题变得困难起来。需记住的要点是今天生产的劣质精子可能源于 1 个月以前，比如高温或与热应激相关的发热。

当公猪生长到 3~4 岁时，精液的产量会增加。如果有规律地采精，公猪副性腺液和精子的比率应保持稳定；公猪采精频率过高时，精液减少，精子密度降低，不成熟精子增多，受胎率下降。

（4）精子获能：人工授精时，进入母猪生殖道的精子并不能立刻和卵子结合。精子要在母猪生殖道中经过一段时间（6~8 h）才能具有授精力，这个过程被称作“精子的获能作用”，获能后的精子才能渗透卵子壁。

2. 母猪的繁殖基础 猪的发情周期分为发情前期、发情期、发情后期和间情期（休情期）四个阶段。猪平均的发情周期为 21 d，但不同个体间会有较大的差异，发情周期在 17~25 d 均视为正常。一般地，在发情开始前就出现了许多生殖器官和激素变化，把母猪出现明显的精神状态、生殖器官变化的第一天作为发情起点，这时母猪会接受交配。在母猪繁殖周期的不同阶段，其体内的激素变化如图 7.2 所示。

（1）发情期（交配期）：0~2 d。

由成熟卵泡释放的雌二醇激素会在发情期使生殖道产生急剧变化：子宫液增多，阴道和子宫颈的黏液增多，阴户肿胀，使母猪出现发情症状。通常，发情开始于排卵前促黄体素（LH）出现时。由于母猪的年龄差异，母猪可能会在 1~3 d 内接受交配，经产母猪的发情期没有后备母猪那样长，多数后备母猪在发情后 2 d 排卵，经产母猪从发情到排卵的时间差异很大，经产母猪能在发情期前 12~24 h 排卵，也可在发情结束后排卵，因此，多数生产者在母猪发情后采用多次重复配种的方式（本交或人工授精），以确保受孕率。

发情时母猪一般会产生以下表现：压其后背时，母猪站立不动；红肿的阴户变得松弛；阴道分泌黏液；母猪烦躁不安、食欲下降，会爬跨圈内其他猪只。

（2）间情期（黄体期）：3~15 d。

卵泡破裂排卵后，血液立即进入卵泡腔而逐渐形成黄体（CL），黄体的主

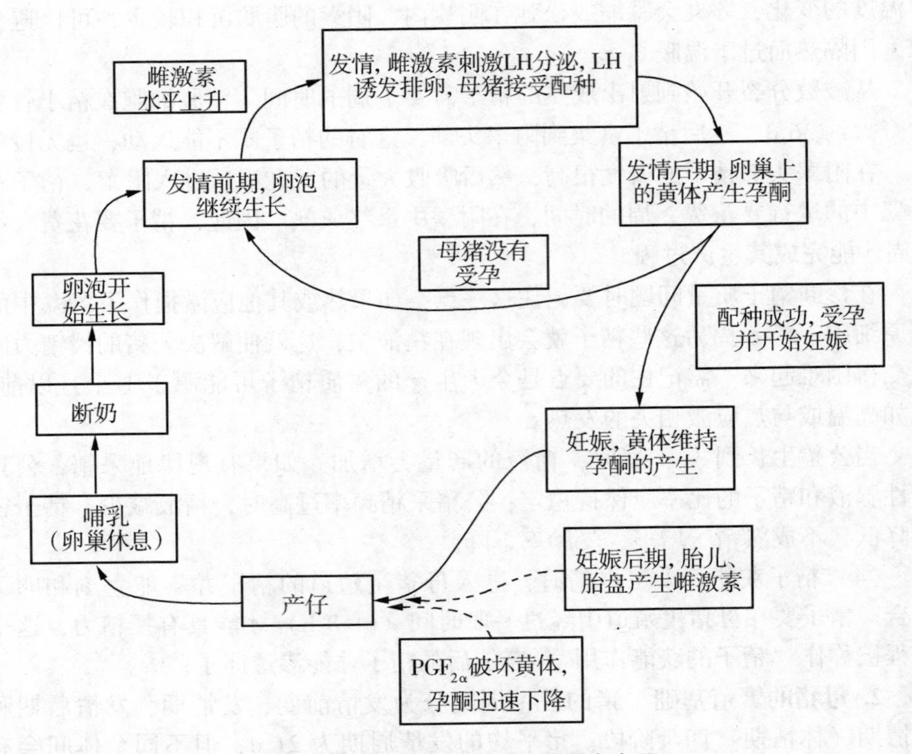

图 7.2　发情周期和妊娠的激素变异

要功能是分泌孕酮激素来维持受孕后的妊娠。在发情后的 2~4 d 孕酮的浓度上升，到 5~6 d 时，黄体已发育成熟，其直径为 9~11 mm。如果母猪没有受孕，或受精卵没在子宫着床，子宫角在第 12~14 d 开始产生前列腺素（$PGF_{2\alpha}$），前列腺素会破坏黄体组织，使黄体由粉红色变为浅黄色而逐渐退化萎缩，然后母猪又开始准备下一次排卵。孕酮的浓度在间情后期也逐渐下降到发情前期的水平，在产生孕酮阶段，母猪不会接受交配。间情期的母猪，子宫颈紧闭，阴道黏液量少而黏稠，子宫内膜增厚，子宫腺体分泌旺盛。

（3）发情前期（卵泡期）：16~21 d。

在发情周期的前 15 d，卵巢里的卵泡开始发育，但多数卵泡不能发育成熟，实际上，只有 10~30 个卵泡从第 15 d 的直径为 4~5 mm 发育到排卵期（第 0 d）。卵泡还会产生雌二醇，当其浓度与孕激素浓度达到适当比例时就会引起静立反射。

1）静立反射：静立反射是发情的行为表现，通过直接接触成熟公猪可刺激产生。公猪可以用多种方式来刺激静立反射，但最重要的是将外激素传递到母猪的口和鼻中，公猪唾液中的外激素含量高，因此，母猪主要接受同公猪的面对面的接触。然而，如果母猪经常同公猪接触，就会对公猪的刺激习以为常，而在发情时没有静立反射或只出现很短的发情期，因此，要减少发情母猪同公猪的经常性接触，以避免对公猪的刺激习以为常。

2）排卵：成熟的卵泡排列整齐，卵泡壁透明且含有淡黄色卵泡液。发情出现前，卵巢产生雌激素，使生殖道出现发情症状和形态变化，并促使脑垂体分泌促黄体素（LH），促黄体素在发情开始时开始分泌，促使卵泡成熟并在30~40 h后排卵。子宫上会产生着床细胞，这种细微变化出现在发情前期，以便为受精做准备。子宫颈松弛、子宫颈口开张，子宫和阴道都开始分泌黏液，阴户开始肿胀。

（4）妊娠和哺乳期：母猪受精后，子宫就会在12~14 d时让受精卵着床，此时，黄体不会消失，且要为妊娠继续生产孕酮。

产仔后，黄体退化而形成白体（CA），白体在哺乳期萎缩，到断奶时其直径小于2 mm。哺乳期间，卵泡发育较小，只有少数卵泡大于4 mm。断奶后2~3 d内，许多卵泡生长到5 mm以上，断奶后母猪发情时，卵泡会快速增大。

（二）种公猪的选择与管理

种公猪的选择与管理是整个养猪生产管理中最关键的部分。公猪在整个猪群中起着核心的作用，对猪群的影响非常大，种公猪的选择决定猪群的遗传基础；种公猪的管理全是人为控制的部分，高水平的管理可以大大提高公猪的使用年限，节约引种开支，还可以提高公猪的配种效果和提高母猪的产仔率，提高猪群繁殖水平，增加经济效益。

1. 种公猪的选择　要选择那些来源于取得省级种畜禽生产经营许可证的原种猪场，具有完整系谱和性能测定记录，评估优良，符合种用要求的种公猪；种公猪要健康，无国家规定的一二类传染病。

2. 种公猪的管理

（1）单栏饲养种公猪：种公猪具有好斗性，任何时间都不要把成年种公猪合栏饲养或者让其有相互接触的机会，一旦两头种公猪遇到一起必然会引起打斗，甚至咬伤或者损坏肢蹄，影响正常配种，严重者使公猪报废；公猪栏最好带有外圈，给公猪足够的活动空间，能够晒一晒太阳，增强公猪体质，增强种公猪性欲和延长使用年限，种公猪栏的面积应不低于12 m^2。

（2）加强种公猪的运动：运动可以促进公猪的食欲，增强体质，避免肥胖，提高性欲和精液品质。种公猪除在运动场自由运动外，每天应进行驱赶运动，上、下午各一次，每次可以运动0.5~1 h。

（3）保持清洁卫生，做好驱虫和防疫：种公猪舍内每天要打扫卫生并刷拭公猪体表，保持猪舍干燥和猪身清洁，促进血液循环，始终保持公猪具有健康的体况。至少每季度对公猪体表驱虫一次，每半年体内驱虫一次，并根据周围疫情情况制订科学的防疫程序并严格按疫苗说明书要求保存和注射疫苗，并且做好防疫注射记录。

（4）检查精液质量：对参与采精的种公猪，每月要对其精液品质检查1~2次，特别是后备公猪开始使用前或成年公猪由非配种期转入配种期之前，都必须严格检查精液质量，以确保配种效果。参照每季度的配种受胎率及产仔数评定每头公猪的优劣，及时淘汰繁殖性能差的公猪。

（5）保持适宜的环境温度：种公猪最适宜的环境温度为18~20 ℃，冬季猪舍要防寒保暖，夏季高温时要防暑降温。高温对种公猪的影响尤为严重，特别是长时间的持续高温，其精液品质将受到严重影响，表现出精子活力下降，总精子数和活精子数减少，畸形精子数增加，采精量减少。高温时，老龄公猪精液品质的下降要比年轻公猪严重得多。有专家实验，公猪经受32 ℃高温一周，第二周的配种效果就会极差或者根本不能配种，这种影响大约会持续45 d，若公猪经受37 ℃高温1 d，也会造成同样的影响。

（6）避免公猪肢蹄损伤：种公猪栏的地面不能光滑，要保持干燥，采精时应轻赶、慢赶；采精室应有防滑、柔软的垫物等，防止损伤公猪肢蹄。

（三）猪人工授精技术

1. 猪人工授精基础

（1）采精室：猪的采精操作，要在具有假母猪台的采精室进行。采精室内有采精栏，采精栏尺寸应不小于3 m×3 m，采精栏的设计可参考图7.3。

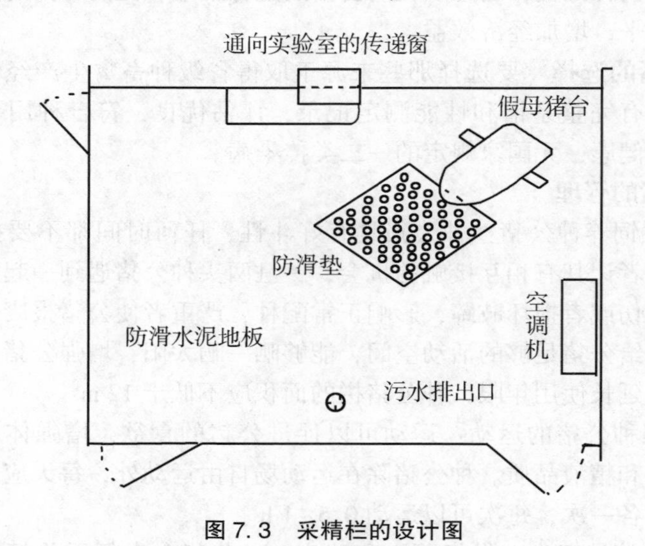

图7.3　采精栏的设计图

采精栏四周应用直径为10 cm的钢管来制作保护栏，保护栏的高度为0.75 m，其间隔为0.3 m。保护栏应距采精室的墙壁0.6~0.9 m远，以便采精员在公猪产生攻击行为时能躲藏到栏后。当接近公猪时，随身要保留一块赶猪板。采精区域的地面不能打滑（可垫一层防滑的漏缝橡胶垫）。假母猪要稳定，最好固定在采精室的中间，这样有助于保证采精时的安全。每次采精后，都要清洗采精室，否则干燥后的精液胶体就难以去除；另外，如果房间清洁，公猪的烦躁就会减少，有利于公猪进入采精状态。

采精室应有温度调节设备，夏、秋季节室温宜控制在 26 ℃左右，冬季宜控制在 18~22 ℃。

有条件的站点可以设计待采精栏，当一天内有几头公猪需要采精时，可以将待采精公猪赶至待采精栏内观看采精过程，以激发起性欲，节省采精时间，提高采精效率。

（2）猪人工授精实验室：人工授精实验室是进行精液检查、处理、储存的场所，一般与采精栏紧密相连，二者通过双层玻璃窗传递采精杯及精液。实验室环境卫生要求非常严格，室内禁止吸烟，非工作人员不允许进入。实验室应安装冷暖空调，达到冬季保暖、夏季降温的目的。按照工作的操作流程，人工授精实验室需有以下功能区：用具清洗和双蒸馏水制备区、稀释液配制区、精液品质检查区、精液稀释区、精液分装区、精液保存区、精液发放区等。人工授精实验室需要具有以下器材。

1）仪器：显微镜、精子密度测定仪、电子天平、恒温水浴锅、恒温精液保存箱、普通冰箱、pH 试纸、干燥箱、蒸馏水机等（图 7.4~图 7.6）。

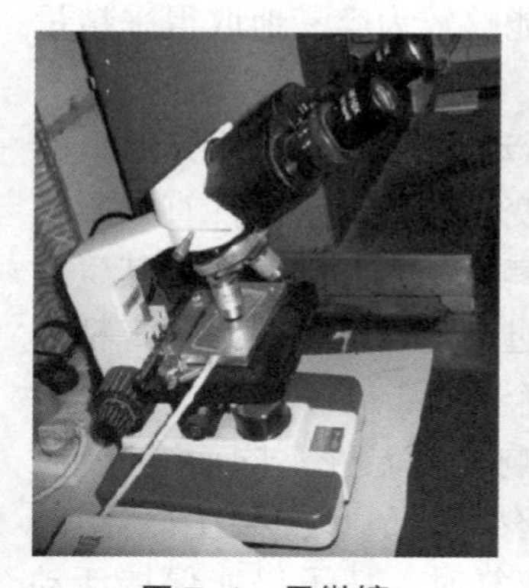

图 7.4　显微镜

图 7.5　蒸馏水机

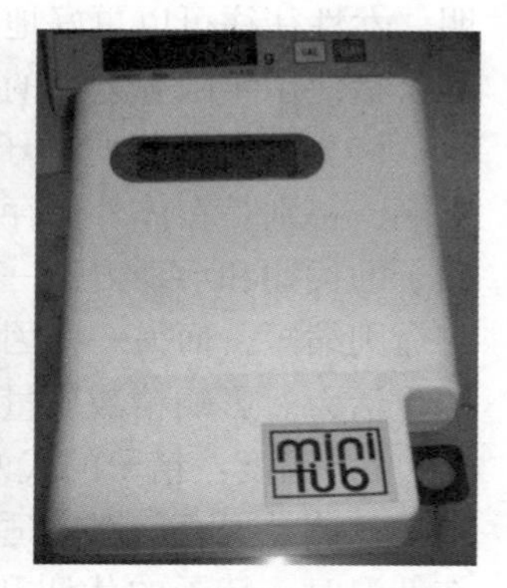

图 7.6　精子密度测定仪

2）器皿：温度计、量筒、烧杯、保温瓶、采精杯、玻璃棒等。

3）消耗品：输精瓶、输精管、乳胶手套、一次性采精袋、稀释粉、一次性采精手套等。

（3）制订采精计划：精子的形成周期大约为 49 d，且需要的温度比体温低 2~3 ℃。要根据所饲养公猪的整体情况和需要的精液量来合理安排种公猪的采精间隔时间（尤其是青年公猪，以免采精频率过高影响精液质量）。制订采精计划的目的主要是让公猪形成条件反射，提高精液采集量、精液质量和使用年限，最大程度地挖掘公猪的潜力，满足精液供给的需要。

要在母猪发情高峰期时从饲养管理、温度等各方面为公猪创造良好的条件，要调整好所用公猪，保证充足合格的精液，要及时加强后备种公猪的调教，以便投入正常的工作。

1）根据公猪群体结构制订采精计划。以站点饲养的公猪结构和数量为核心，按照后备、青壮年和老年公猪比例合理安排每一头公猪的采精时间，计划中一般要求固定每一头公猪的采精时间，这样做的目的是既让公猪有足够的休息时间又能产生规律的条件反射。

2）根据一周内可能需要的精液数量制订采精计划。在规模化和集约化的养殖场内，往往以一周为一个生产批次。在一周的每天中，需要的精液数量往往是不均衡的。要根据每天的需要量和精液产品的有效期来确定每周的采精计划，以达到更利于合理使用公猪，更利于满足生产的要求。

（4）采精：一般而言，采精的技术和工艺并不复杂，是一个按程序的规范化操作过程。值得注意的是，公猪是警惕性很高且具有危险性的动物，技术人员要在公猪日常饲养管理过程中与公猪建立亲善的关系，这样在采精的过程中可以降低公猪的警惕性，达到顺利采精的目的。在采精时，采精人员用手锁定龟头的力度及公猪的舒适度感觉往往直接影响公猪的性欲和射精量。实践证明，女性往往可以更好地与公猪建立亲善的关系，能够较为容易地取得采精量和公猪使用年限等方面的良好成绩。

（5）外界因素对精子的影响：精子的代谢和活动力受到许多外界因素的影响，特别是在体外保存期间，由于生活环境的突变，各种理化条件直接影响精子的代谢和活动力，一些因素能刺激精子，促进其活动力和代谢，但其生存寿命则缩短，而另一些因素有抑制精子的作用，超过一定的范围势必危害精子的生活力。影响精液质量的外界因素主要有以下几个方面。

1）温度：精子的代谢和活动力都受温度的影响，因温度不同而有差异，精子在体外保存一般较适应低温的环境，但不能突然降温，以免发生冷休克。在低温时，精子的代谢和运动受到抑制，当温度恢复时，精子仍能保持活动力。精子对高温不耐受，一般不在室温下保存精液，高温会使精液代谢增强，使精子能量消耗加快，很快衰竭死亡。

急剧地将新鲜精液降温到将近 10 ℃以下时，精子会发生冷休克，而且是不可逆地丧失活动力。因此，要使精液在低温中生存，必须逐渐使其适应，同时需要含有卵黄和甘油的适宜稀释剂，以防止冷休克发生。

2）光线：阳光直射会使精液温度升高，温度的升高会缩短精子的寿命。

最近发现光线本身对精子就有害，而且通常用于实验室的光的强度，也会使精子的活动力、代谢作用及授精力受到抑制。荧光、紫外光及 X 射线都不利于精子的生存。

3）糖类：在稀释液中加入像果糖一类的糖，可以激活精子，延长精子的寿命。

4）pH 值：精子在 pH 值 7.0 时最为活泼，而且存活比较久，pH 大于或小于 7.0 时，精子的活动力会很快下降。

5）渗透压：高渗和低渗都会影响精子的活力和寿命，因此，所配的稀释液必须与精液保持等渗。

另外，其他电解质和消毒剂类药物对精子都有一定的影响，这就要求所有与精液接触的器皿和用具，在清洗完毕以后都要用蒸馏水冲一下。

（6）母猪的发情及配种：幼年母猪到一定年龄，生殖器官发育及生殖机能的发育已基本成熟，具有繁殖后代的能力，此时称为性成熟。但是，母猪此时身体发育尚未成熟，一般不宜立即投入配种使用。如过早配种和怀孕，会影响其本身的正常生长发育，且产生的后代弱仔较多，或是产仔数较少。母猪到达性成熟的年龄一般为 5~8 月龄，但性成熟期因品种、气候条件和营养水平的不同而有较大差异。长白猪、大约克夏猪，长大或大长二元母猪大约在 7 月龄左右达到性成熟。炎热气候条件下，母猪的初情期会延迟，严重地限制饲料摄入量将会大大延迟初情期的到来。

生产中，母猪的适配年龄应略晚于性成熟期，但推迟初次配种时间过久，不仅浪费饲料，还会影响正常生殖能力或降低繁殖力，初配期推迟会使母猪变得过肥，从而导致发情不明显或不发情。后备母猪在 6~7 月龄时可见发情，此时应记录初次发情时间，以供预测下一次发情期，最好在后备母猪第三次发情时开始配种。一般情况为，大约克夏母猪在 7.5~8 月龄，长白母猪约为 8 月龄，体重达 110~120 kg，第三次自然发情时，即可参加配种。经产母猪一般在断奶后 3~7 d 开始发情。

配种时要保持环境的安静，交配时间于早晨 6 时及黄昏 6 时为宜，夏季更要在早上和晚上气温较低时配种。母猪的一个发情期一般为 2~3 d（以接受公猪爬跨持续时间衡量），在开始发情的第 12~24 h 交配受胎率较高（不同品种、年龄和个体间有所差异）。当发现母猪稳定接受公猪爬跨或压背反射明显时即可第一次配种，第一次交配后相隔 12~24 h 再进行第二次交配。应选择发情稳定的猪只配种，不要强迫交配。

2. 猪人工授精技术规程

（1）公猪调教：

1）调教年龄：后备公猪 7~8 月龄可开始调教，已本交配种的公猪也可进行采精调教。

2）调教方法：将成年公猪的精液、包皮部分泌物或发情母猪尿液涂在假台猪后部，将公猪引至假台猪训练其爬跨，也可用发情母猪引诱公猪，待公猪性欲兴奋时，快速隔离母猪，调教公猪爬跨台猪；每天可调教 1~2 次，每次调教时间不超过 15 min。

（2）采精方法：

1）采精前准备：采精前应做好以下准备工作。

A. 采精公猪的准备：剪去公猪包皮部的长毛。将公猪体表脏物冲洗干净并擦干体表水渍。

B. 采精器件的准备：集精器置于 38 ℃的恒温箱中备用，并准备采精时清洁公猪包皮内污物的纸巾或消毒清洁的干纱布等。

C. 配制精液稀释液：配制所需量的稀释液，置于水浴锅中预热至 35 ℃。

D. 精液质检设备的准备：调节质检用的显微镜，开启显微镜载物台上恒温板及预热精子密度测定仪。

E. 精液分装器件的准备：精液分装器、精液瓶或袋等。

2）采精程序与方法：用 0.1% 高锰酸钾溶液清洗公猪腹部和包皮，再用温水清洗干净。

采精员一手持 37 ℃集精杯（内装一次性食品袋并覆盖 2~3 层纱布），另一手戴双层乳胶手套，挤出公猪包皮积尿，按摩公猪包皮部，刺激其爬跨假台猪，待公猪爬跨假台猪并伸出阴茎，脱去外层手套，用手紧握伸出的公猪阴茎螺旋状龟头，顺其向前冲力将阴茎的“S”状弯曲延直，握紧阴茎龟头防止其滑脱，待公猪射精时收集浓份或全份精液于集精杯内，最初射出的少量（5 mL 左右）精液不接取，直到公猪射精完毕（图 7.7~图 7.9）。

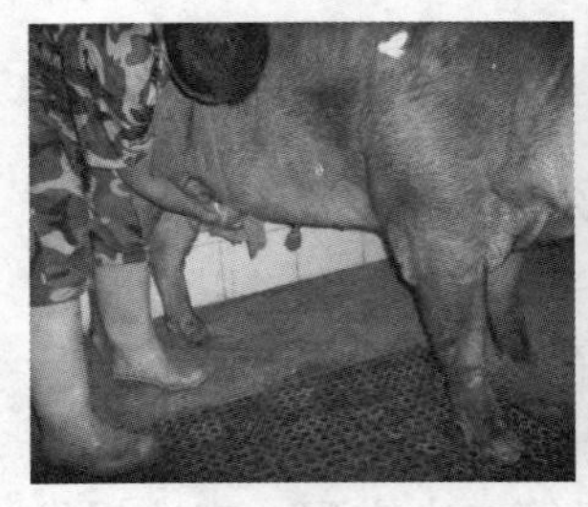
图 7.7　挤出包皮积尿

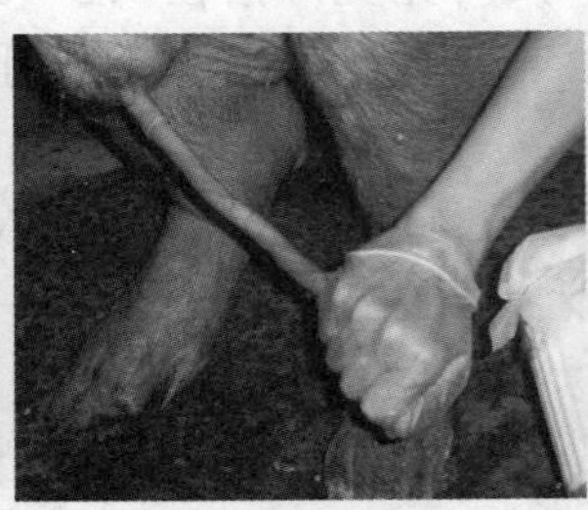
图 7.8　紧握龟头

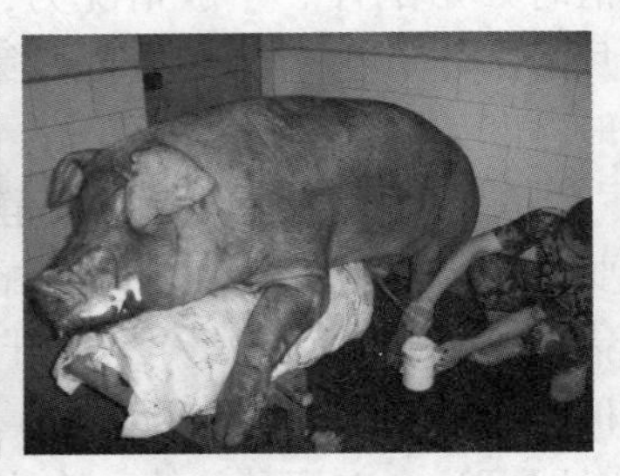
图 7.9　采集精液

3）采精频率：采精频率以单位时间内获得最多的有效精子数决定，做到定点、定时、定入。成年公猪每周采精不超过 2~3 次；青年公猪每周 1~2 次。

（3）精液品质检查：

1）采精量：采集精液后称重（图 7.10）。

2）颜色：正常的精液应是乳白色或浅灰白色，带有绿色、黄色、淡红色、红褐色等异常颜色的精液应废弃（图 7.11）。

3）气味：猪精液略带腥味，有异常气味应废弃（图 7.12）。

图 7.10　称精液重量

图 7.11　看精液颜色

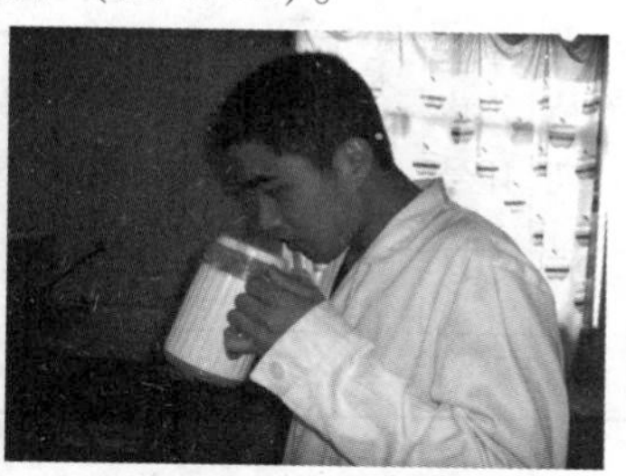

图 7.12　闻精液气味

4）pH 值：以 pH 计或 pH 试纸测量，正常范围为 7.0~7.8（图 7.13）。

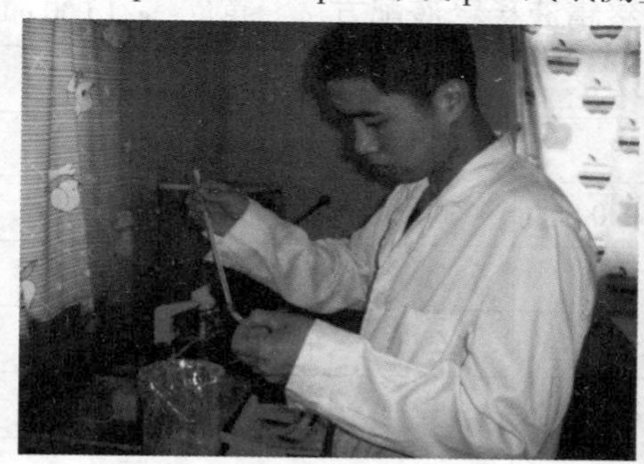

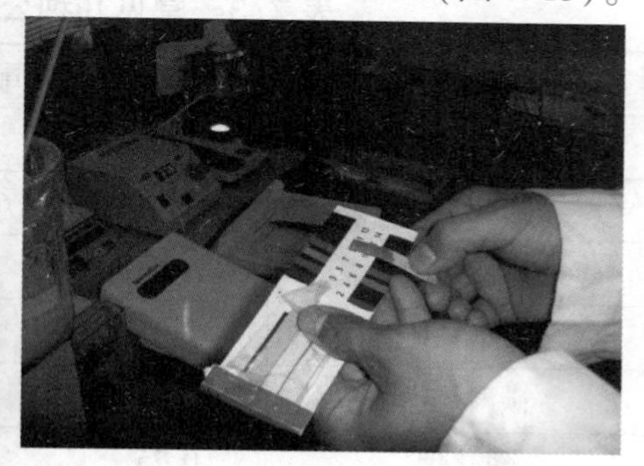

图 7.13　测精液 pH 值

5）精子活力：在显微镜下观察呈直线运动的精子所占百分率，按 0.1~1.0 的十级评分法估测，鲜精活力不低于 0.7。检查活力时载玻片和盖玻片都应 37 ℃预热（图 7.14）。

6）精子密度：用精液密度仪测定每毫升精液中所含的精子数（图 7.15）。

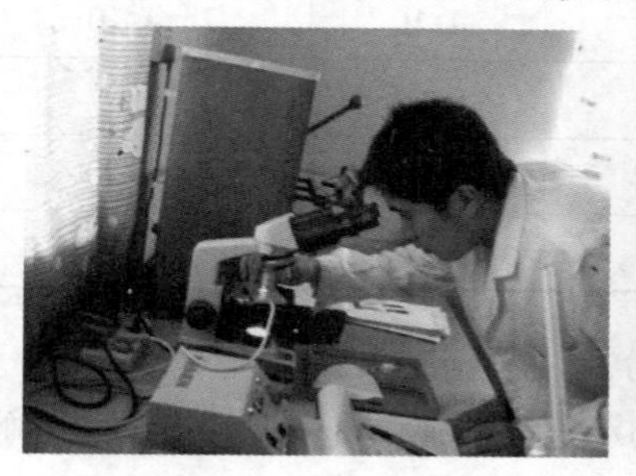

图 7.14　测精子活力

图 7.15　测精子密度

7）精子畸形率：用普通显微镜或相差显微镜观察精子畸形率，要求畸形率不超过 18%。每头公猪每两周检查一次精子畸形率。

8）填表：填写公猪精液品质检查登记表（表 7.2）。

表 7.2 公猪精液品质检查登记表

采精日期	公猪耳号	采精员	采精量/g	颜色	气味	pH值	活力	精子密度/（亿/mL）	畸形精子率/（%）	总精子数/亿	稀释后总量/mL	稀释液量/mL	头份数	检验员	备注

（4）精液稀释、分装、储存和运输：

1）稀释液：稀释液配方参照表 7.3。

表 7.3 常见几种公猪精液稀释液配方 单位：g/1 000 mL

成分	配方一	配方二	配方三	配方四
保存时间/d	3	3	5	0
D-葡萄糖	37.15	60.00	11.50	11.50
柠檬酸三钠	6.00	3.70	11.65	11.65
EDTA 钠盐	1.25	3.70	2.35	2.35
碳酸氢钠	1.25	1.20	1.75	1.75
氯化钾	0.75			0.75
青霉素钠	0.60	0.50	0.60	
硫酸链霉素	1.00	0.50	1.00	0.50
聚乙烯醇（PVP，TypeⅡ）			1.00	1.00
三羟麓甲基氨基甲烷（Tris）			5.50	5.50
柠檬酸			4.10	4.10
半胱氨酸			0.07	0.07
海藻糖				1.00
林肯霉素				1.00

按 1 000 mL、2 000 mL 剂量称量稀释粉，置于密封袋中。

使用前 1 h 将称量好的稀释粉溶于定量的双蒸馏水中，可用搅拌器助其溶解。

用 0.1 mol/L 稀盐酸或 0.1 mol/L 氢氧化钠调整稀释液的 pH 为 7.2（6.8~7.4），稀释液配好后应及时贴上标签，标明品名、配制日期和时间、经手人等。配制好的稀释液在1 h后方可用于稀释精液。

稀释液在4 ℃恒温箱中保存，保存时间不超过24 h。

2）精液稀释：精液采集后应尽快稀释，原精储存不超过20 min。

稀释液与精液要求等温稀释，两者温差不超过1 ℃，即稀释液应加热至33～37 ℃，以精液温度为标准来调节稀释液的温度，不能反向操作（图7.16）。

稀释时，将稀释液沿集精杯（瓶）壁缓慢加入精液中，然后轻轻摇动或用消毒后的玻璃棒搅拌，使之混合均匀。

如做高倍稀释时，应先做低倍稀释（1∶1）～（1∶2），待0.5 min后再将余下的稀释液沿壁缓慢加入。

稀释倍数的确定：按输精量为80～100 mL，含有效精子数30亿以上确定稀释倍数。

稀释后要求静置约5 min再做精子活力检查，活力在0.6以上进行分装与保存。

混合精液：每头公猪的新鲜精液各按1∶1稀释，混合后根据精子密度和精液量按稀释倍数计算需加入稀释液的量，混匀后分装。

3）精液分装：调好精液分装机，以每80～100 mL为单位，将精液分装至精液瓶或袋（图7.17、图7.18）。

在瓶或袋上应标明公猪品种、耳号、生产日期、保存有效期、稀释液名称和生产单位等。

图7.16　稀释精液

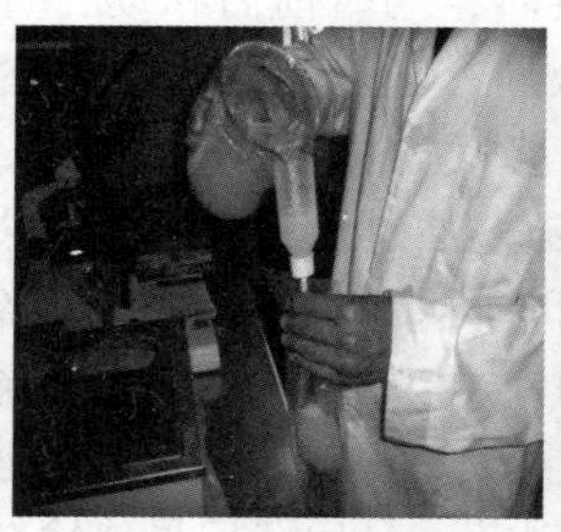

图7.17　精液分装

图7.18　封口

4）精液储存：精液置于25 ℃下1～2 h后，放入17 ℃恒温箱储存，也可将精液瓶或袋用毛巾包好直接放入17 ℃恒温箱内（图7.19）。

短效稀释液可保存3 d，中效稀释液可保存4～6 d，长效稀释液可保存7～9 d，无论何种稀释液保存精液，应尽快用完。

每隔12 h轻轻翻动1次，防止精子沉淀而引起死亡。

5）精液运输：精液运输应置于保温较好的装置内，保持在16～18 ℃，精液运输过程中应避免强烈震动（图7.20、图7.21）。

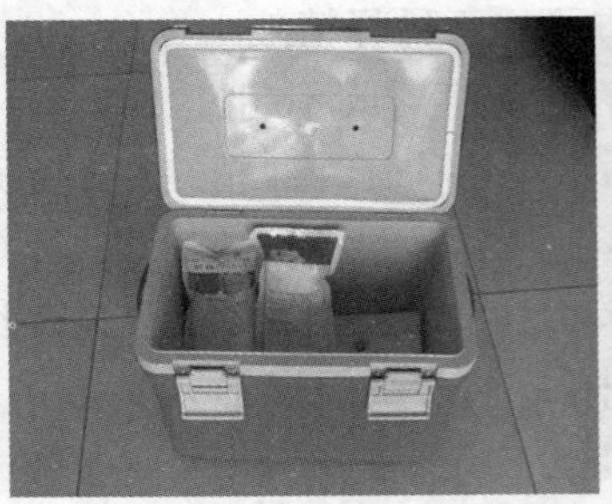

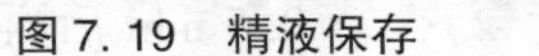

图 7.19　精液保存　　图 7.20　便携式保温箱　　图 7.21　车载式恒温运输箱

(5) 输精：

1) 输精时间：发情母猪出现静立反射后 8~12 h 进行第 1 次输精，之后每间隔 8~12 h 进行第 2 次或第 3 次输精。

2) 精液检查：从 17 ℃恒温箱中取出精液，轻轻摇匀，用已灭菌的滴管取 1 滴放于预热的载玻片上，置于 37 ℃的恒温板上片刻，用显微镜检查活力，精子活力 0.6 以上，方可使用。

3) 输精管：用清洁、消毒过的输精管进行输精。

4) 输精程序：输精人员应先消毒清洁双手，然后清洁母猪外阴、尾根及臀部周围，再用温水浸湿毛巾，擦干外阴部。从密封袋中取出灭菌后的输精管，在其前端涂上润滑液。将输精管 45°角向上插入母猪生殖道内，当感觉有阻力时，缓慢逆时针方向旋转，同时前后移动，直到感觉输精管被子宫颈锁定，确认输精部位。从精液储存箱取出品质合格的精液，确认公猪品种、耳号。缓慢颠倒摇匀精液，用剪刀剪去瓶嘴（或撕开袋口），接到输精管上，确保精液能够流出输精瓶（袋）。通过控制输精瓶（袋）的高低和对母猪的刺激强度来调节输精时间，输精时间要求 3~10 min。当输精瓶（袋）内精液排空后，放低输精瓶（袋）约 15 s，观察精液是否回流到输精瓶（袋），若有倒流，再将其输入。在防止空气进入母猪生殖道的情况下，使输精管在生殖道内滞留 5 min 以上，让其慢慢滑落。最后登记母猪输精记录表（表 7.4）。

表 7.4　母猪输精记录表

母猪耳号	胎次	发情日期	第 1 次输精				第 2 次输精				第 3 次输精				预产期	输精员
			公猪耳号	输精时间	静立反射	精液倒流	公猪耳号	输精时间	静立反射	精液倒流	公猪耳号	输精时间	静立反射	精藏倒流		

（四）种公猪站建设与管理

1. 选址　种公猪站选址相对独立，远离交通要道、养殖场、屠宰场、村镇居民区和公共场所等，要求地势较高、水质良好、通风干燥、交通方便，水电供应充足，防疫条件良好。

2. 布局

（1）布局原则：参照有关种猪场建设国家或行业标准的规定，结合种公猪饲养管理特点，按节约土地、满足生产的总体要求，因地制宜，科学合理布局。

种公猪站应分生产区、管理区和隔离区，各功能区有一定间距并设防疫隔离带。

各功能区入口处应设消毒室或消毒池，站内净道与污道分离。

（2）功能区要求：

1）管理区：应包括办公区、产品展示区、生产辅助区和职工生活区等。

2）生产区：应具备公猪饲养、采精和精液生产、检验和储存等功能，配备兽医室。

A. 公猪舍：朝向和间距应满足通风、光照、防疫等要求，地面干燥，单栏面积≥6 m^2，限位栏饲养面积≥1.7 m^2，并配备相应的保暖、降温设施，配备运动场。

B. 采精室：面积≥10 m^2，内设采精台、人员安全隔离装置、防暑降温、保暖、防滑等设施，采精室与精液生产室间设立精液传递窗。

C. 精液处理室：应具备精液生产、检验和储存等功能，面积≥20 m^2，地面、墙壁、天花板、门窗应采用耐腐蚀易清洁材料，配备窗帘、消毒灭菌设备，以及空调、通风换气等设施设备，室内温度宜控制在18~25 ℃。另设更衣、洗涤等辅助区。

D. 兽医室：应配备种公猪保健和疾病防治需要的设施、设备及药品。

3）隔离区：隔离区应设置在种公猪站其他功能区的下风方向，具有种公猪隔离舍、无害化处理设施等。

4）辅助设施：具有产品展示室、消毒池、门卫室、更衣室、饲料储存仓库、档案室等。

3. 仪器设备　应配备相差显微镜，精子密度仪，电子天平，精液保存箱，恒温培养箱，精液分装、封口设备，恒温水浴箱，干燥箱，精液运输箱，双蒸馏水器，恒温加热板，电冰箱，磁力搅拌器，移液器等。具体仪器设备技术要求见表7.5。

4. 种公猪要求

（1）种公猪品种为杜洛克猪、长白猪、大约克夏猪，以及培育品种（配套系）和地方品种。

（2）种公猪来源于取得省级种畜禽生产经营许可证的原种猪场，具有完整系谱和性能测定记录，评估优良、符合种用要求。

（3）种公猪健康，应无国家规定的一二类传染病。

（4）采精公猪30头以上。山区、交通不便地区可适当放宽。

5. 精液产品要求 精液产品应符合国家标准《种猪常温精液》（GB 23238—2009）的要求。

6. 人员要求 应配备种公猪饲养、精液采集、生产检验、动物防疫等专业技术人员，主要岗位技术人员应获得家畜繁殖员国家职业技能鉴定资格证书（中级以上），或国家生猪良种补贴项目主管部门颁发的技术培训合格证书。

7. 管理制度 明确岗位职责，建立健全饲养管理，卫生防疫，精液生产、保存、检验、销售，仪器设备使用和售后服务等制度，档案完整，管理规范。

表 7.5 仪器设备技术要求

名称	使用参数	主要用途
相差显微镜 *	检测精子活力，100~600 倍	
精子密度仪 *	550 nm	检测原精密度
电子天平 *	精度：±2 g	称量精液、稀释液
精液保存箱 *	16~18 ℃	精液保存
恒温培养箱	36~38 ℃	预热采精杯
恒温水浴箱 *	36~38 ℃	预热稀释液
干燥箱	250~300 ℃	玻璃器皿干燥与消毒
精液运输箱	16~18 ℃	常温精液运输
双蒸馏水器	5~20 L/h	双蒸馏水生产
恒温加热板 *	36~38 ℃	预热载玻片、盖玻片
电冰箱	4~8 ℃	保存稀释液、稀释粉
磁力搅拌器	搅拌容量：20~3 000 mL	溶解稀释粉
移液器 *	容量范围：100~1 000 μL 最小增量：±2 μL	取样

注：名称中带 * 者为必须配备的仪器设备。

第四节　妊娠母猪的饲养管理

一、妊娠母猪早期表现

母猪配种妊娠后在采食、睡眠、行为活动和体形等都发生一系列变化，表现为食欲旺盛、喜欢睡眠、行动稳重、性情温顺、喜欢趴卧、尾巴常下垂不爱摇摆、被毛日渐有光泽、体重有增加的迹象。观其阴门，可见收缩紧闭成一条线，这些均为妊娠母猪的综合表征。但个别母猪在配种后3周左右出现假发情现象，发情持续时间短，一般只有1~2 d。对公猪不敏感，虽然稍有不安，但不影响采食。

二、胚胎生长发育规律及影响因素

（一）胚胎生长发育规律

精子与卵子在输卵管上1/3壶腹部完成受精后形成合子。一般猪胚胎在输卵管内停留2 d左右，然后移行到子宫角内，此时猪胚胎已发育到4细胞阶段，在子宫角内游离生活5~6 d，胚胎已达到16~32细胞（桑葚胚）。受精后第10 d胚胎直径可达2~6 mm。第13~14 d胚胎开始与子宫壁疏松附着（着床）。在第18 d左右着床完成。着床以前胚胎营养来源，在输卵管内靠卵子本身，在子宫角内靠子宫乳供养。第4周左右胚胎具备与母体胎盘进行物质交换的能力，而胚胎在没有利用胎盘与母体建立交换物质的联系之前是很危险的时期，此时胚胎死亡率占受精合子的30%~40%。胚胎前40 d主要是组织器官的形成和发育，生长速度很慢，此时胚胎重量只有初生重的1%左右。妊娠41~80 d，胚胎生长速度比前40 d要快一些；80 d时胚胎重量可达400 g左右；81 d到出生，生长速度达到高峰。仔猪初生重的60%~70%在此期间内生长完成。可见妊娠后期是个关键时期，母猪的饲养管理将直接影响仔猪初生重（表7.6）。

表7.6　不同日龄胚胎的生长情况

妊娠时期（d）	胚胎重量（g）	占初生重比例（%）	胚胎长度（cm）
30	2	0.15	1.5~2
60	110	8	8
90	550	39	15
114	1 300~1 500	100	25

（二）影响胚胎生长发育的因素

母猪每次发情排卵为20~30枚，完成受精形成合子乃至胚胎的为17~18枚，真正形成胎儿出生的仅有10~15枚。造成这种情况的原因主要是胚胎各时期的死亡。统计资料表明，胚胎死亡在胎盘形成以前占受精合子的25%左右，胎盘形成以后胚胎死亡数占受精合子的12%~15%。妊娠36 d以内死亡的胚胎被子宫吸收了，因此见不到任何痕迹。而妊娠36 d以后死亡的胚胎不能被子宫吸收，形成木乃伊胎或死胎。引起胚胎死亡或者母猪流产的因素有以下几个方面。

1. 遗传因素 公猪或母猪染色体畸形可以引起胚胎死亡，对这种情况应进行实验室遗传学检查，淘汰染色体畸形的种猪。研究表明，猪的品种不同其子宫乳成分不同，对合子的滋养效果不同。梅山猪子宫乳中蛋白质、葡萄糖的含量显著高于大白猪，这可能是梅山猪胚胎存活率较高的原因之一（梅山猪高达100%，而大白猪仅有48%）。另外，近亲繁殖使得胚胎的生活力降低，从而导致胚胎中途死亡数量增加或者胚胎生存质量下降，弱仔增多，产仔数降低。

2. 营养因素 母猪日粮中维生素A、维生素E、维生素D、维生素B_1、维生素B_2、维生素B_6、维生素B_{12}、泛酸、叶酸、胆碱、硒、锰、碘、锌等不足会导致胚胎死亡、胚胎畸形、仔猪早产、仔猪出生后出现“劈叉症”、母猪“假妊娠”等。母猪在妊娠前期能量水平过高，母猪过于肥胖，引起子宫壁血液循环受阻，导致胚胎死亡。母猪过于肥胖卵巢分泌孕酮受到影响，导致胚胎数量减少，从而出现老百姓所说的“母猪过肥化崽子的现象”。

3. 环境因素 母猪妊娠期间所居环境温度，对胚胎发育也有一定的影响。当环境温度超过32 ℃，通风不畅，湿度较大时，母猪将出现热应激，引起母猪体内促肾上腺素和肾上腺素骤增，从而抑制脑垂体前叶促性腺激素的分泌和释放，母猪卵巢功能紊乱或减退。高温条件下容易导致子宫内环境发生不良变化，造成胚胎附植受阻，胚胎存活率降低，产仔数减少，木乃伊胎、死胎、畸形胎增加。这种现象常发生在每年7、8、9三个月配种的母猪群中，建议猪场一则在饲料中添加一些抗应激物质如维生素C、维生素E、硒、镁等，二则注意母猪所居环境的防暑降温、通风换气工作，以便减少繁殖损失。

4. 疾病因素 某些疾病对母猪的繁殖形成障碍。临床上出现母猪“假妊娠”，死胎、木乃伊胎增加，弱仔、产后即死和母猪流产等不良后果，如猪瘟、猪繁殖与呼吸障碍综合征、猪圆环病毒病、猪乙型脑炎、衣原体病、猪肠病毒感染、猪脑心肌炎感染、猪流感、猪伪狂犬病、猪细小病毒病、口蹄疫、巨细胞病毒感染、布氏杆菌病、李氏杆菌病、链球菌病、钩端螺旋体病、附红细胞体病、弓形体病等。

5. 其他方面 母猪铅、汞、砷、有机磷、霉菌、龙葵素中毒，药物使用不当，疫苗反应，核污染，公猪精液品质不佳或配种时机把握不准等，均会引起胚胎畸形、死亡乃至流产。

三、妊娠母猪的饲养管理

（一）妊娠母猪的特点和营养需要

1. 妊娠母猪的特点 母猪在整个妊娠期要完成子宫、胎衣、羊水的增长，胚胎的生长发育，乳腺系统的发育，对于身体尚未成熟的青年母猪还要进行自身继续生长发育。子宫、胎衣、羊水的增长在妊娠 12 周以前较为迅速，12 周以后增长变慢。据测定，母猪妊娠末期，子宫重量是空怀时子宫重量的 10~17 倍，母猪不同妊娠时期子宫、胎衣、羊水的增长情况见表 7.7。

表 7.7 妊娠不同时期子宫、胎衣、羊水的增长情况

妊娠天数（d）	胎衣		羊水		子宫	
	重量（g）	47 d 百分比（%）	重量（g）	47 d 百分比（%）	重量（g）	47 d 百分比（%）
47	800	100	1 350	100	1 300	100
63	2 100	263	5 050	374	2 450	189
81	2 550	319	5 650	419	2 600	200
96	2 500	313	2 250	207	3 441	265
108	2 500	313	1 890	140	3 770	290

胚胎生长主要集中在妊娠期的最后 1/4 时间内。对于青年母猪自身还要继续生长发育，青年母猪在妊娠期间自身体重增长为 5~10 kg，经过 2 次妊娠和泌乳，可以完成其体成熟的生长发育。

2. 妊娠母猪营养需要 妊娠母猪营养需要应根据母猪品种、年龄、体重、胎次有所不同。

（1）能量需要。1998 年 NRC 推荐的妊娠母猪消化能为 25.56~27.84 MJ/d。母猪消化能需要量降低是基于多方面研究结果而定的，但最主要降能因素是经过多年的生产实验发现，妊娠母猪能量供给过多会影响母猪繁殖成绩和将来的泌乳，乃至整个生产。过高的能量水平会降低胚胎的存活。安德森（Anderson）总结 30 次试验结果指出，高能量日粮［代谢能 38.08 MJ/（d·头）］会增加胚胎死亡，配种后 4~6 周胚胎的存活率为 67%~74%，而低能量日粮［代谢能 20.90 MJ/（d·头）］胚胎存活率为 77%~80%。同时，多年研究发现，仔猪初生重大小主要取决于能量水平，特别是妊娠后期能量水平高低对仔

猪初生重影响较显著，如果母猪日粮能量 20.90 MJ/（d·头）以下，会降低仔猪初生重；但当日粮能量超过 25 MJ/（d·头）时，初生重增加并不明显。

一般来说，能量水平对产仔数不会造成直接影响，但高能量可使胚胎前期死亡。而能量水平偏低母猪会动用体内脂肪和饲料中蛋白质来维持能量需要，造成母猪体况偏瘦，影响发情和排卵，并且排卵数量和卵子质量降低，最终将间接影响产仔数。

妊娠母猪能量水平对将来泌乳影响较大，妊娠期间能量水平过高，母猪体重增加过多，泌乳期间母猪体重就会失重过大，不但浪费饲料，增加饲养成本，而且还会出现泌乳母猪产后食欲不旺，泌乳性能下降，母猪过度消瘦，并且断奶后发情配种也将受到影响。鉴于上述情况，合理掌握妊娠母猪营养水平，控制母猪妊娠期间增重比较重要，从而以最经济的饲养水平饲养妊娠母猪，得到最佳的生产效果，见表 7.8。

表 7.8 妊娠母猪不同饲养水平对体重的影响

饲养水平	配种体重（kg）	产后体重（kg）	妊娠期增重（kg）	断奶时体重（kg）	哺乳期失重（kg）	总净增重（kg）
高 1.8 kg/（100 kg 体重·d）	230.2	284.1	53.9	235.8	48.3	+5.6
低 0.87 kg/（100 kg 体重·d）	229.7	249.8	20.1	242.2	7.4	+12.7

（2）蛋白质、氨基酸需要。蛋白质和氨基酸对母猪的产仔数、仔猪初生重和仔猪将来的生长发育影响不大，但蛋白质水平过低时将会影响母猪产仔数和仔猪初生重，妊娠母猪可以利用蛋白质和氨基酸储备来满足胚胎生长和发育。有人试验，在整个妊娠期间饲喂几乎无蛋白质的饲粮，仔猪初生重下降 20%～30%；当蛋白质水平降到 2 g/d 时，仔猪初生重降低 0.22 kg。长期缺乏蛋白质、氨基酸，母猪繁殖力下降，卵巢功能失常，不发情或发情不规律，排卵数量减少或不排卵；母猪产后泌乳量下降，仔猪易患下痢等病。仔猪断奶后母猪不能按期发情配种，这种现象在 3 胎以后母猪中比较常见，因为头 2 胎母猪动用了体内蛋白质和氨基酸储备，来满足妊娠和泌乳需要。为了使母猪正常进行繁殖泌乳，并且身体不受损，保证正常产仔 7～8 胎，NRC（1998）建议，妊娠母猪粗蛋白质水平为 12%～12.9%。玉米-麸子-豆粕型日粮，赖氨酸是第一限制性氨基酸，在配制日粮时不容忽视，不要片面强调蛋白质水平，导致母猪各种氨基酸真正摄取量很少，不能满足妊娠生产的需要。

（3）矿物质需要。矿物质对妊娠母猪的身体健康和胚胎生长发育影响较大。前面已提到过无论是常量元素还是微量元素，缺乏的后果是母猪繁殖障碍，具体表现为发情排卵异常，母猪流产，畸形和死胎增加。现代养猪生产，母猪生产水平较高，窝产仔 10~12 头，初生重 1.2~1.7 kg，年产仔 2~2.5 窝。封闭式猪舍，应注意矿物质饲料的使用。美国 NRC（1998）推荐钙 0.75%，总磷 0.60%，有效磷 0.35%，氯化钠 0.35%左右。在考虑数量的同时还要考虑质量，配合日粮时要选择容易被吸收、重金属等杂质含量低的矿物质原料。因为母猪将繁殖 7~8 胎才能淘汰，存活时间 4 年左右，容易导致重金属蓄积性中毒，影响母猪繁殖生产。

（4）维生素需要。妊娠母猪对维生素的需要有 13 种，日粮中缺乏将会出现母猪繁殖障碍乃至终生不育，可按照美国 NRC（1998）妊娠母猪维生素需要量，配合饲粮时可酌情添加。

（5）水的需要。妊娠母猪日粮量虽较少，但为了防止饥饿、增加饱腹感，粗纤维含量相对较高，一般为 8%~12%，所以对水的需要量较多，一般每头妊娠母猪日需要饮水 12~15 L。供水不足往往导致母猪便秘，老龄母猪会引发脱肛等不良后果。可以使用饮水器或饮水槽来保证清洁、卫生、爽口的饮水。饮水器的高度一般为 55~65 cm，水流量至少 250 mL/min。使用饮水槽饮水的场家，每天至少更换 3~4 次饮水。

（二）妊娠母猪饲养

根据胚胎生长发育规律和妊娠母猪本身营养特点，依据饲养标准科学配合饲粮，注意各种饲料的合理搭配，保证胚胎正常生长发育。整个妊娠期本着“低妊娠、高泌乳”的原则，即削减妊娠期间的饲料给量，但要保证矿物质和维生素的供给。妊娠前期（40 d 内），由于胚胎比较脆弱、易夭折，应加强饲养，特别是一些经产母猪，由于泌乳期间过度泌乳，导致其体况较瘦，应酌情提高饲养水平使其尽快恢复体况，保证胚胎正常生长发育。妊娠中期（41~80 d）胎盘已经形成，胚胎对不良因素有一定的抵御能力。但也不能忽视此时期的饲养，稍有大意就会造成胚胎生长发育受阻。妊娠后期（81 d 以后）胚胎处于迅速生长阶段。此时营养水平偏低，会影响仔猪的初生重，最终影响将来的仔猪育成。因此也应加强饲养，保证母猪多怀多产。

妊娠母猪的日粮量应根据母猪年龄、胎次、体况、体重、舍内温度等灵活掌握。一般 175~180 kg 经产七八成膘的妊娠母猪为：前期 2 kg 左右，中期 2.1~2.3 kg，后期 2.5 kg。青年母猪可相应增加日粮量 10%~20%，以确保自身继续生长发育的需要；圈舍寒冷可增加日粮 10%~20%。整个妊娠期间母猪的增重，过去资料要求控制在 30~40 kg，现在引进种猪的仔猪初生重比过去增加了 0.3~0.5 kg，因此，妊娠期间母猪的增重建议控制在 35~45 kg 为宜，其中前期一半，后期一半。青年母猪第 1 个妊娠期增重达 45 kg 左右为宜，第 2 个妊娠期增重 40 kg 左右，第 3 个妊娠期以后母猪妊娠期增重 35 kg 左右为宜。总之，妊娠母猪后期膘情以八成半膘为适宜，过瘦过肥均不利。妊娠母猪过肥易出现难产或产后不爱吃料影响泌乳的后果，有关试验研究表明，妊娠期采食量提高 1 倍，则哺乳期采食量下降 20%，并且哺乳期失重多；过瘦会造成胚胎过小或产后无乳，甚至还会影响断奶后的发情配种。鉴于上述情况，妊娠母猪提倡限制饲养，合理控制母猪增重，有利于母猪繁殖生产。母猪妊娠期采食量与哺乳期自由采食和增重关系见表 7.9。

表 7.9　母猪妊娠期采食量对增重和哺乳期采食的影响

项目	变量 1	变量 2	变量 3	变量 4	变量 5
妊娠期日采食量（kg）	0.9	1.4	1.9	2.4	3.0
妊娠期共增重（kg）	5.9	30.3	51.2	62.8	74.4
哺乳期采食量（kg）	4.3	4.3	4.4	3.9	3.4
哺乳期体重变化（kg）	6.1	0.9	-4.4	-7.6	-8.5

整个妊娠期间严禁饲喂发霉变质饲料和过冷的饲料。并且控制粗饲料喂量。有些场家为了节省精料，使用 30%~50%的稻壳粉即所谓“稻糠”饲喂妊娠母猪，导致母猪产后无乳、死胎增加或者断奶后不能按时发情配种，应引起注意。现代养猪生产，一则猪的生产水平较高，二则猪处于封闭饲养或半封闭饲养，接触不到土壤、青草和野菜，因此所有营养只能靠人为添加供给；否则，将影响生产水平的发挥，甚至不能繁殖生产。国外主张使用 5%~10%的苜蓿草粉，既有一定的蛋白质含量，又能饱腹，对母猪一生繁殖生产有益。近几年，国内外有些场家在母猪产前 2~4 周至仔猪断奶，向母猪饲粮中添加 3%~5%的动物脂肪，有利于提高仔猪初生重和育成率，有利于泌乳。

生产实践证明，妊娠母猪限制饲养有以下几方面益处：①可以增加胚胎存活。②减少母猪难产。③减少母猪压死出生仔猪的可能性。④减少母猪哺乳期失重。⑤有利于母猪泌乳期食欲旺盛。⑥降低养猪饲料成本。⑦减少乳腺炎发病率。⑧减少肢蹄病发生率。⑨延长母猪使用寿命。

（三）妊娠母猪管理

1. 饲养方式　妊娠母猪多采取群养的饲养方式，一般以每栏饲养 6~8 头为宜。应安排配种日期相近的母猪在一起饲养，便于调整日粮。妊娠母猪所需使用面积一般为每头 1.5~2 m^2（非漏缝地板）。一定要有充足的饲槽，保证同栏内所有妊娠母猪同时就食（饲槽长度应大于全栏母猪肩宽之和），防止有些母猪胆小吃不到料或因争抢饲料造成不必要的伤害和饲料损失。保证充足卫生、爽口的饮水。饮水器的高度应为平均肩高加 5 cm，一般为 55~65 cm，保证饮水方便。

2. 运动　在每个圈栏南墙可留一个供妊娠母猪出入的小门，其宽度为 0.6~0.7 m，高度 1 m 左右，便于母猪出入舍外运动栏。有条件的场家可以进行放牧运动，这既有利于母猪的健康和胚胎发育，也有利于将来的分娩。

3. 创造良好环境　妊娠舍要求卫生、清洁，地面不能过于光滑，要有一定的坡度便于冲刷，其坡度为3%左右，有利于母猪出入，但不要过大或过小。坡度过大妊娠母猪趴卧不舒服，过小则冲刷不方便。圈门设计宽度要适宜，一般宽度为0.6~0.7 m，防止出入挤撞。舍内温度控制在15~20 ℃，注意通风换气。简易猪舍要注意防寒防暑，妊娠母猪环境温度超过32 ℃时，会导致胚胎死亡或中暑流产。妊娠猪舍要安静，防止强声刺激引起流产。

4. 其他方面　初配母猪妊娠后期应进行乳房按摩，有利于乳腺系统发育，有利于泌乳。猪场根据本地区传染病流行情况，在妊娠后期进行疫苗的免疫接种工作。如果有寄生虫要进行体内外寄生虫的驱除工作。掌握好用药剂量和用药时间，谨防中毒。母猪在妊娠15周时使用0.1%的高锰酸钾溶液（35~38 ℃）进行全身淋浴消毒，猪身体干后迁入分娩舍待产，这个时期场家可根据疾病的流行情况，产前在饲粮中添加抗生素1周，预防一些疾病的发生。如支原净100 mg/kg、多西环素100 mg/kg，连喂7 d。

四、防止流产

（一）流产原因

1. 营养性流产　妊娠母猪日粮中长期严重缺乏蛋白质会导致流产。长期缺乏维生素A、维生素E、维生素B_1、维生素B_2、泛酸、维生素B_6、维生素B_{12}、胆碱、锰、碘、锌等，将引起妊娠母猪流产、化胎、弱仔和畸形。硒添加过量时也会导致死胎或弱仔增加。母猪采食发霉变质饲料、有毒有害物质、冰冷饲料等也会引起流产。

2. 疾病性流产　当妊娠母猪患有卵巢炎、子宫炎、阴道炎、感冒发热时可能会引起母猪流产。有些传染病和寄生虫病将引起母猪终止妊娠或影响妊娠母猪正常产仔。如猪繁殖与呼吸障碍综合征、圆环病毒病、细小病毒病、乙型脑炎、伪狂犬病、肠病毒感染、猪脑心肌病毒感染、巨细胞病毒感染、猪瘟、狂犬病、布氏杆菌病、李氏杆菌病、丹毒杆菌病、钩端螺旋体病、附红细胞体病、弓形体病等。

3. 管理不当造成流产　夏季高温天气引起中暑可以诱发母猪流产。妊娠母猪舍地面过于光滑，行走摔倒，出入圈门挤撞，饲养员拳打脚踢或不正确地驱赶，突发性惊吓刺激等都将会造成母猪流产或影响正常产仔。

4. 其他方面　不合理用药、免疫接种不良反应。

（二）防止流产措施

针对上述流产原因，首先在妊娠母猪饲粮配合上，应根据其饲养标准结合当地饲料资源情况科学地进行配合。应注意矿物质和维生素的合理添加，防止出现缺乏症和中毒反应。根据本地区传染病流行情况，及时接种疫苗进行预防，并注意猪群的淘汰和隔离消毒。对患有某些传染病的种猪应进行严格淘汰，防止其影响本场及周围地区猪群健康。加强猪场内部管理，减少饲养员饲养操作带来的应激。禁止母猪在光滑的水泥地面上或冰雪道上行走或运动，控制突发噪声等。

五、妊娠舍生产操作规程示例

（一）工作目的

确保妊娠母猪健康，及时发现空配和返情母猪，调节母猪膘情，为产房提供高产仔、高泌乳力、出生仔猪体重大的妊娠母猪。

（二）生产操作规程

1. 饲喂

（1）喂料量：

1）妊娠 31~75 d，此阶段是胚胎发育的肌肉分化期，提高采食量，以每天每头 2.5~3 kg 为标准可提高刺激（激发）肌纤维的数量，在母猪怀孕期间通过改变营养方案来提高胚胎肌肉的发育。

2）76~100 d，每头每天采食 2 kg，该阶段是乳腺发育的阶段，采食能量过高可导致脂肪在乳腺组织中沉积，使乳腺中的分泌细胞、DNA 和 RNA 的数量减少，结果导致泌乳量下降。因而，在该阶段一定要严禁采食过多。

3）101~112 d，该阶段是胎儿的快速生长期，为了避免母猪体重和背膘厚度的下降，必须提高采食量，每头每天 3~3.5 kg，甚至采取自由采食。此期若供料不足，可导致母猪在产仔期间营养物质的代谢分解升高，使泌乳期间的营养不足或导致母猪厌食。

（2）妊娠母猪饲喂湿拌料，每天饲喂 2 次，每次喂料前将食槽里的剩水放掉。喂料完毕后，将空栏料槽里的料、料槽边沿或走道上掉的料扫到吃净的料槽里。检查饮水器是否堵塞，然后清扫干净工作道。

（3）给个别便秘的母猪投服轻泻剂，每头母猪 15~20 g 硫酸镁或 50 g 人工盐。根据需要，在正常饲喂情况下整个妊娠过程均可适当补饲青饲料，尤其在妊娠 76~100 d 的限饲阶段补饲青饲料更显重要。

（4）记录食欲较差或厌食的母猪，及时汇报给该区域负责人。

（5）报料与拉料：根据现有猪群数量及畜牧人员通知下周猪群周转情况，预算下周所需各类型饲料的数量，并在周一、周四报给统计员。并将本周所需饲料分别在周一和周四全部运进猪舍料房内，当面点清，整齐摆放在料托上。饲喂时先喂以前剩余的料，喂完后再喂新生产的饲料。

2. 卫生与防疫

（1）每天早晨将妊娠栏上及栏后粪便全部刮到粪池中，全天保持栏内无积粪，最好保持全天室内无积粪。

（2）每天清扫料槽、门窗、走道及妊娠栏上的蜘蛛网和饲料等。

（3）及时更换脚盆、手盆里的消毒水，保持一定的水量和药效，脚盆用2%~3%的氢氧化钠溶液。

（4）禁止随便串岗，进出妊娠舍要沾脚和洗手消毒。

（5）每周一、周四两次大消毒，消毒要彻底，消毒剂要交替使用，浓度不得过低，但也不得造成浪费。每周日杀螨，应根据区域负责人的安排认真执行。

（6）妊娠母猪进入产房前一周驱除体内外寄生虫，口服伊力佳、肌内注射亚维E。

（7）定期做好防蝇、防鼠工作。

（8）认真配合技术员的工作，在防疫时做好保定，一猪一消毒，一猪一针头。

3. 种猪管理

（1）经常观察猪群：每次喂料完毕后，检查返情、假孕、流产、早产母猪并及时记录与汇报给畜牧操作员，发现食欲不振、精神不振或有流产可能的母猪，也必须及时记录与汇报给该区域负责人。

（2）检查设备：及时对舍内各种设备进行必要的保养和维修，及时修复损坏的饮水器和水管。调节室内温度、湿度，注意室内通风换气。冬季注意检查门窗有无贼风，做好保暖工作；夏季注意通风。

（3）每周二定期调整、补充、核实母猪记录卡。

（4）每周日下午认真统计、填写各种报表，并按时上交周报表及统计数据。

4. 猪群周转

（1）转猪时坚持“小猪接，大猪送”的原则。

（2）每周二接收空怀配种舍转入的妊娠母猪（妊娠27~33 d），转猪时不得打猪，转入后再认真清洗、消毒，预产期相近的妊娠母猪，以周为单位上栏，不同周次栏位不能交叉，并索要配种卡，一一对应，无卡及时填补。

（3）每周五将临产前一周的妊娠母猪彻底清洗（每年10月至翌年5月使用温水冲洗），消毒干净，逐头转入产房，不可多头母猪一起转出，避免打架而发生意外，转猪时切记不能打猪。母猪转出后对空栏及时清扫—冲洗—消毒—空栏，准备下周二接猪。

（4）转猪时间安排在每年4~9月的上午，10月至翌年3月的下午，夏季避开高温，冬季避开严寒。

第八章　产房的生产管理

第一节　猪的接产

一、产前准备工作与分娩

（一）分娩舍的准备和消毒

分娩舍要经常保持清洁、卫生、干燥，舍内温度为15~22℃，相对湿度50%~70%。在使用前1周左右，用2%的氢氧化钠溶液或其他消毒液进行彻底消毒，6~10 h后用清水冲洗，通风干燥后备用。

（二）产房用品的准备

根据需要准备高床网上产仔栏、仔猪箱、擦布、剪刀、耳号钳子或耳标器和耳标、记录表格、5%的碘酊、0.1%的高锰酸钾溶液或0.1%氯已定溶液、注射器、3%~5%的来苏儿、医用纱布、催产素、肥皂、毛巾、面盆、应急灯具、活动隔栏、计量器具（秤）等。北方寒冷季节应准备垫料、红外线灯或电热板、液体石蜡等。

（三）母猪产前饲养管理

母猪于产前1周转入产房，便于其熟悉环境，有利于分娩。但不要转入过早，防止污染环境。非集约化猪场产前1~2周停止放牧运动。如果母猪有体外寄生虫，应进行体外驱虫，防止传播给仔猪。进入产房后应饲喂泌乳期饲粮，并根据膘情和体况决定增减料，正常情况下大多数母猪此时膘情较好，应在产前3 d进行逐渐减料，直到临产前1 d日粮量为1.2~1.5 kg。产仔当天最好不喂或少喂，但要保证饮水。有研究认为，母猪在妊娠最后30 d应饲喂泌乳期饲粮，并且在产前1周也不减料，有利于提高仔猪初生重。但要求母猪不应过于肥胖，以免造成分娩困难乃至影响泌乳。如果环境卫生条件较差或母猪体质较弱，在产前1周可以向母猪饲粮中添加泰乐菌素、阿莫西林、金霉素或多西环素等，可以减少仔猪下痢的发生。添加剂量为泰乐菌素100 mg/kg、多西环素100 mg/kg。对于由于其他原因造成妊娠母猪体况偏瘦的，不但不应减少日粮给量，还应增加一些富含蛋白质、矿物质、维生素的饲料，确保母猪安全分娩和将来泌乳。

目前国内外有些场家通过向母猪饲粮中添加3%~5%的动物脂肪，可以显著提高仔猪育成率和母猪泌乳力。值得指出的是，母猪产前患病必须及时诊治，以免影响分娩、泌乳和引发仔猪黄痢等病。

二、分娩接产

母猪产前4~5 d乳房开始膨胀，初产母猪更是如此，两侧乳头外张，乳房红晕丰满。阴门松弛变软变大，由于骨盆开张，尾根两侧下凹。有的母猪产前2~3 d可以挤出清乳，多数母猪在产前12~24 h可以很容易地挤出浓稠的乳汁，泌乳性能较好的母猪乳汁外溢，但个别母猪产后才有乳汁分泌。母猪产仔前6~10 h出现叼草做窝现象，即使没有垫草其前肢也会做出拾草动作。与此同时，母猪行动不安，一会儿趴卧下，一会儿站起来行走，当有人在旁边时，母猪出现哼哼声。产前2~5 h频频排泄粪尿，产前0.5~1 h母猪卧下，出现阵缩（子宫在垂体分泌的催产素作用下不自主而有规律地收缩），阴门有淡红色或淡褐色黏液即羊水流出。这时接产人员应将所有接产应用之物准备好，做好接产准备。

当母猪安稳地侧卧后，发现母猪阴道内有羊水流出，母猪阵缩频率加快且持续时间变长，并伴有努责时（腹肌和膈肌的收缩），接产人员进入分娩栏内。若在高床网上分娩应打开后门，接产人员应蹲在或站立在母猪后侧，将母猪外阴、乳房和后躯用0.1%的高锰酸钾溶液擦洗消毒，然后准备接产。

母猪正常分娩时，从第一头仔猪产出到胎衣排出，整个分娩过程持续时间为2~4 h，多数母猪为2~3 h。产仔间隔时间一般为10~15 min。

由于各种原因致使分娩进程受阻称为难产，多数情况下是由于母猪产道狭窄及患病身体虚弱造成分娩无力。母猪初配年龄过早或体重过小，母猪年龄过大，母猪偏肥、偏瘦也易发生难产。具体判断方法是，羊水流出时间超过30 min，母猪躁动或疲劳，精神不振，这时应立即实施难产处理；分娩过程中难产多数是由于胎位不正或胎儿过大造成的。母猪表现产仔间隔时间变长并且多次努责，激烈阵缩，仍然产不出仔猪。母猪呼吸急促，心跳加快，烦躁紧张，可视黏膜发绀等均为难产症状，应立即进行难产处理。

母猪发生难产时，对于产道正常、胎儿不过大、胎位正常的处理方案是进行母猪乳房按摩，用双手按摩前边3对乳房5~8 min，可以促进催产素的分泌，有利于分娩。按摩乳房不奏效可实施肌内注射催产素。如果注射催产素助产失败，或产道异常、胎儿过大、胎位不正，应实施手掏术。术者首先要认真剪磨指甲，用3%的来苏儿消毒手臂，并涂上液体石蜡或肥皂，蹲在高床网上产仔栏后面或侧卧在母猪臀后（平面产仔）。手成锥状于母猪努责间隙，慢慢地伸入母猪产道（先向斜上后直入），中指伸入胎儿口腔内呈“L”形钩牙齿，食指压在胎儿鼻突上将胎儿慢慢地拉出。如果胎儿是臀位时，可直接抓住胎儿后肢将其拉出，不要拉得过快以免损伤产道。掏出一头仔猪后，可能转为正常分娩，不用再掏了。如果实属母猪分娩子宫收缩乏力，可全部掏出。注意，凡是进行过手掏术的母猪，均应进行抗炎预防治疗 5~7 d，以免产后感染影响将来的发情、配种和妊娠。至于剖腹产，除非品种稀少或种猪成本昂贵，否则不予提倡，因为剖腹产使用药品较多，且母猪术后护理较困难。

母猪产后由于腹内在短时间内排出的内容物容积较大，造成母猪饥饿感增强，但此时不要马上饲喂大量饲料。因为此时胃肠消化功能尚未完全恢复，一次性食入大量饲料会造成消化不良。产后第一次饲喂时间最好是在产后 2~3 h，并且严格掌握喂量，一般只给 0.5 kg 左右。以后日粮量逐渐增加，产后第 1 d 喂给 2 kg 左右；第 2 d 喂给 2.5 kg 左右；第 3 d 喂给 3 kg 左右；产后第 4 d，体重 170~180 kg 带仔 10~12 头的母猪可以喂给日粮 5.5~6.5 kg。要求饲粮营养丰富，容易消化，适口性好，同时保证充足的饮水。母猪产后身体很疲惫，需要休息，在安排好仔猪吃足初乳的前提下，应让母猪尽量多休息，以便迅速恢复体况。母猪产后应将胎衣及被污染垫料清理掉，严禁母猪生吃胎衣和嚼吃垫草，以免母猪养成食仔恶癖和造成消化不良。母猪产后 3~5 d 内，注意观察其体温、呼吸、心跳、皮肤黏膜颜色、产道分泌物、乳房、采食、粪尿等，一旦发现异常应及时诊治，防止病情加重、影响正常的泌乳和引发仔猪下痢等病。生产中常出现乳房炎、产后生殖道感染、产后无乳等病例，应引起充分注意，以免影响以后的生产。

第二节　泌乳母猪的饲养管理

母乳是仔猪生后 1 周内唯一的营养来源，仔猪生后 2 周内生长发育所需的各种营养物质主要来源于母乳。初乳是迄今为止任何代乳品都不能替代的一种特殊乳品，详细情况将在以后内容中阐述。由此可见，养好泌乳母猪对于仔猪成活和生长发育十分重要。

一、泌乳母猪的营养需要

母猪在整个泌乳期分泌大量乳汁，目前常用的瘦肉型猪种产后 3~5 周内平均每昼夜泌乳 8~10 kg。由于泌乳排出大量的营养物质，如果不及时满足泌乳母猪所需要的各种营养物质，将会影响母猪的泌乳和健康。

（一）能量需要

泌乳母猪能量需要取决于很多因素。第一，妊娠期间营养水平决定了母猪开始泌乳时的体能储备和泌乳期间的采食量和体重变化，从而影响母猪的能量需要。第二，泌乳期间体重损失及整个繁殖周期的体重变化也有重要影响。母猪的体能很容易被动员分解释放，使泌乳的实际能量需要量降低。体重损失成分不同，损失体重的能值就有差异，使得泌乳的能量需要量降低程度不同。繁殖母猪在一生中，不仅体重变化较大，而且身体成分也发生了很大变化。除了母猪正常生长发育导致的差异外，能量供给水平是导致其差异的主要因素，当泌乳母猪能量摄入不足时，母猪就会动用体内的脂肪和蛋白质，表现消瘦。第三，母猪食欲影响采食量，进而影响能量摄入量。母猪食欲取决于妊娠期间体况、环境温度。母猪妊娠期间过于肥胖、环境温度偏高导致其食欲不好，同时饲料的类型和适口性、饲养方式等也会影响母猪的采食量，最终影响能量摄入量。第四，哺乳期长短、产仔数、仔猪体重、生活力等均能影响能量需要。母猪哺乳期长、产仔数多、仔猪窝重大、仔猪生命力强等将会使母猪能量需要增加。

综合考虑妊娠期和泌乳期母猪的能量供给，应采取“低妊娠、高泌乳”的原则，可以使母猪得到最佳的饲喂效果。妊娠期间营养水平过高会导致母猪体重增加过大，泌乳期间食欲下降，泌乳量降低等不良后果。泌乳期间特别是产后 2~4 周能量供给不足，母猪的泌乳量下降，泌乳期体重损失过大，对母猪泌乳和自身健康不利，还会造成仔猪断奶后母猪发情配种时间延长，母猪淘汰率增加等。

（二）蛋白质、氨基酸的需要

除保证泌乳母猪能量需要之外，还需要蛋白质、氨基酸的充足供给。泌乳母猪的蛋白质、氨基酸需要量同样分作维持需要和泌乳需要两个部分。对泌乳母猪蛋白质维持需要量的研究较少，多借鉴妊娠母猪数据，一般为 86~90 g/d 可消化粗蛋白。如果日粮中赖氨酸供给不足（玉米-豆粕型日粮），母猪将会分解自身组织用于泌乳，造成泌乳母猪失重过大，延长其断奶后发情配种时间，减少母猪年产仔窝数。研究表明，日粮中赖氨酸水平 0.60%（35 g/d）与日粮中赖氨酸水平 0.75%~0.90%相比（45~55 g/d），高赖氨酸日粮对于哺乳仔猪多的泌乳母猪不仅泌乳量大（由仔猪断奶体重增加反映）而且失重少，断奶后 1 周左右发情配种率较高。

（三）矿物质需要

猪乳中含有 1%左右的矿物质，其中钙 0.21%，磷 0.15%，钙、磷比为 1.4∶1。日粮中钙、磷不足或比例不当，一则影响母猪泌乳量，影响仔猪生长发育，二则影响母猪的身体健康，出现瘫痪、骨折等不良后果。NRC（1998）推荐的钙、磷供给量为钙 0.75%、总磷 0.60%、有效磷 0.35%，同时要求泌乳母猪日粮至少为 4~5 kg，如果日粮低于这个量，应酌情增加日粮中钙、磷的浓度，使母猪日采食钙至少 40 g，磷至少 31 g，从而保证母猪既能正常发挥泌乳潜力，哺乳好仔猪，又不会使自身健康受到影响，减少母猪计划外淘汰率，提高养猪的生产经济效益。

其他矿物质如铁、铜、锌、硒、碘、锰等也应根据推荐标准酌情执行。据报道，泌乳母猪日粮中添加高铜可使仔猪断奶体重增加。母猪日粮中硒缺乏，会导致哺乳仔猪出现白肌病、营养性肝坏死和桑葚心等，降低仔猪育成率。

泌乳母猪日粮中食盐的含量应为 0.5%，夏季气候炎热，舍内无降温设施，母猪食欲减低时，可添加到 0.6%左右。增加盐的前提条件是必须保证清洁、卫生、爽口的饮水。

（四）维生素需要

猪乳中维生素的含量取决于日粮中维生素的水平，因此，应根据饲养标准添加各种维生素。但是饲养标准中推荐的维生素需要，只是最低数值，实际生产中的添加量往往是饲养标准的 2~5 倍。特别是维生素 A、维生素 D、维生素 E、生物素、维生素 B_1、维生素 B_2、维生素 B_6、叶酸，对于高生产水平和处于封闭饲养的泌乳母猪格外重要。

（五）水的需要

除了能量、蛋白质和氨基酸、矿物质和维生素满足供给外，还应特别注意水的供给，猪乳中含有 80%左右的水，饮水不足会使母猪泌乳量下降，甚至影响母猪身体健康。泌乳母猪每日饮水量为其日粮量的 4~5 倍，同时要保证饮水的质量，要求饮水清洁、卫生、爽口。

二、泌乳母猪的饲养

（一）掌握好能量水平

母猪泌乳随乳汁排出大量干物质，其中含有较多的能量，如果不及时补充，一则会降低泌乳母猪的泌乳量，二则会使母猪体重损失过大，体质受到损害。为了使泌乳母猪在 4~5 周的泌乳期内体重损失控制在 10~14 kg 范围内，体重 175 kg 左右的母猪，带仔猪 10~12 头的情况下，饲粮消化能的浓度为 14.12 MJ/kg，日粮量为 5.5~6.5 kg，可保证食入消化能总量为 78~92 MJ。泌乳母猪按顿饲喂时，每日饲喂 4 次左右，以生湿料喂饲效果较好。如果夏季气候炎热，舍内没有降温设施，会使母猪食欲下降，为了保证母猪食入所需要的能量，可以在其日粮中添加 3%~5%的动物脂肪或植物油；冬季舍内温度达不到 15~20 ℃时，母猪体能损失过多，影响了母猪泌乳，建议增加日粮给量，或是向日粮中添加 3%~5%的脂肪，以保证泌乳母猪所需能量，充分发挥母猪的泌乳潜力。如果母猪日粮能量浓度低或泌乳母猪吃不饱，母猪表现不安，容易踩压仔猪。同时母猪日粮给量过少，导致泌乳期间体重损失过多，身体过度消瘦，造成断奶后母猪不能正常发情配种。因此，建议母猪产仔后第 4 天起自由采食，有利于泌乳和身体健康。

有资料报道，母猪的妊娠后期或泌乳期，日粮中添加 7%～15%的脂肪可提高产奶量 8%～30%，初乳和常乳的脂肪含量分别提高 1.8%和 1%，从初生到断奶（3 周）的存活率增加 2.6%，窝产仔数增加 0.3 头。仔猪存活数量增加的原因是，添加脂肪的母猪所产仔猪初生重增加，体内糖原和体脂肪储存增加，增强了仔猪出生后对外界环境的适应能力。另外一个重要原因是产乳量增加和乳中脂肪含量增加，提高了新生仔猪对能量的摄食量。与此同时，通过添加脂肪可以减少泌乳母猪的失重，缩短断奶到配种的时间。值得指出的是，目前认为添加饱和脂肪酸含量高的好于饱和脂肪酸含量低的，如可可油或牛油好于豆油。

（二）保证蛋白质的数量和质量

泌乳母猪日粮中蛋白质数量和质量直接影响母猪的泌乳量。当母猪日粮中蛋白质水平低于 12%时，母猪泌乳量显著降低，仔猪易下痢，哺乳期母猪体重损失过多，也影响断奶后母猪再次发情配种等。因此，日粮中粗蛋白质水平一般控制在 16.3%～19.2%较为适宜。在考虑蛋白质数量的同时，还要注意蛋白质的质量。蛋白质的质量实质是氨基酸组成及含量问题，在以玉米-豆粕-麦麸型日粮中，赖氨酸作为第一限制性氨基酸，如果供给不足将会出现母猪泌乳量下降，母猪失重过多等，造成母猪在仔猪断奶后不能如时发情配种，因此应充分保证泌乳母猪对必需氨基酸的需要，特别是限制性氨基酸必须给予满足。实际生产中，多用含必需氨基酸较丰富的动物性蛋白质饲料来提高饲粮中蛋白质质量，也可以使用氨基酸添加剂，使日粮中赖氨酸水平在 0.75%左右。动物性蛋白质饲料多选用优质鱼粉，一般使用比例为 5%左右，植物性蛋白质饲料首选豆粕，其次是其他杂粕。但棉粕、菜粕在喂饲前要进行去毒、减毒，否则不能使用，以免造成母猪蓄积性中毒，影响以后的繁殖利用。

（三）满足矿物质和维生素的供给

日粮中矿物质和维生素含量不仅影响母猪泌乳量，还影响母猪和仔猪的健康。在矿物质中，钙、磷缺乏或钙、磷比例不当，会使母猪的泌乳量降低。如果日粮中没有充足的钙、磷供给，高产母猪会动用体内骨骼中的钙、磷以满足泌乳需要，容易引起瘫痪或骨折，造成母猪利用年限降低。泌乳母猪饲粮中的钙、磷一般使用 1%～2%的磷酸氢钙和 1%左右的石粉来满足。处于封闭饲养条件下的母猪，其他矿物质也应该添加，否则会影响母猪泌乳性能及母猪和仔猪身体的健康。

哺乳仔猪生长发育所需要的各种维生素均来源于母乳，而母乳中的维生素又来源于饲料，因此母猪日粮中的维生素将影响仔猪的维生素供给。饲养标准中的维生素推荐量只是最低需要量，实际生产中的添加剂量往往高于饲养标准。特别是维生素 A、维生素 D、维生素 E、维生素 B_2、维生素 B_5、维生素 B_6、泛酸、维生素 B_{12}等应是标准的几倍。某些维生素的缺乏，不一定在泌乳期得以表现，但是影响以后的繁殖性能。因此，应注意日粮中各种维生素的添加，充分满足泌乳母猪的生产需要。

（四）饮水要充足

猪乳中水分含量 80%，泌乳母猪饮水不足，会使母猪采食量减少、泌乳量下降，严重时会出现体内氮、钠、钾等元素紊乱，诱发其他疾病。泌乳母猪每日需饮水为日粮重量的 4～5 倍。在保证饮水量的同时还要注意饮水的质量，保证饮水卫生、清洁，尤其是夏季应保证饮水清凉、爽口。使用自动饮水器时，饮水器的安装高度应为母猪肩高加 5 cm（一般为 55～65 cm），饮水器水流量至少 250 mL/min。如果没有自动饮水装置，应设立饮水槽，饮水槽每天至少更换饮水 4 次，保证饮水卫生、清洁。严禁饮用不符合饮水标准的水。

三、泌乳母猪的管理

泌乳母猪应饲养在温湿度适宜、卫生清洁、无杂乱噪声的猪舍环境内。冬季要有保温取暖设施，夏季要注意防暑降温和通风换气。雨季要注意防潮，床面应无潮湿现象。泌乳母猪舍的适宜温度一般为 15～22 ℃。哺乳母猪理想的温度为 18 ℃，每增加 1 ℃，每头母猪每日饲料摄取将减少 100 g。不要在泥土地上养猪，以免增加寄生虫感染机会。经常观察母猪的采食、排泄、体温、皮肤黏膜颜色，注意乳房炎的发生及乳头的损伤。发现异常现象应及时采取措施，防止影响泌乳，引发仔猪黄痢或白痢等疾病。

第三节　哺乳仔猪的饲养管理

一、哺乳仔猪的营养需要

哺乳仔猪生长速度快，需要的各种营养物质多。对于哺乳仔猪饲粮要求，应重点考虑两方面：一是哺乳仔猪喜欢采食，并且采食后无腹泻；二是仔猪生长速度要快。解决饲料适口性相对容易，可以通过添加一些诱食剂得以实现，而解决腹泻和生长速度问题困难相对较多。这里既有饲料营养、饲料原料选择和饲料加工工艺等问题，又有如何注重仔猪保健和对疾病的预防措施等问题。

仔猪所需营养受环境、品种、健康状况、生产水平等诸多因素影响，但从营养上讲，不外乎能量、蛋白质（氨基酸）、矿物质、维生素和水五个方面。

（一）能量需要

哺乳仔猪所需能量有两个来源，一个是母乳，另一个是仔猪料，这就给日粮能量需要的数据带来了难题，每头母猪泌乳量及乳质不同，每日提供的能量就不同，因此，只能按仔猪生长速度来考虑其能量供给问题。剖析仔猪生长所需能量时，应考虑氮沉积、脂肪沉积、骨骼、皮肤等组织的增长。因为仔猪阶段这些沉积和增长是同时进行的。仔猪用于沉积蛋白质和脂肪的能量效率高于生长育肥猪，所以人们在配合仔猪饲粮时应与生长育肥猪有一定的区别。综合的数据，沉积 1 kg 蛋白质需要消化能 52. 72 MJ。沉积 1 kg 脂肪需要消化能 52. 3 MJ。

环境温度不适将导致哺乳仔猪对能量需求发生变化，温度偏低时，由于体热散失过多，用于生长能量减少，为了保证其生长速度，要增加能量供给数量；温度偏高时，仔猪食欲降低，影响日摄取能量总量，同时高温环境也会增加机体热能损失，结果同样使维持能量增加，生长能量减少，要想使仔猪日采食较多的能量，可以通过增加日粮中能量含量的方法来满足哺乳仔猪对能量的需要。具体做法是向哺乳仔猪饲粮中添加动物脂肪 3%~5%，动物脂肪与植物脂肪相比，动物脂肪饱和脂肪酸含量高，易于被仔猪消化吸收，同时也能减少腹泻。鉴于上述原因，应根据不同的品种、年龄、体重，不同的生产水平要求，不同的环境条件，不同的健康状况灵活地控制哺乳仔猪的能量供给，以期达到理想的生长要求。

（二）蛋白质、氨基酸的需要

要想使哺乳仔猪健康迅速地生长发育，第一要保证能量需求，第二要保障蛋白质、氨基酸的供给，不同的品种、年龄、体重阶段，不同的生产水平对蛋白质、氨基酸需求有差异，美国 NRC（1998）标准为 3~5 kg 阶段粗蛋白质为 26%，赖氨酸 1. 5%；5~10 kg 阶段，粗蛋白质为 23. 7%，赖氨酸 1. 35%。哺乳仔猪除由日粮中摄取的蛋白质和氨基酸外，母乳还可以提供一定数量的蛋白质和氨基酸，以每头哺乳仔猪每日吮乳 500 g 计算，每日由母乳提供的蛋白质约为 30 g。在能量供给充足的情况下，再供给充足的蛋白质和氨基酸等营养物质，即可保证哺乳仔猪迅速生长；反之，能量供给不充足，蛋白质水平再高，氨基酸平衡再好，哺乳仔猪照样将蛋白质和氨基酸经脱氨基作用氧化产热，加重肝肾负担，浪费蛋白质资源，增加饲料成本。

（三）矿物质需要

哺乳仔猪骨骼肌肉生长较快，对矿物质营养需要量较大，对钙、磷的补给，除了掌握钙、磷需要的量，还应注意钙、磷的比例，便于提高日粮中钙、磷吸收利用效果。研究表明，3~5 kg 阶段猪，钙与有效磷最佳比例为 1. 6 : 1；5~10 kg 阶段猪，钙与有效磷最佳比例为 2. 0 : 1。高于以上比例，对仔猪有害而无益，表现出采食量、增重速度、饲料转化率和骨骼质量下降等不良后果。为了提高钙、磷利用效果，实际配合日粮时多选用石粉作为钙源，磷酸氢钙作为磷源。

在矿物质营养中还应注意钾、钠、氯的需要与供给问题，植物饲料中钠不足而钾过量。这种情况应重点考虑钠、氯需要量，向哺乳仔猪饲粮中添加0.3%的食盐即可满足哺乳仔猪对钠和氯的需要。

（四）维生素的需要

哺乳仔猪所需要的维生素量应根据仔猪日粮类型、日粮营养水平、饲料加工方法、饲料储存环境和时间、维生素预前处理（影响其效果的处理，如结构异化、复合、包被等），哺乳仔猪饲养方式、仔猪生长速度、饲料原料组成、仔猪健康状况、药物使用、体内维生素储存状况等因素综合考虑。

（五）水的需要

仔猪生后1~3 d就需要供给饮水。其所需数量受仔猪体重、健康状况、饲粮组成、环境温度和湿度等因素影响。哺乳仔猪对水质要求较高，要求符合饮水卫生标准，同时要有完善的饮水设施。现代养猪生产多选用饮水器或饮水碗。一般认为哺乳仔猪习惯使用饮水碗，但要保证饮水碗的清洁卫生。使用饮水器要安装好高度，一般为15~20 cm，水流量至少250 mL/min。据资料报道，水中含有硝酸盐或硫酸盐，易引起仔猪腹泻。生产实践中发现水中氟含量过高，会出现关节肿大，锰含量偏高，仔猪出现后肢站立不持久，出现节律性抬腿动作。

二、初生仔猪护理养育

（一）哺乳仔猪的生理特点

1. 无先天免疫力，容易得病 由于母猪的胎盘结构比较特殊，在胚胎期间母体的免疫物质（免疫球蛋白）不能通过血液循环进入胎儿体内，因而仔猪出生时无先天免疫力，自身又不能产生抗体，只有靠吃初乳获得免疫力。因此，仔猪1~2周龄前，几乎全靠母乳获得抗体，随时间的增长，母乳中抗体含量逐渐下降。仔猪在10日龄以后自身才开始产生抗体，并随年龄的增长而逐渐增加，但直到4~5周龄时数量还很少，6周龄以后主要靠自身合成抗体。由此可见，2~6周龄内是母体抗体与自身抗体衔接间断时期，并且3周龄前胃内又缺乏游离盐酸，对由饲料、饮水和其他环境中接触到的病原微生物无抑杀作用，仔猪易得消化道等疾病。

2. 调节体温能力差，怕冷 仔猪出生时大脑皮层发育不十分健全，不能通过神经系统调节体温。同时仔猪体内用于氧化供热的物质较少，只能利用乳糖、葡萄糖、乳脂、糖原氧化供热；单位体重维持体温的能量需要是成年猪的

3 倍；仔猪的正常体温比成年猪高 1 ℃左右，加之初生仔猪皮薄毛稀、皮下脂肪较少，因此，隔热能力较差，形成了产热少、需热多、失热多的情况，导致初生仔猪怕冷。在冷的环境中，仔猪行动迟缓，反应不灵敏，易被压死或踩死，即使不被压死或踩死也有可能被冻昏、冻僵，甚至冻死。1 周龄以后体内甲状腺素、肾上腺素的分泌水平逐渐提高，使物质代谢能力增强，并且消化道对一些脂肪、碳水化合物的氧化能力逐渐增强，增加了产热能力。到 3 周龄左右调节体温能力接近完善。有资料报道，初生仔猪的临界温度为 35 ℃，当处在 13～24 ℃环境时，第 1 h 体温下降了 1.7～7 ℃。特别是最初 20 min 下降更快，0.5～1 h 后开始回升。全面恢复到正常体温需要约 48 h，初生仔猪裸露在 1 ℃环境中 2 h 可冻僵、冻昏，甚至冻死。

3. 消化道不发达，消化机能不完善　初生仔猪的消化器官虽然在胚胎期就已经形成，但机能并不完善。仔猪出生时，胃重仅有 5～8 g，容积也只有 25～40 mL。20 日龄时胃重达 35 g 左右，容积扩大了 2～3 倍；60 日龄时胃重 150 g 左右；体重达 50 kg 后胃重达成年猪重量。小肠生长比较旺盛，30 日龄时是出生时的 10 倍左右。大肠在哺乳期容积只有每千克体重 30～40 mL，断奶后迅速增加到每千克体重 90～100 mL。

仔猪出生时胃蛋白酶很少、活性低，其活性仅为成年猪的 25%～33%，8 周龄后其数量和活性急剧上升。胰蛋白酶的分泌量在 3～4 周龄时迅速增加，10 周龄时活性为初生时的 33.8 倍。初生时的胃蛋白酶起凝乳作用，由于胃底腺不发达，缺乏游离盐酸，一般 3 周龄左右胃内才产生少量游离盐酸，以后逐渐增加。仔猪在 8～12 周龄时盐酸分泌水平接近成猪水平。没有游离盐酸状态下，胃蛋白酶原不能被激活，胃内不能消化蛋白质，此时的蛋白质在小肠内消化。同时，由于胃内酸性低，导致胃内抑菌、杀菌能力较差，影响胃肠的活动，限制了营养物质的消化吸收。仔猪出生后小肠分泌的乳糖酶活性逐渐增加，其活性在生后第 2～3 周最高，以后开始下降，4～5 周龄降到低限，第 7 周达成年水平，致使其对乳糖利用率很低。蔗糖酶一直不多，胰淀粉酶到 3 周龄时逐渐达高峰。麦芽糖酶缓慢上升。脂肪分解酶初生时其活性就比较高，同时胆汁分泌也较旺盛，在 3～4 周龄脂肪酶和胆汁分泌迅速增加，一直保持到 6～7 周龄，因此可以很好地消化母乳中乳化状态的脂肪。

初生仔猪胃运动微弱，并且无静止期，随日龄增长胃运动逐渐呈现运动和静止节律性变化，8～12 周龄时接近成年猪。仔猪胃排空速度随年龄增长而减慢。2 周龄前，胃排空时间为 1.5 h，4 周龄时为 3～5 h，8 周龄时为 16～19 h。饲料种类和形态影响食物在消化道通过的速度。如 4 周龄饲喂仔猪人工乳残渣，排空时间为 12 h，喂大豆蛋白时为 24 h，喂颗粒料时为 25.3 h，而粉料则为 47.8 h。鉴于以上生理特性，概括起来，葡萄糖无须消化直接吸收，适于任何日龄仔猪，乳糖只适于5周龄前的仔猪；麦芽糖适于任何日龄的仔猪，但不及葡萄糖；蔗糖极不宜于幼猪，9周龄后逐渐适宜；果糖不适于初生仔猪，木聚糖不适于2周龄前的仔猪。淀粉适于2周龄以后的仔猪，并且最好进行熟化处理。

4. 生长发育快，代谢旺盛 仔猪初生重较小，不到成年体重的1%，但出生后生长发育较快，一般初生重为1.5~1.7 kg，30日龄体重可达初生重的5~6倍，60日龄达初生重的10~13倍（表8.1）。

表8.1 哺乳仔猪生长发育

	日龄（d）						
	出生	10	20	30	40	50	60
体重（kg/头）	1.50	3.24	5.72	7.25	10.56	14.54	18.65
范围（kg）	0.9~2.2	2.0~4.8	3.1~7.8	4.2~10.8	5.4~15.3	8.9~22.4	11~27.2
增长倍数	1.00	2.16	3.81	4.83	7.04	9.69	12.43

绝对增长随年龄增长而增加，但相对生长速度却逐渐降低。从仔猪体重增长的成分上看，3周龄内脂肪增长或沉积迅速，初生时为1%，而5 kg时脂肪成分占12%，以后蛋白质增长速度迅速上升，灰分的增长比较稳定，体内蛋白质、脂肪、灰分的总量随年龄和体重的增长而增加。

仔猪生长较快，物质代谢旺盛，因此所需要的营养物质较多。特别是能量、蛋白质（氨基酸）、维生素、矿物质（钙、磷）等比成年猪需要相对要多，只有满足了仔猪对各种营养物质的需要，才能保证仔猪快速地生长。

（二）初生仔猪的护理养育

1. 及早吃足初乳，固定乳头 初生仔猪提倡及早吃足初乳有以下四方面的原因：①仔猪没有吃初乳以前，体内没有免疫抗体。②母猪分娩时初乳中免疫抗体含量最高，以后随时间的延续而逐渐减少，分娩开始时每100 mL初乳中含有总球蛋白15 g，其中70%~80%为免疫球蛋白。免疫球蛋白中80%为IgG，15%为IgA，5%为IgM。三种免疫球蛋白中4%的IgA，大部分的IgM和全部的IgG来源于母猪血清，其余部分由母猪乳腺合成，由此可见初乳也是仔猪获得抗体的重要途径。据资料介绍，IgA可以抵抗酶的消化，并可以在消化后附在小肠壁12 h以上，抑制大肠杆菌。IgG主要在血清中起杀菌作用，防止败血症。IgM的作用是抵抗革兰氏阴性菌。但分娩后4 h总球蛋白下降到10 g/100 mL，而产后7 d的乳中含免疫球蛋白6.5 g/100 mL，其中IgA占60%，IgG占30%，以后还要逐渐减少。③初乳中含有抗蛋白分解酶，可以防止免疫球蛋白被分解，但这种酶存在时间较短，没有这种酶存在，仔猪不能将免疫抗体完整吸收，也就不能产生免疫力。④仔猪出生后 24~36 h，小肠吸收免疫球蛋白这种大分子物质的能力较强，48 h 以后逐渐减弱。基于上述原因，仔猪出生后应及早吃足初乳，以便获得较多的抗体，增强自身免疫力。仔猪主动免疫力在 10 日龄以后开始形成，并随年龄增长而加速。仔猪自身产生的免疫球蛋白以 IgM 为主，并有少量的 IgA。6 周龄以后主要靠自身合成的抗体。由此看来，2~6 周龄期间为被动免疫期向主动免疫期过渡期。

为了使全窝仔猪生长发育整齐均匀，缩小先天差距，提高育成率，待全窝仔猪出生后，应按照体重、体质情况进行固定乳头。固定乳头的原则是，将体重小或体质弱的仔猪固定到前边的乳头上哺乳；将中等体重、体质的仔猪放到中间乳头上哺乳；而将体重大、体质强的仔猪放在后边乳头上哺乳。如果乳头数多于所产仔猪数，应由前向后安排哺乳，放弃后边乳头。具体办法是在仔猪出生后的 2~3 d 内，将仔猪按拟定乳头位置做上标记（用龙胆紫药水），在每次仔猪哺乳时根据其所在的位置用手分开。经过 2~3 d 的训练，仔猪就可以将乳头固定了。这样做也能防止仔猪因争抢乳头干扰母猪泌乳或者损伤母猪乳头。

2. 采取保温防压措施 初生仔猪遇到寒冷的环境会出现反应迟钝，行动不灵活，甚至不会吮乳，冷休克并诱发其他疾病。持续的低温环境甚至可以使仔猪冻死。为此，在哺乳仔猪饲养管理中，应注意采取保温措施。仔猪在出生前母猪体内的温度是 39 ℃左右，生后第一周所居环境温度要求 34 ℃，第二周的温度为 32 ℃，第三周为 30 ℃。以后每周降温幅度控制在 2 ℃以内，降温幅度过大会引起仔猪下痢等病。为满足仔猪的温度需求，若对整个分娩圈栏提高温度，一则寒冷季节增加控温成本，二则使母猪的食欲下降，影响母猪泌乳及身体健康，因此只能提高仔猪所居区域温度。可以在仔猪箱内使用 250 W 红外线灯泡来解决，寒冷季节还可以在仔猪箱内放置电热板。在仔猪趴卧处上方放 1 个温度计，用于掌握温度高低。第一周红外线灯泡底端距离仔猪箱底的高度为 45 cm 左右，悬挂过高只起光源作用；悬挂低于 45 cm 时，灯下温度过高，容易灼伤仔猪。第二周以后悬挂高度可高些，或减少开灯时间以便使仔猪箱内温度下降一些，通过查看温度计确定开灯时间和高度。也可以通过观察仔猪趴卧姿势来判断仔猪是否舒适，如果仔猪挤堆、身体颤抖、皮肤呈鸡皮样，且全身发红，说明仔猪所居环境温度偏低，应增加热源功率，或通过放置电热板的方法来调高仔猪箱内温度。如果仔猪呈放射样趴卧、多靠近出入口或四角，说明仔猪箱内温度过高，应酌情降低仔猪箱内温度，防止箱内外温差过大，引发感冒和下痢等病。

在放置仔猪箱的时候，要用活动栏或固定栏将母猪与仔猪箱隔开，栏的底端距离地面 25~30 cm，或建舍时在地面上安装固定隔桩，供仔猪自由出入母猪区和仔猪区，避免母猪进入仔猪区。这样既防止压仔，又防止母猪拱撞仔猪箱。多数规模化猪场的分娩舍内采用高床网上分娩栏，在母猪的左右两侧均安装了防压隔栏，不必再设防压装置。仔猪箱可直接放置在防压隔栏的一侧，另一侧放有仔猪料槽作为开食补料栏使用。

3. 注射铁制剂及补硒 铁是红细胞中血红蛋白的成分。同时，铁还存在于肌肉、血清、肝脏中，在体内还作为多种代谢酶的成分发挥作用。仔猪出生时体内有铁 50 mg 左右，大部分以血红蛋白的形式存在。仔猪每增加 1 kg 体重需要 35 mg 铁，但母乳中铁含量较低，每日从母乳中只能获得铁 1 mg 左右。如不及时补铁，1 周龄左右，仔猪将会出现缺铁性贫血。其临床表现为生长缓慢或停滞、昏睡，可视黏膜苍白、被毛蓬乱无光泽，呼吸频率加快，有的仔猪膈肌突然痉挛而亡。仔猪贫血后抗病力降低，易患传染病、腹泻、肺炎等，有时因缺氧而突然死亡。正常仔猪的血红蛋白水平应大于 10 g/100 mL。当降至 8 g/100 mL 时，表明临界贫血；达到 7 g/100 mL 或更少时，表现明显贫血。

妊娠母猪或仔猪缺乏维生素 E 或硒的时候，应在仔猪生后注意补维生素 E 或硒，防止仔猪缺乏维生素 E 或硒。具体做法是仔猪出生后第 1 天，每头仔猪肌内注射亚硒酸钠维生素 E 注射液 0.5 mL（含亚硒酸钠 0.5 mg、维生素 E 25 IU）。

4. 仔猪并窝和寄养 生产中出现下列情况时需要并窝或寄养，便于合理利用母猪及分娩舍设施。①母猪产仔数少于 5 头。②母猪产仔数多于有效乳头数。③母猪产后因各种原因造成无乳，暂时又无法治愈。④母猪产后突然死亡。

首先要求待并或需要寄养的仔猪，在原母猪或其他母猪那里吃 2~3 d 的初乳。与此同时，选择产期相差 3 d 以内、泌乳性能高、体质好的母猪做“继母”猪，然后将需要并窝或过哺的仔猪涂上“继母”猪的乳汁或“继母”猪原带仔猪的尿液。也可以将待并或寄养仔猪与“继母”猪原带仔猪关在同一个仔猪箱内 1~2 h，如果是寄养，应挑选一窝中体重大、体质强壮的仔猪参加寄养，防止受欺。在“继母”猪将要哺乳原窝仔猪前 10 min 左右，将经过处理的仔猪送到“继母”猪乳房旁，待“继母”猪泌乳时一起吃乳。寄养最好是安排在夜间进行，比较容易成功。最初 12~24 h 内要注意看护，防止母猪辨认出来，咬伤并窝或寄养过来的仔猪。有些场家向待并或待哺仔猪和“继母”猪原带仔猪身上喷洒白酒，也能起到防止“继母”猪辨认的效果。

5. 仔猪编号 为了便于仔猪管理，方便记录和资料存档，在生后 2~7 日龄内应将仔猪进行编号，具体方法有打耳号法、上耳标法、电子识别法。

6. 仔猪生后其他处理

（1）剪牙：仔猪生后将胎齿（8 个）在齿龈处全部剪断，防止损伤乳头和牙齿变形。

（2）断尾：为了防止咬尾和母猪将来本交配种方便，仔猪生后 1 周内，将其尾巴断掉（可以留 1/3），然后消毒。

（3）去势：仔猪生后 1 周内，将不做种的雄性仔猪去势，此时去势止血容易，应激小。

第四节　产房生产操作规程示例

一、产房工作目的

确保母猪高产活率、仔猪高成活率和提高仔猪断奶重，最大限度地为生产提供优质强壮的断奶仔猪。

二、产房工作操作规程

（一）产前准备工作

（1）分娩舍在上一批猪转出后（下一批上猪前）必须彻底冲洗干净，要求产栏缝隙不得夹带粪便，产栏下、护仔箱、仔猪料槽、母猪料槽、粪池内、地面均要彻底冲洗，并不得有积水（地面破损及时维修），烤灯及烤灯线也必须用布擦洗干净，室内不得有蜘蛛网和灰尘。

（2）提前 1 周时间（按平均预产期计算）将妊娠母猪（由妊娠舍饲养员冲洗干净并消毒）转入产房，再次给这些母猪全身清洗消毒。

（3）准备好高锰酸钾、接生盆、擦布（垫布）、碘酒、烤灯、剪牙钳等用品及设备。

（4）母猪刚转进产房时不减饲喂量，产前一天开始适当减料，分娩当天少喂或停喂，产前、产后各一周的饲料加有药物，药物添加种类随每月全群预防用药种类，减少初生仔猪感染机会。

（5）随时观察母猪情况，保持安静环境，产房专职饲养员和接生员努力接近临产母猪，建立熟悉和蔼的关系，尽量避免其他人进入。

（6）保持产房空气流通，防止母猪分娩缺氧，冬季保证室温 18~21 ℃。

（二）接产技术

（1）分娩判断：注意检查临近预产期的母猪乳房、外阴和精神变化，如果出现最后一个乳头有乳液挤出，乳房肿胀，阴户潮湿，尿频，拱地，坐卧不安等情况，那它将在 12 h 内分娩，注意照顾。

（2）临产前用0.1%的高锰酸钾水溶液擦洗乳房和阴部，并在仔猪吃乳前挤出前几滴初乳。

（3）仔猪出生后，先擦口鼻中的黏液，然后擦遍全身，使其干爽，如天气较冷时应立即将仔猪放入保温灯下。

（4）剪齿：在仔猪吃初乳前剪除犬齿，窝内的弱小仔猪可暂不剪齿，以增强与同窝强壮仔猪争抢乳头的能力。

（5）助产：顺产母猪不需助产，如果产仔间隔在 50 min 以上，母猪不停阵缩努责，应检查胎位是否正常，采取人工助产（根据母猪当时的情况灵活掌握）。人工助产必须按常规以消毒水清洗母猪后臀及外阴，动作要轻，助产者剪短指甲，消毒双手并涂上肥皂；催产素助产时，先用手探测产道是否张开，如未张开不得使用缩宫素，缩宫素每次使用量为 2~3 支（1 mL/支用 5 支），必要时相隔 30 min 加用 1 次，注射 20 min 仍未见小猪产出，立即检查产道，以免因几头小猪同时挤在子宫颈口引起堵塞而增加死产数（原则上 2~3 胎母猪不主张用缩宫素助产）。

（6）接生时出现死亡的胎儿要判断是否处于假死状态。方法：用手按摸脐动脉，若有波动，胎儿处于假死状态，应拭去口中黏液，拍打或按压胸部使假死仔猪恢复呼吸。

（7）在母猪分娩后注射阿莫西林或其他抗生素。

（8）有母猪分娩的产房，温度控制在 20~22 ℃，同时使用烤灯，调教仔猪在烤灯下睡觉（烤灯必须悬挂在母猪腹部正中的位置，烤灯距产床地面40~45 cm）。第二周以后室温控制在 18~20 ℃，相对湿度控制在 70%以下，夏季加强通风降温，冬季在保证温度的前提下也必须加强通风换气，保持空气清洁干燥，尽量减少水冲次数，以免增加湿度。

（9）分娩完毕用消毒水将母猪外阴部、后躯和乳房擦洗干净，及时清理胎衣等杂物，不要流入粪池。

（三）哺乳期的饲养管理

（1）吃足初乳：仔猪出生后应尽早吃足初乳，母猪在分娩时其乳汁中的抗体浓度最高，在分娩 4~6 h 以后抗体浓度大幅度降低；对小猪而言，初乳中的抗体在小猪出生 24 h 以内能通过肠壁吸收直接进入血液循环以增强抗病能力，24~36 h 以后抗体通过肠壁吸收和运输能力显著降低。

（2）固定乳头：在仔猪出生的前 2 d 内，仔猪有固定乳头的生物学特性，在初生 2 d 辅助仔猪固定乳头是提高仔猪成活率和生长均匀度的关键措施，原则上将个体小的固定在靠前的乳头，若带的仔猪数少应调教仔猪一仔吃两个乳头，以刺激乳腺发育和泌乳，后备母猪尤为重要。

（3）寄养：原则上尽量减少寄养，必须寄养时应遵循如下原则。

1）最理想的仔猪寄养是在6 h内分娩的母猪间进行，一般在24 h内寄养均可，时间过长不易寄养。

2）检查过去的哺育记录和母猪的生理情况，估计母猪的哺乳能力，同时查数有效乳头数，及时认真填写好寄养记录表。

3）检查分娩记录和观察仔猪，估计有多少仔猪及其强壮度，如总产仔数超过总哺育能力应把多余的仔猪寄养出去。

4）选出多余的仔猪给寄养母猪，一般大的强壮的仔猪先寄养，弱的仔猪后寄养；但要等被寄养仔猪保证吃足几次初乳以后再寄养。

5）仔猪寄养后要认真观察，如果头2 d仔猪不吃奶就应将仔猪换到其他母猪处，否则会造成死亡。

6）寄养时加强护理，防止母猪咬伤被寄养仔猪。

（4）补铁、打耳号：1 d内要打耳号，耳号钳要一猪一消毒，然后称仔猪初生重，仔猪出生3 d以内必须注射铁制剂，一窝一针头（必须是同一母猪产的小猪）。

（5）补水：仔猪出生后，让其喝到清洁的饮水。

（6）调教仔猪在烤灯下睡觉休息，出生一周内精心护理，防止压死踩伤。

（7）保持环境卫生清洁干燥（一定要保持产房内干燥），产栏内无积粪，产床上无蜘蛛网，严格控制相对湿度在70%以下，为仔猪生长创造有利条件。

（8）认真填写分娩卡及各种报表，要如实记录。

（9）母猪分娩当天少喂或不喂料，保证充足饮水，产完后的投料量要逐渐增加，分娩后第1天可喂1~1.5 kg，以后每天可增加0.5 kg，5~7 d达到自由采食。

（10）仔猪补料：仔猪5~7日龄开始调教开食，将饲料撒在清洁干净、仔猪经常活动的地板上或仔猪补料槽内，一般每天4~5次，以少量多餐的原则，经常给仔猪补料槽清去旧料，换上新料，不准补料槽内存有粪尿。

（11）后备猪带仔数量：由于个体小、不能承担带仔较多的任务，原则上后备猪带仔不超过8头，否则会因带仔过多，造成哺乳期失重过多而影响下一胎产仔、泌乳及种猪利用年限。

（12）及时更换脚盆、手盆里的消毒水，保持一定的水量和药效，脚盆用2%~3%的氢氧化钠溶液。禁止随便串岗，进出产房要沾脚和洗手消毒。

（13）每周二、周五至少进行两次舍内消毒，消毒要彻底，不留死角；产房饲养员、技术人员操作应遵循“相对清洁区”向“相对污染区”操作（即晚出生窝向早出生窝操作，由没有发病窝向发病窝操作）。

（14）检查母猪：检查母猪精神和食欲是否正常，是否有乳房炎、阴道炎、子宫炎等疾病，及时汇报给区域负责人并进行治疗。产后当天母猪不食，体温40 ℃以上时，及时给予治疗。

（15）检查仔猪：检查仔猪是否有腹泻、跛行、精神不振、生长不良、缺乳争乳等情况。

（16）认真配合技术员的工作，在防疫时做好保定，一窝一针头。

（17）根据现有种猪数量及畜牧操作技术员所通知下周猪群周转情况，预算出下周各类型饲料的用量，在本周一、周四汇报给统计员，并将本周所需饲料分别在周一或周四经消毒后全部运进猪舍，当面点清，垫上料托，整齐摆放在料房内。

（四）断奶

（1）断奶前必须消毒（母猪断奶前驱虫），遵循全进全出和大猪送、小猪接的原则，一次性断奶。

（2）断奶完毕后可立即用喷枪将整个产房喷湿，再用高压冲洗机进行冲洗，达到产床、护仔箱、地面、墙壁、母猪料槽、仔猪补料槽、烤灯、粪池等均不得有粪便和污垢。

（3）冲洗完毕后立即检查所有设备是否损坏，包括产栏、料槽、灯泡、水管、饮水器、水暖、线路等，若有损坏及时通知维修人员进行维修。

（4）维修后经防疫技术员检查，检查合格后再用2%~3%的氢氧化钠溶液彻底消毒，第2天用清水冲洗。若上一批生产中存在健康问题较大则必须熏蒸消毒，熏蒸消毒时注意密闭和保持一定的温度和湿度（温度15 ℃以上，相对湿度60%~80%），保证每批熏蒸消毒一次，进猪前提前2~3 d通风换气。

三、产房消毒防疫制度

（1）各单元门前消毒池和脚盆、手盆每周三、周六各换消毒水一次，手盆用无刺激性消毒剂。

（2）每周四断奶时对本单元所有猪群进行一次全体消毒。

（3）临产前用0.1%的高锰酸钾水溶液对母猪外阴和乳房进行擦拭。

（4）母猪产后的胎盘及脐带、死胎、木乃伊胎等应及时送到尸体处理井进行处理。

（5）每单元的走道每天及时清扫一次，母猪料槽内的剩料要及时清理干净，以防发霉变质，确保下顿吃到新鲜饲料。

（6）产栏上的粪便及时清到栏下，并清扫蜘蛛网，保持产栏清洁卫生。

（7）产房仔猪断奶单元必须严格按照以下步骤操作：清扫—高压水枪冲洗—氢氧化钠溶液消毒—冲洗—熏蒸24 h—打开空栏干燥—转进猪群—消毒。

第九章　保育猪的生产管理

第一节　保育猪的营养需要

保育猪所有营养均来源于日粮，如何配合好保育猪日粮，满足其健康生长至关重要。从多年试验研究的结果来看，影响仔猪生长速度的营养要素依次是能量、蛋白质（氨基酸）、维生素、矿物质和水。如果能量供给不足，过高的蛋白质水平会把多余的部分转变成能量，造成蛋白质浪费，增加肝肾负担，污染环境，同时过高的植物蛋白质会导致幼龄猪的腹泻。因此，应在充分满足能量需要的前提下，考虑蛋白质（氨基酸）、维生素和矿物质的供给量，从而有利于仔猪的生长发育。

一、能量需要

保育猪的能量需要是根据仔猪断奶时间和体重来制定的。由于每个场家的生产条件、生产技术水平、饲养品种不同，导致仔猪断奶时间和断奶体重的不同。目前国内外一般多实行 3~4 周龄断奶，其断奶体重为 6~10 kg。根据美国 NRC（1998）饲养标准，其日粮消化能的最低供给量应该是 7.11 MJ。保育猪在保育舍内饲养到 9 周龄，体重达 20 kg 左右，此阶段的日粮消化能最低供给量应是 14.21 MJ。日粮中能量水平是决定保育猪生长速度的第一要素，为了提高保育猪的生长速度，应使仔猪尽可能摄取较多的能量，但由于保育猪胃肠容积有限，采食的日粮受到限制，只有通过提高饲粮能量浓度的方法，使仔猪摄取到较多的能量，可以采取向仔猪饲粮中添加 5%~8%脂肪的办法，使保育猪 9 周龄体重达 25 kg 左右。

二、蛋白质、氨基酸需要

仔猪在断奶以前，平均日增重 300 g 以上，断奶以后 1 周左右的应激期过后生长速度上升较快，在良好的饲养条件下，仔猪断奶后至 9 周龄的平均日增重一般为 500~700 g。生长速度加快对营养需求量也迅速增加，猪在 60 kg 前的增重内容主要是肌肉组织，而肌肉组织主要成分是蛋白质，因此要注意蛋白质、氨基酸的供给。美国 NRC（1998）饲养标准要求，10～20 kg 阶段，粗蛋白质 20.9%，赖氨酸 1.15%。

保育猪饲粮粗蛋白质水平的高低对仔猪生长和健康影响很大，饲粮粗蛋白质过低会使仔猪生长变慢，粗蛋白质水平偏高会导致仔猪腹泻发生率增加。于是人们开始向日粮中添加赖氨酸、蛋氨酸、色氨酸、苏氨酸，从而提高了生长速度，减少了腹泻发生率。这一举措意义较大，既提高了含氮化合物的利用率，又节约了有限的蛋白质资源。

由于资源条件的不同，不同国家或地区保育猪饲粮的蛋白质原料有较大差异。美国盛产大豆，通常以膨化大豆粉或膨化豆粕作为保育猪日粮蛋白质来源，而欧洲常将鱼粉和乳粉作为主要蛋白质来源，尤其是脱脂乳粉和乳清粉。乳制品作为保育猪蛋白质资源有两点好处，一是乳制品可提供仔猪生长所需的乳糖；二是乳制品中含有仔猪生长发育所需的有益因子，如免疫球蛋白、生长因子、乳铁传递蛋白和乳过氧化物酶。也有许多国家开始使用血浆蛋白作为蛋白质来源，20 世纪 90 年代初美国开始使用喷雾干燥猪血浆，其主要成分是血清蛋白和血球蛋白，粗蛋白质含量为 68%，赖氨酸含量为 6.1%。使用喷雾干燥猪血浆后，其采食量和生长速度均有明显提高。近年来，有人使用乳清蛋白浓缩料效果也较好，乳清蛋白浓缩料是无脂肪、低热量的高蛋白乳清制品，其粗蛋白质含量为 40%～80%，与传统低蛋白乳清干制品不同，它含有许多生物活性蛋白。鸡蛋蛋白虽然粗蛋白质为 45%～80%，并且含有抗体，可以帮助仔猪抵抗日粮中的病原体，增强仔猪免疫力，提高生长性能，但对断奶后 2 周仔猪增重效果不够理想，如果与血浆蛋白混合使用效果会好一些。受疯牛病影响，欧洲一些国家已禁止使用肉骨粉。

保育猪日粮除了重点考虑赖氨酸外，还应考虑蛋氨酸、色氨酸和苏氨酸等氨基酸的添加。实践证明，添加赖氨酸可以节省 2%的粗蛋白质，并且可以提高生长速度、增强机体免疫力；添加蛋氨酸既能节省蛋白质饲料又能缓解胆碱缺乏症；添加色氨酸可以防止烟酸缺乏症、减少咬尾症的发生，同时也能增进机体免疫力，从而提高保育猪的生长速度。保育猪蛋氨酸水平为 0.29%、苏氨酸水平为 0.68%时，生长速度和饲料转化率为最佳。

三、矿物质需要

猪在 60 kg 以前，骨骼生长强度较大，钙、磷作为骨骼主要成分，在饲料矿物质营养添加时，必须首先给予考虑。美国 NRC（1998）饲养标准推荐钙 0.70%～0.80%，总磷 0.60%～0.65%、有效磷 0.32%～0.40%。石灰石粉（钙 35%左右）、磷酸氢钙（钙 21%左右，磷 16%左右）都是常用的较好的钙、磷饲料原料，但使用时要注意氟等有害物质的含量，以免影响保育猪的身体健康。同时应注意钙、磷的添加数量和比例，钙、磷添加数量不足或比例不当，不仅会影响钙、磷吸收，而且也会影响铜、锌等营养物质的吸收。此外，饲粮中必须有充足的维生素 D，如果没有维生素 D，钙、磷的利用率将会降低。

其他矿物质元素对保育猪生长发育也十分重要，特别是铁、铜、锌、硒等。美国 NRC（1998）饲养标准推荐量为铁 80 mg/kg、铜 5 mg/kg、锌80 mg/kg、硒 0.25 mg/kg、碘 0.14 mg/kg、锰 3 mg/kg，其他矿物质元素的推荐量分别为氯 0.15%、钠 0.15%、镁 0.04%、钾 0.26%。以上矿物质元素所用饲料原料，请参阅哺乳仔猪营养需要内容选择使用。

四、维生素需要

仔猪断奶后生长速度较快，加之 1~2 周内应激反应较大，所以对维生素的需求量较高。维生素 A、维生素 E 有增强仔猪免疫力的功能。水溶维生素有增进食欲、防止被毛粗糙的效果。美国 NRC（1998）推荐量只是防止出现缺乏症最低需要量。配合饲粮过程中，基于生长、加工损耗、抗应激、自然环境破坏等因素的考虑，实际添加量往往是其推荐量的 2~8 倍。此外，保育猪饲粮中添加脂肪，应增加维生素 E 的添加量；制作颗粒饲料，应增加 B 族维生素的添加量；夏季所有维生素的添加量均应增加。

五、水的需要

保育猪由断奶前的流体乳和固体饲料混合采食，转变成单一采食固体饲料，水是必不可缺的重要营养物质。水质和饮水设施对保育猪饮水影响较大，特别是水的味道、温度是饮水量的首要影响因素，所以，要求饮水无异味，水温要求冬季不过凉、夏季要凉爽。正常情况下猪的饮水量为其采食风干料重的 2~4 倍，夏、春、秋三个季节饮水量高于冬季。

第二节 保育猪的饲养管理

一、保育猪饲养

根据保育猪的消化生理特点和营养需要，保育猪饲粮应容易消化吸收，营养平衡，适口性好。饲粮能量浓度一般为 14.21 MJ/kg，能量浓度较低将使其生长速度降低。为提高能量浓度，可以向饲粮中添加 3%~8%的脂肪，以改进日增重和饲料转化率。夏季气温较高，湿度较大，猪食欲下降，增加饲粮中各营养物质浓度是保证保育猪正常生长的重要措施。冬季猪舍温度达不到 22~25 ℃时也可以采取同样的办法。

为改善适口性，可以添加诱食剂来促进仔猪的采食，但也有报道认为，调味剂、香味剂对仔猪采食和增重没有持续效果。饲料加工调制和类型对保育猪采食量和消化吸收有一定的影响，对仔猪来说饲料类型最好是颗粒饲料，其次是生湿料或干粉料，不要喂熟粥料，防止食温掌握不好出现营养损失或造成口腔炎症、胃肠卡他等。保育猪生长速度较快，所需营养物质较多，但其消化道容积有限，所以要求少喂勤喂，既保证生长发育所需营养物质，又不会因喂量过多胃肠排空加快而造成饲料浪费。在按顿饲喂时，体重 20 kg 以前日喂 6 次为宜，20~35 kg 日喂 4~5 次效果较好，日喂量占体重 6%左右，如果环境温度低，可在原日粮基础上增加 10%给量。按顿饲喂的保育猪应有足够的采食空间，每头仔猪所需饲槽位置宽度为 15 cm 左右，在采用自动落料槽饲喂时，2~4 头仔猪可共用一个采食位置。为了减少保育猪消化不良引起的腹泻，断奶后第 1 周可实行限量饲喂，特别是最初的 3~4 d 尤为重要，限量程度为只给其日粮的 60%~70%。

为了保证饮水，保育猪最好使用自动饮水器饮水，既卫生又方便，其水流量至少 250 mL/min。饮水器灵活好用，每 10~12 头安置一个饮水器，其高度为 30~35 cm。采用饮水槽饮水时，饮水槽内必须常备清洁卫生的饮水，饮水不足会影响健康和采食，降低生长速度。

二、保育猪管理

（一）合理分群

有条件的场家，最好是将原窝保育猪安排在同一保育栏内饲养，断奶后两周内不要轻易调群，防止增加应激反应。我国过去一般以原群不动为原则，但国外早在 20 世纪 70 年代就实行全进全出集中饲养方式，现在我国一些规模化或集约化猪场也仿效实行，应用效果较好。保育栏必须有一定的面积供仔猪趴卧和活动，其面积一般为 0.3 m^2/头，密度过大猪易发生争斗咬架；密度过小则浪费饲养面积。

（二）注意看护

断奶初期仔猪性情烦躁不安，有时争斗咬架，要格外注意看护，防止咬伤。特别是断奶后第一周咬架的发生率较高，在以后的饲养阶段因各种原因，诸如营养不平衡、饲养密度过大、空气不新鲜、食量不足、寒冷等也会出现争斗咬架、咬尾现象。生产实践中发现，保育猪间自残咬架多发生在 14~15 时以后。为了避免出现上述现象，除加强饲养管理外，可通过转移注意力的方法来减少争斗咬架和咬尾，具体做法是，在圈栏内放置铁链或废弃轮胎供猪玩耍。但还是应该注意看护，防止意外咬伤。

（三）加强环境控制

保育猪在9周龄以前的舍内适宜温度为22~25 ℃，9周龄以后舍内温度控制在20 ℃左右，相对湿度为50%~70%。此阶段猪生长速度快，代谢旺盛，粪尿排出量较多，要及时清除，保持栏内卫生。仔猪断奶后转到保育栏内后，还应调教仔猪定点排泄粪尿，这样便于卫生和管理，有益猪群健康。保育猪舍内应经常保持空气新鲜，封闭式猪舍，如果密度大，空气不新鲜时将会诱发呼吸道疾病，特别是接触性传染性胸膜肺炎和气喘病较为多见，给养猪生产带来一定损失，应充分注意。北方冬季为了保温将圈舍封闭较严密，如不注意通风换气，会造成舍内氧气比例降低，而二氧化碳、氨气、硫化氢等有害气体浓度增加。鉴于这种情况应及时清除粪尿，搞好舍内卫生，注意通风换气，防止有害气体影响猪群的健康和生长发育。通风换气时要控制好气流速度，漏缝地面系统的猪舍，当气流速度大于0.2 m/s时，会使保育猪感到寒冷，相当于降温3 ℃。非漏缝地面猪舍气流速度为0.5 m/s时，相当于降温7 ℃，形成贼风。研究表明，贼风情况下，仔猪生长速度减慢6%，饲料消耗增加16%。

（四）减少保育猪应激

仔猪在断奶后一段时间内（0.5~1.5周），会产生心理上和身体各系统不适反应即应激反应。应激大小和持续时间主要取决于仔猪断奶日龄和体重，断奶日龄大，体重大，体质好，应激就小，持续时间相对短；反之，断奶日龄较小，体重小，应激就大，持续时间也就长。仔猪断奶应激严重影响仔猪断奶后生长发育，主要表现为：仔猪情绪不稳定，急躁，整天鸣叫，争斗咬架；食欲下降，消化不良，腹泻或便秘；体质变弱，被毛蓬乱无光泽，皮肤黏膜颜色变浅；生长缓慢或停滞，有的减重，有时继发其他疾病，形成僵猪或死亡，给养猪生产带来一定的经济损失。

产生应激的原因有以下三个方面：①营养，据张宏福研究（2001），仔猪断奶应激首先是营养应激。断奶前仔猪哺乳和采食固体饲料，而断奶后单独采食固体饲料，一段时间内，从适口性和消化道消化能力上产生不适应；仔猪断奶后，由于应激反应，仔猪胃酸分泌减弱，胃内pH值升高，影响了胃内消化功能。②心理，母仔分离、转群、混群可造成仔猪心理上的不适应。③环境，仔猪断奶后转移到保育舍，保育舍内结构、设施及温湿度等均不同于分娩舍，从而产生一段时间内休息、活动不适应。

就目前生产条件，减少仔猪应激可以从以下几个方面着手：①适时断奶，仔猪免疫系统和消化系统基本成熟、体质健康时进行断奶，可以减少应激，如4周龄断奶比3周龄断奶更能抗应激。②科学配合仔猪饲粮，根据仔猪消化生理特点，结合其营养需要，配制出适于仔猪采食、消化吸收和生长发育所需要的饲粮。仔猪早期饲粮中的原料可选择易于仔猪消化吸收的血浆蛋白、血清蛋白及乳清粉或奶粉。通过添加诱食剂的方法解决适口性问题，选择与母猪乳汁气味相同的诱食剂。为了提高饲粮中能量浓度，可向饲粮中添加3%~8%的动物脂肪，便于仔猪消化，有利于生长发育，从而减少应激和提高免疫力。增加饲粮中维生素A、维生素E、维生素C、B族维生素，以及矿物质元素钾、镁、硒的添加量。③减少混群机会，仔猪断奶后最好是在傍晚将原窝仔猪转移到同一保育栏内，减少争斗机会，并注意看护。④加强环境控制，保育舍要求安静、舒适、卫生，空气新鲜，并且有足够的趴卧和活动空间，一般每头保育猪所需面积为0.3 m^2。过于拥挤导致争斗机会增加，从而增加应激。保育舍的温度要求依仔猪周龄而定，3周龄28~26 ℃，4周龄25~23 ℃，温度偏高影响仔猪食欲和休息；温度过低，仔猪挤堆趴卧会造成底层仔猪空气流通不畅，并且增加体外寄生虫发生概率。相对湿度控制在50%~70%，湿度过小，仔猪饮水增加，常引发腹泻不利于舍内卫生，同时皮肤干燥瘙痒，常蹭磨，易造成皮肤损伤，增加病原微生物感染机会；湿度过大，有利于病原微生物的繁殖，易引发一些疾病。保育舍要经常通风换气，保持舍内空气新鲜，有足够氧气含量，减少其他有害气体含量。寒冷季节不要在舍内搞耗氧式的燃烧取暖，以免降低舍内氧气浓度，而使二氧化碳、一氧化碳浓度增加，不利保育猪的生长和健康。通风换气时要注意空气流动速度，防止贼风吹入引起仔猪感冒，空气的流动速度控制在0.2 m/s以下。保育舍定期带猪消毒，防止发生传染病，舍内粪尿每天至少清除3次。舍内饮水器要便于仔猪饮用。⑤其他方面，仔猪断奶后1~2周内，不要进行驱虫、免疫接种和去势。避免长途运输。最好使用断奶前饲粮饲养1周左右，然后逐渐过渡到断奶后饲粮。据张宏福研究（2001），仔猪早期补料，4周龄断奶时其胰淀粉酶高于不补料的仔猪，断奶后7 d小肠绒毛较高，仔猪能较好地保持肠壁完整。由此可以看出，早期补料可以减少消化道应激，便于仔猪断奶后饲养，有利仔猪生长发育和健康。

（五）防止僵猪产生

所谓的僵猪，是指由某种原因造成仔猪生长发育严重受阻的猪。它影响同期饲养的猪的整齐度，浪费人工和饲料，降低舍栏及设备利用率。增加了养猪生产成本。

1. 产生僵猪的原因　概括起来形成僵猪有两个主要时期和多方面原因。

（1）出生前。主要是由于妊娠母猪饲粮配合不合理或者日粮喂量不当造成的，特别是母猪饲粮中能量浓度偏低或蛋白质水平过低，往往会造成胚胎生长受限，尤其是妊娠后期饲粮质量不好或喂量偏低是造成仔猪初生重过小的主要原因；另外母猪的健康状况不佳，患有某些疾病导致母猪采食量下降或体力消耗过多而引起仔猪出生重降低；再有就是初配母猪年龄或体重偏小或者是近亲交配，也会导致仔猪初生重偏小。以上三种情况均会造成仔猪生活力差、生长速度缓慢。

（2）出生后。母猪泌乳性能降低或无乳，仔猪吃不饱，影响仔猪生长发育。造成母猪少乳或无乳的原因，主要是由于泌乳母猪饲粮配合不当，或者日粮喂量有问题或者母猪年龄过小、过大造成乳腺系统发育存在问题，妊娠母猪体况偏肥、偏瘦，产前患病等；仔猪开食晚影响仔猪采食消化固体饲料的能力，母猪产后3周左右泌乳高峰过后，母乳营养与仔猪生长发育所需营养出现相对短缺，从而使得仔猪表现皮肤被毛粗糙，生长速度变慢；仔猪饲料质量不好，体现在营养含量低、消化吸收性差、适口性不好三个方面，这些因素均会影响仔猪生长期间所需营养的摄取，有时影响仔猪健康，引发腹泻等病；仔猪患病也会形成僵猪，有些急性传染病转归为慢性或者亚临床状态后会影响仔猪生长发育，有些寄生虫疾病一般情况下不危及生命，但它消耗体内营养，最终使仔猪生长受阻。有些消耗性疾病如肿瘤、脓包使仔猪消瘦减重。消化系统疾病则影响仔猪采食和消化吸收，使仔猪生长缓慢或减重。仔猪用药不当，有些药物将疾病治好的同时，也带来了一些副作用，导致免疫系统免疫功能下降，骨骼生长缓慢。如一些皮质激素、喹诺酮类药物的使用会使仔猪免疫功能降低，时间过长，会影响仔猪骨骼生长。其他有些药物有时也会造成消化道微生物菌群失调，引起消化功能紊乱，仔猪生长发育受阻。有时仔猪受到强烈的惊吓，导致生长激素分泌减少或停滞从而影响生长。

2. 防止僵猪产生的措施 防止僵猪产生应从以下几方面着手。

（1）做好选种选配工作：交配的公、母猪必须无亲缘关系。纯种生产要认真查看系谱，防止近亲繁殖。商品生产充分利用杂种优势进行配种繁殖。

（2）科学饲养好妊娠母猪：保证妊娠母猪具有良好的产仔和泌乳体况，防止过肥、过瘦影响将来泌乳，保证胎儿生长发育正常，特别是妊娠后期应增加其营养供给，提高仔猪初生重。

（3）加强泌乳母猪饲养管理：本着“低妊娠、高泌乳”原则，供给泌乳母猪充足的营养，发挥其泌乳潜力，哺乳好仔猪。

（4）对仔猪提早开食及时补料：供给适口性好，容易消化，营养价值高的仔猪料，保证仔猪生长所需的各种营养。

（5）科学免疫接种和用药：根据传染病流行情况，做好传染病的预防工作，一旦仔猪发病应及时诊治，防止转归为慢性病。正确合理选择用药，防止仔猪产生用药副作用，影响生长，及时驱除体内外寄生虫。

对已形成的僵猪要分析其产生的原因，然后采取一些补救措施进行精心饲养管理。生产实践中多通过增加可消化蛋白质、维生素的办法恢复其体质，促进其生长，同时注意僵猪所居环境空气质量，有条件的场家在非寒冷季节可将僵猪放养在舍外土地面栏内，效果较好。

（六）控制仔猪腹泻

腹泻是仔猪阶段的常见病和多发病，轻者影响生长增重，重者继发其他疾病甚至死亡，给养猪生产造成一定的损失。仔猪腹泻分为病原性腹泻和非病原性腹泻，病原性腹泻将在猪病防治内容中详细介绍。

非病原性腹泻是由于断奶应激、肠道损伤，使消化道酶水平和吸收能力降低，造成食物以腹泻形式排出。仔猪消化道与外界相连，很容易受外来物质侵袭。肠道的健康依赖于肠道局部免疫系统，该系统能够广泛识别抗原并与其发生特异性反应。肠道免疫抗体对以前未曾接触过的一切外来抗原均会发生免疫反应，用以消除抗原的危害，结果造成肠细胞损伤，成熟细胞减少，消化酶水平下降，小肠绒毛萎缩，肠腺窝增生，导致仔猪腹泻。仔猪日粮中含有大量抗原（主要是蛋白质），肠道免疫系统不能经常发生免疫反应，而是表现出免疫耐受，当肠道中的食物抗原成分达到一定数量和作用时间后，仔猪受免疫耐受作用，对后来的同类抗原不再反应。当仔猪断奶时对高抗原日粮未能适应或者肠道没有产生免疫耐受时，这种日粮将引发仔猪大量腹泻。此种情况多发生于早期断奶的最初几天或饲粮更换后的几天。此时腹泻症状如果不加以控制，可诱发大肠杆菌的大量繁殖，使腹泻症状加剧。

鉴于上述情况，控制仔猪腹泻应从以下几个方面着手。

1. 提早开食、大量补料 仔猪最初采食饲粮的蛋白质水平和品质，将影响其断奶后饲粮蛋白质水平和品质，因此，哺乳期提早开食，食入大量的饲料，促使肠道免疫系统产生免疫耐受力，免得断奶后对日粮蛋白质发生过度敏感反应。如果开食晚、补料少，就会造成免疫系统损伤，仔猪断奶后这种反应更加严重。断奶前如果不补饲，其效果介于两者之间。这一发现具有重要的实践意义，对于4~5周龄以后断奶，进行高质量补饲，对保证仔猪断奶后健康和正常生长发育具有明显的效果。对8周龄后断奶的仔猪，补饲效果不明显。研究发现，3周龄或更早断奶的仔猪，断奶前至少累积补料600 g才能使消化系统产生耐受反应，从而减少断奶后仔猪腹泻。鉴于这种情况，对3周龄以前准备断奶的仔猪，可以在7日龄进行强制开食，并且要求开食料适口性好，易于消化吸收，使仔猪在断奶前采食尽可能多的饲料，使肠道免疫系统产生免疫耐受力。

2. 添加氨基酸降低开食料的蛋白质水平 日粮中蛋白质是主要抗原物质，降低饲粮蛋白质水平可减轻肠道免疫反应，缓解和减轻仔猪断奶后的腹泻。有人试验，酪蛋白不经酶法水解具有活性，直接作为蛋白源存在于饲料中，仔猪易发生腹泻；经酶法水解后，仔猪无腹泻现象。试验表明，即使没有大肠杆菌繁殖，未经酶法水解的酪蛋白同样会导致仔猪腹泻。这一点证明，肠道损伤是免疫反应的结果而不是病原微生物作用的结果。仔猪开食料蛋白质水平高，可导致肠腺窝细胞增生，蔗糖酶活性下降，而饲喂低蛋白质水平饲粮上述情况可以减轻。仔猪饲粮中添加氨基酸，尤其是添加赖氨酸0.1%~0.2%后，可以降低2%~3%的蛋白质水平，从而达到降低抗原的目的，并且对增重和饲料转化率均有提高的效果。实践证明，6~15 kg仔猪蛋白质水平由23%降至20%，赖氨酸1.25%时，仔猪腹泻明显减少。

3. 使用抗生素和益生素 仔猪饲粮中添加抗生素，可以抑制和杀灭一些病原微生物，同时加速肠道免疫耐受过程，使进入肠道的抗原致敏剂量变成耐受剂量，减轻肠道损伤。添加益生素可以使肠道菌群平衡，抑制有害菌的生长繁殖，同样可以达到减轻腹泻的效果。

4. 增加仔猪饲粮中粗纤维含量 这种做法可以降低断奶应激和避免仔猪在断奶时出现生产性能停滞期。有人试验，仔猪饲粮中添加20%的燕麦对仔猪生长率无明显影响，但可以改善粪便外观效果。控制仔猪腹泻，还要注意饲料的防腐防霉，保证饮水清洁卫生和环境卫生。大群仔猪腹泻时应及时诊治，以免延误治疗机会或引发其他疾病。

总之，控制仔猪腹泻应从饲粮配合、饲喂技术、环境控制等方面着手，不要单一依赖药物控制。

第三节 保育舍生产操作规程示例

一、工作目的

减少断奶仔猪应激，确保仔猪成活率，为育成育肥舍提供强壮仔猪。

二、工作规程操作要求

（一）饲喂要求

（1）刚断奶仔猪只提供充足的饮水，饮水中加入药物和多种维生素，预防应激或仔猪腹泻。

（2）保育仔猪喂液态料时，料水比1：（2.5~3），每次喂液态料时料槽内不要倒得太满，以防仔猪争抢溢出而造成浪费。断奶前两周每天饲喂8次，每隔2 h喂一次，上午7：00、9：00、11：00，下午1：00、3：00、5：00、7：00、9：00；从第三周开始每天至少饲喂6次，上午7：00、9：30、12：00，下午2：30、5：00、7：30。

（3）饲喂干料时，让仔猪自由采食箱内干料，要注意小猪采食量是有限的，每次放干料不要太多，要少喂勤添，每天添料6~8次，要保持料的新鲜，喂料前一定先清除料槽内发霉变质的饲料。

（4）在仔猪到达42日龄时（下保育两周），至少用3 d时间从第一阶段料向第二阶段料过渡，过渡时第一阶段料与第二阶段料的混合比例为：第一天为2∶1，第二天为1∶1，第三天为1∶2。

（5）在转入育成育肥舍的当天不要放料或少喂料，以减少转群的应激和避免剩料造成浪费。

（6）每次喂料后必须检查料槽和饮水器，防止饲料干结不下料和饮水器堵塞，并及时清除料槽内仔猪粪便及被粪尿污染的饲料。

（7）每天晚上及时准确填写当天各单元仔猪采食量和仔猪死亡等记录。

（二）卫生与防疫

（1）冬季中午温度高时，打开门窗通风换气，夏季可用水冲洗保育床，保证栏上无积粪。但应尽量减少水冲，确保保育舍的干燥，保证室内相对湿度不高于70%。

（2）工作期间穿胶鞋，每周三、周六更换脚手盆和消毒池的消毒液，保证一定水量和药效。每单元的工具专用，不得交叉使用。

（3）每周二、周五定期进行消毒，几种消毒剂交替使用。

（4）定期领取药物进行灭鼠、灭蝇等工作。

（5）认真配合技术员的工作，在防疫时做好保定，一猪一消毒，一猪一针头。

（三）检查猪群

首先对所有仔猪详细检查，观察猪群的总体情况，观察仔猪的姿态以判断室温是否合适，若挤压成堆则表示温度有些低，应及时调节加热设备，避免受冷。断奶第一周室温调节为27~28 ℃为宜，以后每周可降低2 ℃，断奶第一周日夜温差最好不超过2 ℃，否则仔猪可能发生腹泻和生长不良。

（四）疫病治疗

由于断奶应激和小猪抵抗力不强，往往易感多类疾病，因此要勤于观察，及时治疗。当发现异常猪只时，首先汇报给区域负责人，在兽医的指导下进行用药治疗。若病猪量大时要采用药物拌料或利用饮水投药。避免经常使用同一类药物而产生耐药性。

（五）设备检查

每天上下班要检查饮水器是否堵塞，电源线路、加热板是否漏电，保育栏、料槽是否被弄坏等。

（六）猪群周转

（1）坚持“小猪接，大猪送”的原则。

（2）转猪时间安排：每年4~10月上午转，11月至翌年3月下午转。

（3）每周三再次认真准备并检查接猪的饮水器、加热板、饮水混药器、料槽等设备，为周四断奶接猪做准备。

（4）每周四断奶前先将保育猪单元升温至28 ℃，饮水槽内注入饮水（加抗应激药物），断奶时到产房接断奶仔猪，根据仔猪大小、数量、公母等，按畜牧人员要求将2窝或3窝仔猪放入一个保育栏饲养。

（5）猪转走的当天，就要把空栏打湿，若当天没时间冲洗则第二天再用高压冲洗机进行冲洗，达到保育栏、塑料板、地面、墙壁、窗台及玻璃、天花板、干料槽、液态料槽等均不得有粪便和污垢。

（6）冲洗完毕后（即第3天）立即检查所有设备是否损坏，包括保育栏、干湿料槽、灯泡、水管、饮水器等，及时通知维修人员进行维修。

（7）维修后经防疫技术员检查，检查合格后再用2%~3%的氢氧化钠溶液彻底消毒，半天后用清水冲洗，若上一批生产中存在较大健康问题则必须熏蒸消毒，熏蒸时注意密闭和保持一定的温度和湿度（15 ℃以上，相对湿度60%~80%），保证每批熏蒸一次，进猪前提前2~3 d通风换气。

三、保育舍消毒防疫措施

（1）保育舍各单元门前消毒池、脚盆和手盆每周三、周六各换消毒液一次。

（2）保育栏上不能有积粪，特别是夏季注意防止蚊蝇滋生。

（3）每周二、周五对各单元猪只进行全体消毒。

（4）空栏单元按以下程序冲洗消毒：清扫—高压水枪冲洗—3%的氢氧化钠溶液消毒—冲洗—空栏干燥—转进猪群—消毒。

第十章 育肥猪生产

第一节 育肥猪生产前的准备

圈舍的合理准备可以为育肥猪提供舒适的环境，科学地组织猪群可以方便生产管理并提高管理效率，做好圈舍的消毒及猪群驱虫和免疫接种工作可以保证育肥猪的群体安全。

一、圈舍的准备和消毒

圈舍准备，首先需要确定育肥猪的群体规模和饲养密度，然后再根据育肥猪的饲养数量和饲养密度确定所需要的圈舍数量，并对圈舍进行维修和严格的消毒后，才能用来进行育肥猪生产。

（一）饲养密度

育肥猪的饲养密度，是指平均每头猪占用猪栏的面积（m^2），又称为占栏面积。适宜的饲养密度对于育肥猪的增重、健康、饲料转化率及猪群管理非常重要。在原窝培育的生长育肥猪群中，饲养密度过大是猪只出现咬尾、咬耳和咬架现象的主要原因。

育肥猪饲养密度的大小与猪的年龄、圈舍地面形式和管理方式等因素有关。规模化、集约化猪场，因为环境条件和卫生防疫有较为可靠的保证，并需要尽最大的可能减少育肥猪群的建筑和设备成本分摊，猪的饲养密度可以大些；而中、小规模的猪场和养猪户，则因为建筑和设备相对较为简陋，饲养密度过大会对猪群的健康和生产水平的影响较为严重，饲养密度可以稍小一些。

猪只的年龄越大，需要的占栏面积越大，生长前后期的饲养密度大小应该有所区别。

猪场圈舍的地面形式有两种，即水泥或混凝土实体地面和漏缝或半漏缝地板地面，通常后者的饲养密度要比前者大一些。

一般说来，生长育肥猪的饲养密度是每栏或每群 8～12 头，每头猪的占栏面积为 0.5～1.0 m^2。原窝培育（每圈养 8～12 头猪）是育肥猪群养的最好方式，是指将同一窝出生或同窝哺乳、保育的猪养在同一个圈舍内。

根据我国中、小型集约化养猪场建设标准和各地区的实际情况，猪群饲养密度大小可以参考以下数据（表10.1）。

表10.1　肉猪适宜的饲养密度

肉猪体重阶段（kg）	每栏头数（头）	肉猪的占栏面积（m^2/头）	
		混凝土实体地面	漏缝地板地面
20~60	8~12	0.6~0.9	0.4~0.6
60~100（出栏）	8~12	0.8~1.2	0.8~1.0

（二）圈舍的维修、清扫和消毒

育肥猪多采用舍饲。猪舍的小气候环境条件如舍内温度、湿度、通风、光照、噪声、有害气体、尘埃和微生物等都会严重影响育肥猪的健康和生产力水平的发挥。决定猪舍内小气候环境条件好坏的关键因素是圈舍的条件。猪的圈舍要求保温隔热，舍内的温度、湿度条件应满足不同生理阶段需求，要求通风良好，空气中有毒有害气体和尘埃的含量应符合要求。圈舍内的生产设施应处于良好的工作状态，饲养人员及必要的生产工具和用品应全部准备好。

在圈舍使用之前，应首先检查圈舍的门窗、圈栏和圈门是否牢固，圈舍的地面、食槽、输水管路和饮水器是否完好无损，通风及其他相关设施能否正常工作等，并及时进行更换或维修；然后，对圈舍进行彻底清扫，包括地面、墙壁、围栏、排粪沟，特别要重视对圈舍天花板或圈梁、通风口的彻底清扫；最后，要对圈舍进行严格的消毒后才能投入使用。

圈舍消毒时，要选择对人和猪比较安全，没有残留和毒性，对设备没有破坏，不会在猪体内产生有害积累的消毒剂。建议的消毒方法和步骤为：先清除固体粪便和污物，用高压水冲洗围栏、地面和墙壁；然后，加强圈舍通风；干燥后，用甲醛熏蒸消毒，每立方米空间用36%~40%的甲醛溶液42 mL、高锰酸钾21 g，在21 ℃以上温度、70%以上相对湿度，封闭熏蒸24 h（熏蒸主要适于密闭猪舍，并要特别注意安全）；通风后，对地面和墙壁用2%~3%的氢氧化钠水溶液喷雾，6 h后用高压水冲洗地面和墙壁残留的氢氧化钠；干燥后，调整圈舍温度达15~22 ℃，然后即可转入生长育肥期的猪进行饲养。

二、合理组群

根据猪的行为特性，育肥猪群饲不但能充分有效地利用圈舍的面积和生产设备，提高劳动生产率，降低育肥猪生产成本，而且可以充分发挥和利用猪的合群性及采食竞争性的特点，促进猪的食欲，提高育肥猪的增重效果。但群饲时，经常会发生争食和咬架现象，既影响了猪的采食和增重，又使群体的生长整齐度差、大小不均，因此，育肥猪群饲时必须合理组群。

（一）合理分群

育肥猪分群时，应根据其来源、体重、体质、性情和采食特性等方面合理分群，在大规模集约化猪场，还应考虑猪的性别差异。一般情况下，群体内的个体体重差异不得超过 3~5 kg。

为减少猪群争斗、咬架等现象造成应激，建议组群前要采取三项措施：一是用带有气味的消毒剂对猪群进行喷雾消毒以混淆气味、消除猪只之间的敌意；二是分群前停饲 6~8 h，但在要转入的新圈舍食槽内撒放适量饲料以使猪群转入后能够立即采食而放弃争斗；三是在新圈舍内悬挂铁环玩具或播放音乐以转移其注意力。另外，所分成的群体大小应在充分考虑原窝培育基本原则的基础上，每群以不超过 8~12 头为宜。

（二）及时调群

育肥猪分群后，在短时间内会建立起较为明显的群体位次，此时要尽可能地保持群体的稳定。但是，经过一段时间（特别是在生长期结束、体重达到 60 kg 左右时）的饲养后，应对猪群进行一次调整。

要注意，调群只适用于三种情形：一是群内个体因增重速度不同而出现较明显的大小不均的现象；二是猪群因体重增加而出现过于拥挤的现象；三是群内有的个体因疾病或其他原因已被隔离或转出。根据猪的生物学特性和行为学特点，调群时应采取“留弱不留强、拆多不拆少、夜合昼不合”的方法。

（三）加强调教

育肥猪在分群和调群后，要及时进行调教。育肥猪调教的内容主要有两项，第一是在保证猪群有足够的采食槽位的基础上，防止强夺弱食，使猪群内的每个个体都能有充足的采食；第二是训练猪的“三点定位”习惯，使猪在采食、休息和排泄时有固定的区域，并形成条件反射，以保持圈舍的清洁、卫生和干燥。防止强夺弱食的主要措施是分槽位采食和均匀投放饲料。而“三点定位”训练的关键在于定点排泄，使猪养成定点排泄习惯的主要措施是在猪转入新圈舍前，在新圈舍内给猪提供一个阴暗潮湿或带有粪便气味的固定区域并加强调教。“三点定位”训练需要 3~5 d 的时间。

三、驱虫和免疫接种

只有在健康状态下，才能保证育肥猪有较高的增重速度和产品质量。而驱虫和免疫接种工作，是保证育肥猪在生长育肥阶段健康的基本措施。

（一）驱虫

驱虫可以明显提高育肥猪的增重速度和饲料转化率，防止激发疾病，提高育肥猪生产的经济效益。

在猪的整个生长育肥期间，应主要重视驱除猪蛔虫、姜片吸虫、疥螨和猪虱等体内外寄生虫，并通常需要进行 2~3 次驱虫。第一次在仔猪断奶后 1 周左右；第二次在生长育肥阶段、体重达 50~60 kg 时；必要时可分别在仔猪断奶前或 135 日龄左右增加一次驱虫。

驱虫时，首先要选择广谱、高效、低毒或安全的驱虫药物，然后采用合理的驱虫方法。驱除体内寄生虫时，可以选择左旋咪唑（每千克体重 10~15 mg）、驱虫净（四咪唑）（每千克体重 20 mg）、丙硫（苯）咪唑（每千克体重 100 mg）等。但目前来看，高效、安全、广谱的抗寄生虫首选药物是伊维菌素或阿维菌素及其制剂，口服和注射均可，对猪的体内外寄生虫有较好的驱除效果。其皮下注射用量为每千克体重 0.3 mg，两次用药时间间隔 5 d；口服用量 20 mg/kg，连喂 5~7 d。

（二）免疫接种

商品仔猪在 70 日龄前必须完成各种疫苗的预防接种工作，而猪群转入生长育肥猪舍后，一直到出栏上市无须再接种疫苗，但应及时对猪群进行采血，检测猪体内的抗体水平，防止发生意外传染病。因此，在猪进入生长育肥期之前，必须制订合理的免疫程序，认真做好预防接种工作，做到头头接种，防止漏免。

在育肥猪的各种常见传染病中，可以说猪瘟是“百病之源”。故在免疫接种时，要首先重视猪瘟的免疫接种。一般猪场应分别在仔猪 20 日龄、55~65 日龄进行两次接种，每次每头接种猪瘟弱毒苗 2~4 头份，其他疫苗的免疫接种要根据各地的实际情况进行，注意不能照搬现成的免疫程序。

有一些养猪场或养猪农户不是自繁自养，需要从外地购进仔猪进行育肥。对外购猪的处理及免疫接种不合理，往往会给育肥猪生产带来很大的隐患。

外购仔猪时，首先要注意三点：一是尽可能从非疫区选购苗猪；二是选购的苗猪要有免疫接种和场地检疫证明；三是采用“窝选”，即选购体重大、群体发育整齐的整窝断奶仔猪。规模化育肥猪场外购仔猪时，除了应注意上述问题外，还应监测以下疾病：口蹄疫、水疱病、猪瘟、蓝耳病、伪狂犬病、乙型脑炎、猪丹毒、布氏杆菌病和结核病等。其次，购进外地仔猪后，要对外购猪进行隔离观察 2~4 周，应激期过后，根据本地区传染病流行情况进行一些传染病的免疫接种。

第二节　育肥猪的饲养管理

以最低的生产成本获得最多最好的育肥猪产品，是育肥猪生产的主要目的。而影响育肥猪生产效率和产品品质的因素有很多，如猪种和类型、营养和饲料、性别和去势、仔猪初生重和断奶重、出栏时间、环境控制、饲喂技术等，无一不对育肥猪的增重速度、饲料转化率、胴体品质产生重要影响。育肥猪的生产技术就是围绕以上因素形成的，并具体体现在猪种选择、饲喂技术、环境控制和适时出栏等生产环节中。

一、育肥猪的营养与饲喂

饲养技术水平的高低，直接关系到商品育肥猪的生长速度快慢、育肥期长短、饲料成本高低和胴体品质的优劣。饲养技术主要涉及饲料营养、饲粮配合、育肥方法和饲喂方法、饲喂次数、喂量及饮水等方面。

（一）确定适宜饲粮营养水平

饲粮营养水平的高低，可以对育肥猪的增重速度和胴体品质产生重要影响，特别是能量水平和蛋白质水平。实践证明，在同样的猪种和环境条件下，通过科学饲养和合理控制饲粮营养水平，可以提高猪的增重速度和饲料转化率，并改善胴体品质，获得良好的经济效益。

1. 能量水平 饲粮能量水平的高低与其增重速度和胴体瘦肉率关系非常密切。在饲粮蛋白质和氨基酸水平相同的情况下，猪对能量的摄入量越多，增重速度越快、饲料转化率越高，则背膘越厚、胴体脂肪含量越多（表 10. 2）。

表 10. 2 能量水平对猪的生长速度和背膘的影响

能量水平		低能量水平		高能量水平	
摄入蛋白质		低（共 34 kg）	高（共 43 kg）	低（共 35 kg）	高（共 45 kg）
粗蛋白质含量（%）		13. 4	18. 0	13. 4	18. 0
阶段日增重（g）	20~50 kg	483	564	548	610
	50~90 kg	808	780	828	945
	20~90 kg	616	664	652	735
三点膘厚（mm）		17. 5	15. 0	19. 0	16. 5

由上表数据可以看出，高能量水平对猪的增重有利，但对胴体品质不利，而且，猪在高能量水平下高增重的主要原因在于猪的体内脂肪大量沉积。因此，在猪的育肥后期，可以采用限饲的方法以控制猪的能量摄入量、提高胴体瘦肉率。

有试验结果表明，在自由采食的情况下，30~90 kg 的育肥猪，平均每天采食配合饲料 2. 7 kg，每千克饲粮含消化能 12. 55 MJ 时，增重速度较快，平均日增重可达 750 g；当限饲程度为自由采食量的 25%时，平均每天采食配合饲料 2. 0~2. 2 kg，每千克饲粮含消化能为 12. 55 MJ 时，猪的饲料消化率可提高

6.6%，而猪的胴体瘦肉率较高。

2. 蛋白质和氨基酸水平　饲粮中的蛋白质和氨基酸水平，可以影响育肥猪的增重速度、饲料转化率和胴体品质，并受猪种、饲粮能量水平及能量与蛋白质的配比的影响。

提高育肥猪饲粮中的蛋白质水平，不但可以提高猪的增重速度，而且还可以得到背膘薄、瘦肉率高的育肥猪胴体。但试验证实，当育肥猪饲粮中的粗蛋白质水平超过18%时，虽能改善肉质、提高胴体瘦肉率，但会明显增加饲料成本，很不经济。故NRC认为，体重50 kg以下育肥猪饲粮中的粗蛋白质水平应为18%，而体重50~90 kg育肥猪饲粮中的粗蛋白质水平应为13%~15%。

根据我国的实际情况，建议各地在配制生长育肥猪饲粮时，参考执行以下粗蛋白质水平标准：体重20~60 kg阶段为16%~17%，体重60~100 kg阶段为14%~16%。

蛋白质水平对育肥猪的增重速度、饲料转化率和胴体品质的影响，不但在于含量，更重要的还在于蛋白质的质量，即氨基酸的种类、含量和配比。猪需要的必需氨基酸有10种，其中第一限制性氨基酸即赖氨酸，对猪的增重、饲料转化率和胴体瘦肉率的影响最大。为生长猪补充赖氨酸，可以提高猪的增重速度和胴体瘦肉率，而以赖氨酸占粗蛋白质6%~8%时的增重效果和胴体品质最好。

3. 矿物质、维生素和粗纤维水平　矿物质和维生素可以提高商品育肥猪的增重，并保证其增重的安全性，特别是微量元素，对育肥猪的增重速度、饲料转化率和育肥猪健康影响较大。

粗纤维含量是影响饲粮适口性和消化率的主要因素。育肥猪饲粮中粗纤维含量的增加，可以降低饲料转化率和猪的增重速度，故为了育肥猪生产水平应限制饲粮中的粗纤维水平。研究表明，育肥猪饲粮中的粗纤维含量为5%~7%（最适6.5%）时，增重效果最好。建议在饲粮消化能和蛋白质水平正常的情况下，体重20~35 kg阶段粗纤维含量为5%~6%，体重35~100 kg阶段粗纤维含量为7%~8%，最高不超过9%。

（二）精心设计育肥猪的饲粮配方

饲粮配方的设计是育肥猪生产的关键技术之一。配方设计时，首先应该了解当地的饲料资源和饲料的利用价值；其次，要根据猪的生理特点和营养需要设计出一个较为完善的饲粮配方；最后，在使用所设计出的饲粮配方的过程中，根据实际效果不断调整和完善配方，以求达到最理想的饲喂效果，降低生产成本，提高养猪生产的经济效益。饲粮配方设计的方法有很多，如试差法、替代法、方程法等，但现在大多被计算机软件所代替。目前国内有许多饲料配方软件系统，如Brill饲料配方系统、Format饲料配方系统和资源饲料配方系统等，可以根据需要进行选用。

无论何种配方设计方法，在设计育肥猪的饲粮配方时，都应遵循以下原则。

（1）选择合适的育肥猪饲养标准，并根据生产实际及不同肥育阶段的预期生产水平，对育肥猪的营养成分需要量进行适当的调整。

（2）控制育肥猪饲粮中的粗纤维含量，以适应其消化生理的特点。

（3）重视饲料原料的选择，不但要保证饲料原料有较好的适口性，以及无霉变和有毒成分，而且要力求饲料原料组成的多样化。

（4）严格遵守国家饲料法规，所配合生产出的配合饲料营养指标、感官指标和卫生指标及检测方法等应符合国家相关产品的标准规定。

（5）坚持经济原则，因地制宜，尽可能地利用本地区的饲料资源，并尽量选用营养丰富、质优价廉的饲料原料。

（三）选择科学的育肥猪育肥方式

不同的育肥猪育肥方式对育肥猪的增重速度、饲料转化率和胴体品质的影响很大。从目前情况看，应用最普遍的育肥猪育肥方式是阶段育肥法。即根据生产和市场的需要，将育肥猪的育肥期分为若干阶段，然后在不同的育肥阶段采用不同的饲料营养水平、饲喂方法和管理方法进行育肥猪生产。该方法符合育肥猪的生长发育规律，使养猪生产达到生产周期短、增重速度快、胴体瘦肉率高和经济效益好的目的。

阶段育肥法在养猪生产实际应用时，主要有两种方案供选择。

1. 两阶段育肥法　根据育肥猪的生长发育规律，并主要兼顾到育肥猪的增重速度、饲料转化率和胴体品质，中小规模的养猪场或养猪户可以选择应用两阶段育肥法。

该方法将育肥猪的整个育肥期分为两个阶段，20~60 kg 为育肥前期，60~100 kg 以上为育肥后期。育肥前期采用高能量、高蛋白饲粮（每千克饲粮含消化能 12.5~12.97 MJ，含粗蛋白质 16%~17%），并实行自由采食或不限量饲喂；育肥后期适当降低饲粮中的能量水平和粗蛋白质水平，并实行限饲或限量饲喂，以减少育肥猪体脂的沉积。

2. 三阶段育肥法　在较大规模的养猪场或集约化猪场，为了使育肥猪的育肥过程更加科学、高效，通常在充分考虑育肥猪在不同阶段的生长发育特点的前提下，将育肥猪的整个育肥期分为三个阶段，20~35 kg 为育肥前期，35~60 kg 为育肥中期，60~100 kg 以上为育肥后期。

（四）保证清洁饮水的充足供应

水分占猪体组成的 55%~65%，主要参与体温调节、养分运转和消化吸收、分解与合成、废物排泄等一系列猪体新陈代谢过程。如果饮水不足，可以引起育肥猪的食欲减退、采食量减少，导致育肥猪生长速度减慢、健康受损。

育肥猪的饮水量随其生理状态、环境温度、体重、饲料类型和采食量等因素而变化。一般情况下的饮水量大约为其风干料采食量的3~4倍或其体重的16%，环境温度高时饮水量增大，温度低时减少。为满足育肥猪的饮水需要，应在圈栏内设置自动饮水器，自动饮水器的高度应为猪肩高+5 cm，保证育肥猪经常能够饮到清洁、卫生、爽口的饮水。

二、育肥舍环境控制

育肥猪的环境，是指猪的内环境和外环境。猪的内环境由生物环境和非生物环境组成，其中生物环境包括猪体内的寄生虫和微生物；非生物环境包括猪的体温、pH值、体组织成分和体液渗透压等。而猪的外环境由自然环境和人为环境组成，其中自然环境包括空气、土壤、水等非生物环境，以及生物环境等；人为环境则主要包括猪舍、设施、管理、选种、饲养等养猪生产中的各种环境因素。

正常情况下，猪的内环境保持相对的平衡，而猪的外环境却处于不断的变化之中。当外环境变化时，猪的内环境会依靠自身内部的调节机能而保持相对的稳定。但是，机体内部的这种调节能力是有一定的限度的。当外环境变化较为剧烈而超出了机体的调节能力时，则机体内环境的稳定性就会被打破，猪的健康、繁殖、生产力和胴体品质就会受到很大的影响，严重时可导致猪的死亡。

因为猪的外环境的变化而导致猪的内环境的稳定性被破坏的现象通常称为猪的应激。

对育肥猪的环境控制，就是通过人为的方法，尽量保持育肥猪外环境的稳定性，防止或减轻应激发生而提高育肥猪的生产水平和养猪经济效益的过程。

现代养猪生产采用舍饲，构成育肥猪外环境的因素非常复杂，涉及猪舍小气候、圈舍卫生、饲养密度、生产管理、病原微生物等许多方面，它们对育肥猪生产都会产生非常重要的影响。

（一）提供适宜的猪舍小气候环境条件

猪舍小气候环境条件主要包括温度、湿度、通风、光照、噪声、有害气体和尘埃等。

1. 温度和湿度 这是育肥猪最主要的小气候环境条件，可以直接影响猪的增重速度和饲料转化率。

“小猪怕冷、大猪怕热”是猪对于环境温度要求的一般规律，具体来说只有在适宜的环境温度下，育肥猪的生长速度才最快，饲料转化率才最高。研究证实，保持适宜温度20 ℃左右、相对湿度50%~70%，可以获得较高的育肥猪日增重和饲料转化率。

应该注意的是，育肥猪生产切忌低温高湿和高温高湿环境。低温高湿环境可以降低育肥猪增重，增加育肥猪单位增重的耗料量；而高温高湿环境不但降低育肥猪增重，而且使育肥猪的发病率和死亡率提高。调节猪舍环境温度的方法多种多样，而降低猪舍湿度的最好方法是采用漏缝或半漏缝地板地面，并加强通风换气。

2. 光照　一般认为，光照对育肥猪的生产水平影响不大，但适度的光照却能够促进育肥猪的新陈代谢，提高育肥猪的增重速度和胴体瘦肉率，增强育肥猪的抗应激能力和抗病力。故建议有条件的育肥猪饲养场，应该将猪舍的光照强度从 10 lx 提高到 40~50 lx 以上，同时将猪舍的光照时间从 6~8 h 延长到 10~14 h。但光照过强也是不利的，可能导致咬尾。

3. 通风和噪声　通风，不但与育肥猪增重和饲料转化率有关，而且也与育肥猪的健康关系密切。育肥猪育肥前，一方面要做好圈舍的修缮以防止“贼风”危害猪群，另一方面要加强猪舍的通风换气控制。猪舍的通风以纵向自然通风辅以机械通风为宜。但在猪舍自然通风设计时要注意，猪舍门窗并不能完全替代通风孔或通风道，欲保证猪舍的通风效果，必须设计猪舍的进风孔和出气孔。噪声，可以直接导致猪群应激的发生。育肥期间，育肥猪舍要尽量保持安静，生产区内严禁机动车通行和大噪声的机械操作。

4. 有害气体和尘埃　育肥猪的采食、排泄、活动，以及通风、饲养管理操作等，都会在猪舍内产生大量的有害气体和尘埃。

育肥猪舍内的有害气体主要包括氨气、硫化氢和二氧化碳。育肥猪舍内有害气体和尘埃的大量存在，可以降低猪体的抵抗力，增加猪体感染疾病的机会(如皮肤病和呼吸道疾病等)。故实际生产中应尽可能地减少猪舍内有害气体和尘埃的数量。

减少育肥猪舍有害气体和尘埃的主要方法包括加强通风换气，及时清除粪尿、废水，确定合理的饲养密度，保持猪舍一定的湿度和建立有效的喷雾消毒制度等。

一般要求育肥猪舍内氨气的体积浓度不得超过 0.003%，硫化氢的体积浓度不得超过 0.001%，二氧化碳的体积浓度不得超过 0.15%。

（二）重视育肥猪圈舍的清洁卫生

圈舍的清洁卫生，可以对育肥猪的生长和健康产生一定的影响，这也是较为重要的环境条件之一。

保持圈舍的清洁卫生，不但要通过打扫、冲刷和通风保持圈舍清洁干燥、无粪尿，而且还要减少或避免猪舍内有害气体和尘埃的积聚，更重要的是要减少舍内的微生物数量，特别是病原微生物的数量。

减少和消灭猪舍内病原微生物的主要方法是对育肥猪舍定期进行消毒。消毒应每周进行一次，可选用对猪的皮肤和黏膜刺激性较小的消毒剂，如季铵盐类，用高压喷雾消毒器械消毒，特别要重视对墙壁、窗户和天花板的消毒。

（三）确定合理的饲养密度和管理方式

育肥猪的饲养密度大小可直接导致猪舍温度、湿度、通风等环境条件的变化，同时对猪的采食、饮水、粪尿排泄、活动休息和圈舍卫生等方面产生重要影响。猪群发生争斗现象的主要原因就是饲养密度过大。故合理确定饲养密度很重要。值得注意的是，育肥猪饲养密度的确定与猪群的管理方式有关。

在育肥猪群养时，采取原窝培育是最好的方式。圈舍大小的确定可以参考如下的每头猪占栏面积标准：实体地面或水泥混凝土地面的圈舍 0.8~1.2 m^2，漏缝地板地面的圈舍 0.5~1.0 m^2。

三、适时出栏

育肥猪的适宜出栏体重和时间，既取决于市场对猪的胴体品质的要求，也要权衡综合经济效益。

实际生产中，在确定育肥猪的适宜出栏时间和体重时，不能仅仅以其胴体瘦肉率高低为依据，应该结合其增重速度、饲料转化率、屠宰率、胴体品质，以及商品猪肉市场价格、日饲养费用、种猪饲养成本分摊等方面进行综合的经济分析。

根据育肥猪的生长发育规律，猪的体重越小，饲料转化率越高，随着体重的增长，单位增重的耗料逐渐增多；育肥猪的增重速度，在育肥的早期往往随着体重的增加而逐渐加快，但随着育肥猪体重的增大，增重速度、饲料转化率和胴体瘦肉率逐渐降低，而单位增重的耗料量、屠宰率和胴体脂肪含量则逐渐增高（表 10.3）。

表 10.3　育肥猪不同体重时的增重速度和饲料消耗

活重（kg）	增重速度（g/d）	日耗料（kg/头）	单位增重耗料（kg）
10.0	383	0.95	2.50
22.5	544	1.45	2.61
45.0	762	2.40	3.30
67.5	816	3.00	3.78
90.0	839	3.50	4.17
110.0	813	3.75	4.61

当然，猪的体重较小时，虽然饲料转化率和胴体瘦肉率较高，但屠宰率和

产肉量较低，经济效益较差。

在对不同类型商品育肥猪出栏体重和时间的不断探索中，各育肥猪饲养场或者养猪户，可以参照如下的育肥猪出栏体重标准：二元商品杂交猪为85~95 kg，三元商品杂交猪为95~105 kg，配套系杂交猪为115~120 kg。

第三节　育肥舍生产操作规程示例

一、工作目的

确保育成猪的健康，努力提高其生长速度、饲料报酬和出栏比例。

二、操作规程要求

（一）饲喂

（1）新转进育肥舍的仔猪饲喂保育后阶段料，喂1周时间，平均每头每天采食量为1 kg，每天饲喂5~6次。

（2）第2周的前3 d时间由保育后阶段料过渡到小猪料，过渡方法为：两种料的混合比例第1天为2∶1，第2天为1∶1，第3天为1∶2，第4天完全过渡到小猪料，对于弱小仔猪可以适当继续饲喂一段时间保育后阶段料。该阶段饲料每天饲喂4~5次（根据情况可实行5 d过渡）。

（3）育成猪生长到40 kg时饲料由小猪料过渡到种猪料，过渡方法同上，每天饲喂3次，日采食量为体重的4%~5%。

（4）每次喂料前将猪圈打扫干净，圈内不得有粪便，以免污染饲料。

（5）饲喂湿拌料（握住成团，丢下即散），喂料时撒开，以防强弱猪吃食不均，每顿按2~3次饲喂，第一次少撒饲料，根据每圈吃食情况对有吃不饱猪的圈栏再另外添加饲料，猪吃饱后圈内只许剩余少量饲料，以免造成饲料浪费。

（6）饲喂后检查猪群，记录食欲较差、厌食的猪只，并及时汇报给区域负责人。

（7）必须经常检查饮水器，防止饮水器堵塞。

（8）即将装车出售的猪不准饲喂。

（二）卫生与防疫

（1）每次喂料前将猪圈打扫干净，喂料后打扫走道，将饲料扫到圈内。

（2）腾出空栏后，及时清扫—冲洗—消毒—空栏。

（3）每周三、周六及时更换脚、手盆消毒液，保持一定水位和药效。进入每幢猪舍前必须洗手、沾脚。脚盆使用2%~3%的氢氧化钠溶液。

（4）每周二、周五必须定期消毒。消毒要彻底，消毒剂要交替使用，根据使用说明，浓度不得过低，但也不得过高，避免造成浪费。

（5）技术员、饲养员均不得随便串岗。

（6）认真配合技术员的工作，在防疫时做好保定，一猪一消毒，一猪一针头。

（7）猪舍空出的当天，就要把圈栏打湿，若当天没时间冲洗则第 2 天再用高压冲洗机进行冲洗，地面、墙壁、窗台及玻璃、天花板和尿沟等均不得有粪便和污垢。

（8）冲洗完毕后（即第 3 天）立即检查所有设备是否损坏，包括料车、圈门、灯泡、水管、饮水器等，及时通知维修人员进行维修。

（9）维修后经防疫技术员检查，检查合格后再用 2%~3%的氢氧化钠溶液彻底消毒，半天后用清水冲洗，若上一批生产中存在较大的健康问题则必须熏蒸消毒，熏蒸时注意密闭和保持一定的温度和湿度（15 ℃以上，相对湿度 60%~80%），进猪前提前 2~3 d 通风换气。

（10）卖猪时猪场工作人员不得踏上拉猪车辆，杜绝售出的种猪重新返回到装猪台上。

（三）猪群管理

（1）星期五接保育仔猪。按“小猪接，大猪送”的原则，周五接保育猪的饲养员接猪前先将接猪单元圈门关好，脚盆、手盆消毒液准备好，冬季关好门窗，堵塞漏风口，升高室温，再准备接仔猪。

（2）对刚转进的保育仔猪在一周内做好“三点定位”，即采食区、休息区和排粪区。做好三点定位是育成区饲养员的关键工作。保持圈内干净卫生，把粪便及时打扫到泡粪池内。

（3）是种猪场的，饲养人员要积极配合种猪鉴定员做好种猪和肥猪的销售工作，听从种猪鉴定员的安排，无论种猪还是肥猪，卖猪时一律不得打猪，在选猪室穿着整洁，微笑服务客户，不得大声喧哗取闹，严禁抽烟。

（4）是种猪场的，饲养人员积极配合育种员进行种猪测定工作，称量始测体重，结测体重，测定背膘和眼肌及协助育种员做好外形鉴定工作，发现异常情况及时汇报。

三、育成区消毒防疫制度

（1）各栋猪舍门前走道要保持干净整洁，料袋上的线绳要集中收集，不得乱扔。

（2）每栋猪舍内猪圈要做到一天三扫，走道上料后清扫干净，夏季外圈应及时清理干净，特别是外圈四角不得积粪，防止生蛆。

（3）育成区应每周二、周五统一进行大消毒，消毒时应遵守使用说明配兑消毒液，必须保持一定的药效且不得造成浪费，饲养员可根据猪群的健康状况适当增加消毒次数。

（4）每栋猪舍门前的两个脚盆、手盆，每周三、周六各换水一次，售猪频繁时可增加更换次数，必须保持一定的水位和药效，手盆使用无刺激性的消毒剂。

（5）售完猪后，饲养员要做好空栏的冲洗消毒，清扫—高压水枪冲洗—3%的氢氧化钠溶液消毒—清洗—空栏干燥—接猪前其他消毒剂消毒—转进猪群。

（6）饲养员对猪群消毒时，应记准所使用消毒剂的种类，各种消毒剂要交替使用。

第十一章　猪场的经营管理

第一节　猪场的人力资源和行政管理

一、人力资源管理

现代化猪场的管理者应把员工队伍的建设工作放在首要位置，人的因素第一，能培养一支责任心强、工作认真、技能过硬的员工队伍就是养猪企业的无形财富。

（一）建立健全各项规章制度

现代化猪场要根据本企业的作业条件和综合情况制定出切实可行的各项规章制度，并且认真监督执行，首先要求管理人员带头遵守，“自身正、不令则严”，对违反场规、场纪的员工要根据情节的轻重分别进行处理，情节较重并有代表性的除了在大会上通报批评外还要进行经济处罚；情节较轻的背后批评教育。要做到在规章管理制度面前人人平等、奖罚分明、一视同仁，使员工都能保持平稳的心态投入一天的工作。

（二）生产指标的核定与工作分配原则

现代化猪场要根据本企业的工作条件和生产规模核定出各项生产指标，工资分配本着多劳多得的原则和生产指标紧密挂钩。生产指标和定额在核定时要有一个合理的基础点，要通过员工的努力工作才能达到和超额，超额部分以奖金形式每月兑现发放，对生产指标完成比较好和生产业绩较突出的员工在年终时给予相应的奖励。一个员工的工资收入应和他的劳动付出、生产业绩成正比。员工的劳动报酬和他们的切身利益紧密相关，因此，不管企业的效益好坏，每月都要按时给员工发放工资，这样才能充分调动员工的工作积极性，努力完成各自的本职工作。

（三）搞好业务培训、提高综合素质

要利用业余时间组织员工进行业务学习，要根据员工的文化基础分类培训。先从养猪的基础知识教起，内容由浅入深，通俗易懂，同时要结合生产实践，使员工能够逐渐地掌握各类猪的饲养技术，新员工上岗前必须进行业务培

训，向员工介绍企业的概况，讲解每天的工作内容，学习各项规章制度，特别是卫生防疫制度，同时学习各类猪的饲养管理技术和操作规程。上岗时先由经验丰富的老员工带领，技术人员每天深入车间做现场指导，言传身教，使其逐渐地适应工作环境和熟悉作业内容。另外，还要在意志、品德方面进行教育，以提高员工队伍的综合素质。

（四）创造良好的生活环境，丰富业余文化生活

猪场实行全封闭式日常管理，员工的工作和生产非常单调。特别是在节日期间，个别员工思想情绪波动较大，极易影响工作。因此，平时要注意丰富员工的业余文化生活，每逢员工生日都要组织生日宴会为其庆祝，同时要创造一个舒适的生活空间和良好的食宿条件。企业要设有员工娱乐室，供员工业余时间开展文体活动。平时要多了解员工，发现问题及时沟通。做到有情关怀，无情管理，使员工对企业有一种依赖性和归属感，为企业发展献计献策，有力地提高企业的凝聚力和向心力。

（五）确定组织机构，按机构岗位定编人员

在能完成日常工作任务的前提下尽量压缩管理人员的编制，一个人能完成的工作绝不安排两个人，要杜绝人浮于事的现象。招聘员工时要双向选择，应注重应聘人员的素质，要求应聘者工作踏实肯干，吃苦耐劳，不怕脏，不怕累，热爱本职工作，具备这样素质的员工在以后的工作中才能让管理者放心。

（六）员工文化结构

现代化猪场员工文化程度应该有一个合理的结构，这样既便于工作分工和协作，又便于技术应用与管理。猪场的场长或总经理应具有本科以上学历并从事猪场管理工作 5 年以上，专职的兽医师和畜牧技术员应具有本科学历并从事本职工作 3 年以上，各职能部门的负责人应具有中专以上学历，各车间主任应具有高中以上文化程度，其他员工应具有初中以上文化程度。这样倒三角的文化结构，才能适应现代化养猪的需要，才能应用先进科学的饲养管理技术。

二、猪场的行政管理

行政管理的根本任务是管好人、用好人，调动全体员工的积极性，全场上下同心协力按计划完成各项工作任务，实现预期的生产目标。

（一）健全组织机构，定岗定编

1. 组织机构的设立 要根据管理需要、实际工作任务而定，还要考虑机械化、自动化程度，防止人浮于事。下面以 600 头基础母猪生产规模的养猪企业为例说明机构和人员编制。设总经理或场长 1 名，负责全面的经营管理工作，下设生产技术部、后勤财务部和购销部，各部门设主任 1 名，负责各部门的工作。生产技术部还可分为饲料生产和养猪生产两部分。设 1 名饲料生产主

管，要根据生产的机械化程度和饲料用量（5~10 t/d），配备2~4名工作人员。养猪生产是整个猪场的主体，由生产技术部主任直接负责，下设技术员2名（1名兽医和1名畜牧师），繁殖配种组、分娩哺育组及肥育饲养组分别配备4名工作人员，保育组安排3名工作人员，每组设一名组长负责。后勤财务部由3~4人组成，购销部根据业务量大小安排3~5名工作人员。

2. 明确岗位职责及要求 猪场的整体工作采取场长或总经理负责制，按岗位职责权限，部门主任对场长或总经理负责，生产班组长对部门主任负责，每个岗位都制订岗位职责。每个岗位都要经过竞聘上岗，并要遵守岗位职责，按制度和要求办事，受聘人员必须与企业签订劳动合同，明确责权利关系。

3. 建立健全各项规章制度 猪场的各项规章制度必须健全，做到有章可循，按规定进行生产，避免管理上的随意性。主要规章制度包括财务制度、物品原料管理制度、生产管理制度、劳动纪律及有关购销后勤保障的规章制度和奖罚制度，要求行政管理者（总经理和部门主任及班组长）与一般工作人员一样遵守制度，不能有特权。

（二）行政管理的工作程序

1. 日管理 每天早上7：30安排一次日工作协调会，主要内容是：由班组长或部门主任汇报前一天发生的工作事件，并按工作计划汇报当天将要进行的工作项目、任务及工作管理中可能出现的问题。最后由场长或总经理协调安排当日的工作，组织解决已出现的问题，避免可能发生的问题，鼓励员工做好当天的工作。

在生产过程中，如果出现重大问题应及时汇报给场长或主任，以便及时协调解决。每天下班后，要求各班组长认真写好当天的工作日记，并及时交给管理人员。

2. 周管理 规模化、集约化猪场的生产是以周为单位重复进行的，因此每周的行政管理必须也按该周的生产进行安排。要求每周召开一次行政会议，主要是对本周的工作进行小结，肯定成绩，找出不足，提出解决问题的办法。同时利用周行政会议，由场长通报本周国内外与养猪生产有关的最新科技信息、市场信息、疫情信息，使员工提高认识，增强信心。

3. 月管理 月管理主要是总结表彰和奖罚，要求各项生产指标的统计、计算方法要统一一致、公开公正。下面以一个猪场5月份工作总结会为例，介绍月工作总结会的资料准备、会议议程及预期效果。

（1）资料准备：某猪场准备在5月末或6月初的某一周末召开一次月工作总结会，以总结5月份的工作。需要准备以下资料：繁殖配种组需要前4个月的配种、妊娠诊断和4~5月份的分娩记录，用以分析比较各月配种情况，特别是4~5月份的分娩统计是配种组工作成绩的综合表现。虽然分娩成绩受许多因素影响，但是必须对4个月以来的影响因素认真分析，结合生产成绩做出奖惩决定，现多用存栏母猪一定时间内提供符合标准体重的、健康的初生活仔猪数量来衡量。分娩组的成绩主要有：哺乳开始头数/窝、哺乳成活率、断奶头数/窝，哺乳天数、断奶个体重及断奶窝重等。需要准备1~5月份各月的统计结果，重点是3~4月份分娩、4~5月份断奶的统计记录，用于分析分娩舍4~5月份的工作业绩。保育舍和育肥舍的资料比较简单，保育舍的成绩是4月份从分娩舍转来的健康仔猪数在保育舍饲养1个月后，本月初至本月末转出的体重在25 kg以上的健康仔猪的头数，当月即可统计。育肥舍主要是育肥成活率，育肥速度要用4个月的资料及月底盘点资料进行分析比较。

(2) 会议的议程及内容：每月的工作总结会议是很重要的，只有精心组织，才能收到良好效果。首先由部门主任简述本月工作基本情况，再由技术权威根据所提供的资料分析各部门生产现状、生产成绩变化的原因，并提出改进措施及建议。工作人员、部门主任会同专家一起研究解决问题的措施。最后由场长做出全面总结，并对优秀班组和个人进行精神和物质奖励。对于因人为事故造成生产成绩下降的，要对当事人及其主管做出适当处罚。

(3) 预期效果：通过月工作总结会议达到的目的是保持该月的优秀成绩，纠正工作中出现的失误，预计下月可能出现的问题，调动全体员工的生产积极性，为下一个月创造更好的成绩打下良好基础。

4. 年终工作总结 将各个月份的工作总结进行汇总，对照本年度的生产计划和各部门的生产目标，结合全年的各项统计资料分析计划完成情况，总结一年来的工作经验，找出不足，吸取教训，表彰奖励先进个人和班组。

第二节 猪场的经营管理

一、猪场的计划管理

（一）规模化猪场的计划管理指标

1. 存栏数 是指当年末（12月31日）舍内饲养的猪总头数，也可作为下一年初的存栏数。

2. 饲养量 是指全年饲养的猪总头数，有时为了比较分析，限定一个时期的饲养头数。

3. 猪群结构指标 规模化猪场通常分为繁殖群、保育群和生长育肥群。其中繁殖群是最重要的，各种猪群的规模、结构是由猪场的性质和生产规模决定的。

4. 繁殖指标 主要有配种率、总受胎率、情期受胎率、分娩率、仔猪成活率、哺育率、成年母猪年产仔窝数等指标。

5. 肉猪生产力指标　包括平均日增重、饲料转化率、出栏率、瘦肉率等。

6. 猪场效益指标

（1）全群饲料转化率：是反映规模化养猪场综合生产水平的重要指标。它与许多因素有关，如猪群结构、母猪受胎率、分娩率、产仔数、母猪断乳至再次配种的时间间隔、淘汰率、各阶段猪的成活率、生长速度、饲粮营养水平、保健水平等，猪场的每一个环节都影响这个指标的变化。

（2）产值：是以货币形式表现的一定时期内猪生产的总量。

（3）毛收入：指猪场在一定时期内新创造的价值。毛收入等于总收入减去经营成本。

（4）销售利润：销售收入减销售成本的差额。

（二）猪场的计划

1. 编制配种、分娩计划

（1）编制的依据：编制配种、分娩计划的依据来自以下几方面。

1）气候条件与饲料供应：我国一些地区，由于严寒或酷暑，影响仔猪的成活与生长发育，同时饲料供应也往往不均衡而有淡旺季之分。为了使母猪繁殖与仔猪生长能在适宜的气候条件下进行，并能得到充分的优质饲料供应，最好把分娩期定在一年中气候温和、饲料供应最好的季节，实行季节性的集中配种与分娩。

2）合理利用生产资料和劳动力：如果采取集中分娩，势必造成各种生产资料与劳动力使用的不均衡，特别是种公猪利用的不均衡。因此，从生产资料经济利用与合理使用劳动力来看，以全年均衡地组织配种和分娩较为合适。

3）提高产品率和合理分配一年中产品的出场时期：猪的配种、分娩计划，在很大程度上影响着养猪生产的产品率，还在更大程度上决定着产品的出场时期，从而影响到畜产品的年供应状况。所以在制订配种、分娩计划时，应考虑如何提高产品率，并符合社会对产品的需求习惯。

（2）配种计划编制的要求：对经产母猪分批断奶、同期发情、同期配种，以达到“全进全出”的要求。必须有足够的母猪发情并及时安排配种。

做好发情鉴定和重发情鉴定，在配种后 3 周注意观察母猪有无重新发情，30 d 后可进行超声波妊娠诊断，以做好配种、分娩安排。

对后备母猪进入配种妊娠猪舍投产 4 周仍不发情，应及时作为商品猪出售。

在组织生产时，应做到先安排断奶母猪，然后安排后备母猪，最后安排重发情母猪。

（3）配种、分娩计划的编制：配种分娩母猪数的计算，要根据猪的繁殖生理特点和本场的条件，进行周密考虑后做出合理的估算。瘦肉型猪场的实践证明，要保证每周产仔20窝，就要每周配种25头。因为通常有8%的母猪即2头配不上，于3周后重新发情；8%的母猪即2头中途停止妊娠；4%的母猪即1头分娩失败，出现流产或死胎。

按哺乳4周断奶计算，20窝仔猪断奶后1周内有80%的母猪即16头发情，10%的母猪即2头在2周内发情。3周前配种的母猪有8%重发情，要在此时配种；还有6周配种的母猪，有8%出现停止妊娠，重新发情。因此，每周要补充3头后备母猪参加配种。

配种、分娩计划的编制是一项较细致的工作，在具体编制配种、分娩计划时除了根据本场的经营方针和生产任务外，还必须掌握以下各项必要的资料：年初猪群结构，配种、分娩的方式和时间，上年度已配种母猪的头数和时期等。根据这些资料，可具体安排计划进行配种和分娩的母猪时间，以及预计产仔头数和时期，制订配种、分娩计划表。

2. 编制猪群周转计划 猪群周转计划主要是确定各类猪群的数量，了解猪群的增减变化，以及年终保存合理的猪群结构，它是计算产品产量的依据之一，因而是制订产品计划的基础。并且它决定猪群再生产状况，直接反映年终猪群结构及猪群扩大再生产任务完成的状况。

猪群常因繁殖、发育、购入、出售、淘汰和死亡等原因，而有数量的变化，因此在配种、分娩计划的基础上，根据猪场经营规划编制猪群周转计划，而且猪群周转计划是制订饲料供应计划等的基础，所以制订猪群周转计划，在猪场的组织经济工作中具有重大意义。

（1）猪群周转计划编制的依据：猪群的变动一般称为猪群周转。制订猪群周转计划有技术上和经济上的依据，要充分考虑各类猪群的组成和变动情况。计划年初各种性别、年龄猪的实有头数；计划年末各个猪群按任务要求达到的猪只头数；计划年内各月份（周）出生的仔猪头数，出售和购入猪只的头数；计划年内淘汰种猪的数量和办法，由一个猪群转入另一个猪群的头数。此外，还要考虑种猪的淘汰率、母猪的分娩率、仔猪的成活率等因素的影响。

猪群周转遵循如下原则：

第一，后备猪达到体成熟（8~10月龄）以后，经配种妊娠转入鉴定猪群。鉴定母猪分娩产仔后，根据其生产性能（产仔数、初生重、泌乳力和仔猪育成率等情况），确定转入一般繁殖母猪群或基础母猪群，或做核心母猪，或淘汰做肉猪（一胎母猪育肥）。鉴定公猪生产性能优良者转入基础公猪群，不合格者淘汰，去势育肥。

第二，一胎母猪经鉴定符合基础母猪要求的，可转入基础母猪群，不符合要求者淘汰做商品育肥猪。

第三，基础母猪4~5岁以后，生产性能下降者淘汰育肥。种公猪在利用3~4年后做同样处理。

（2）猪群周转计划的编制：猪群周转计划实际上是在一定时期内各个猪群及整个养猪场猪只的收支计划，由于猪繁殖快，数量多，生长快，每月变化很大，为了更好地掌握猪群变动情况，使计划年末的猪群结构更加合理，保证猪场计划得到落实，除编制年度猪群周转计划外，还可以按月份编制。

二、猪场的劳动管理

（一）劳动力的合理利用

组织生产时既要提高劳动力利用率，又要提高劳动生产率。通过合理安排劳动力，提高工时利用率，正确规定劳动报酬形式，合理制定劳动定额和合理编制人员岗位等措施来合理利用劳动力。合理利用劳动力的途径：一是充分挖掘劳动力的潜能，合理安排；二是遵守工作时间和提高工时利用率；三是正确规定劳动报酬形式，调动劳动者积极性；四是从提高劳动生产率入手，合理制定劳动定额和合理编制人员，提高劳动力管理水平。

（二）劳动组织形式

劳动组织形式是指在一定生产方式下劳动者在生产经营过程中分工和协作的形式。

（1）劳动分工与协作：分工是指许多劳动者在有计划地协同劳动过程中从事各种不同的具有一定量的工作。协作是指许多劳动者在同一生产过程中，或在不同的但互相联系的生产过程中，有计划地一起协同劳动。

（2）劳动组织形式：在种猪的提供、繁育、饲养、饲料加工、检疫、科技咨询、产品储运及加工、销售、提供市场信息等方面进行分工协作，核心是组织劳动力合理地进行劳动。

以猪群为生产单位组织劳动单位，根据养猪业劳动特点，应建立常年稳定的劳动组织。因为养猪生产是连续不断的，大部分作业是在每天相同的条件下重复进行的，劳动对象又是活的猪，需要劳动者具有丰富的知识和经验，还要有很强的责任心，所以在组织劳动单位时，工作岗位应保持相对稳定，不宜随意调换，以免影响猪的生长和健康。

（三）劳动定额

劳动定额的制定不能一概而论，要根据当地的饲养条件、地区特点和劳动力生产熟练程度等因素，确定合理的劳动定额。

饲养人员的劳动定额，在传统手工操作为主的饲养方式下，一个饲养员可以饲养母猪30头左右，育肥猪100~300头；集约化程度较高的饲养方式下，在我国一个饲养员可饲养母猪100~150头，育肥猪600~1 000头。

（四）劳动报酬形式

劳动报酬是指企业经营者根据劳动者提供的劳动数量、质量或生产产品的多少给劳动者个人的补偿。劳动报酬形式有等级工资制、计件工资和大包干等方式。

（五）联产计酬目标责任制

实行目标责任制，能使猪场在生产中建立起正常的秩序，有效地进行计划领导和推行经济核算。完成目标拿工资，超产按规定给予奖金，完不成者按规定惩罚。双方签订责任书。按这种制度运行，需实行或有选择地实行相应措施。

（1）定岗定编：根据本场养猪生产过程阶段划分的实际情况，定出所设的岗位，并根据工作量大小定出所需的人数。

（2）定任务、定指标：对每个岗位定出全年或阶段生产任务及各项生产指标。任务和指标要明确，可操作性强。对暂时没有条件操作的指标，可待条件具备时再制定。

（3）定饲料、定药费：根据不同猪群情况定额供给饲料，种猪可按饲养天数、肉猪可按增重数供给饲料。要建立领料制度，专人发放，过秤登记，定期盘底。药费可限额供应，如某猪场规定如下：哺乳仔猪 21～35 d 断奶，转至仔猪保育舍。在分娩舍内每头仔猪供料 2.5 kg，药费 2 元。仔猪保育舍饲养至 70 日龄，每头供乳猪料 5 kg，仔猪料 32 kg，药费每头 0.7 元。生长育肥猪每天供料 2 kg，药费每月 0.5 元。每头种猪年均供料 1 t，药费 12 元（包括产后泌乳期）。

（4）定报酬、定奖罚：任务完成、达到指标，可拿到基本工资，若超额完成可领取奖金，完不成者按规定罚款。

三、计算机技术在规模化猪场经营管理中的应用

随着科技工作者设计的适合于畜牧业的应用软件的产生，应用软件在企业管理中所发挥的巨大作用逐渐显露出来。为了推动计算机在畜牧生产中的应用，本文简要介绍计算机在猪场管理中的应用。

（一）全场的监控

为了了解场内情况，便于发现问题及时采取对策，在猪场管理中生产报表和每周的例会是必做的工作。上层领导掌握的信息多来源于基层汇报，这必然存在反映情况不及时、不全甚至失真的情况。如果使用计算机就可避免此类事情的发生，让录入员将场内原始数据输入计算机，由计算机软件来自动统计分析，并以报表和图形形式打印出来，让领导真正了解到：哪些猪健康状况不佳、哪些猪没有及时配种、哪些猪应该淘汰及产品销售、全场盈亏等诸多信

息。

（二）工作的安排

猪场中的种猪管理非常繁杂，在传统技术条件下往往只有饲养员或配种员才知道每头种猪的状况。如果用应用软件来管理，只需要将每头母猪最初的状况输入计算机，以后随着时间的变化，计算机都能告诉我们每天每头母猪的状况，如哪些猪应该及时配种、哪些猪应该防疫、哪些猪要产仔等，这样能让更多人都能知道最近要做的工作。

（三）种猪的系谱管理

计算机不仅能保存每头种猪的系谱档案，更重要的是还能提供系谱的分析，通过分析帮助确定种猪的性能、仔猪的家系选择、帮助完成选种选配工作、帮助生成新生仔猪的系谱等。

（四）种猪的性能分析

选优汰劣能不断提高全场的生产水平，然而，选优汰劣的工作在传统技术条件下实施时并不容易。如果通过计算机软件，自动计算出每头种猪的性能，再根据某些指标或综合指标进行排序，场内劣质种猪就会越来越少。

（五）猪群的保健

该项将记载所有猪的全部病史、防疫医疗措施，通过猪群抗体分析把握猪群的抗病能力，通过死淘数据分析找出主要的致病因素。

（六）购销管理

计算机能保存所有供应商和客户的档案资料、每一次采购或销售的记录，而且能提供各种购销统计报表，还能分析原料和产品的价格变化，分析各客户、各销售地区及各销售人员的购销变化情况，通过排序进行比较。

第三节　猪场经济核算与经济分析

一、经济核算

经济核算是指对生产经营过程中的劳动消耗、物质消耗及经营成果进行记载、计算、分析和对比，考核猪场经济的合理性，它主要包括资金核算和成本核算。

1. 资金核算　资金是各种财产和物资的货币表现，对一个猪场而言，它包括货币形态的资金和实物形态的资金。资金按周转性质分为固定资金和流动资金。

（1）固定资金：是指垫支在固定资产上的资金，也是固定资产的货币表现。它是以实物形态呈现，如房屋建筑、圈栏、机械设备、运输工具等，它的特点是使用时间长，可多次参加生产过程而不改变原来的物质形态，只是逐步磨损，并且把价值逐年转移到产品中去，并以折旧的方式计入成本。

（2）流动资金：是指购买仔猪、肉猪、饲料、兽药及其他消耗性原料等的货币支出。它的特点是只参加一次生产过程就被消耗掉，并把它的全部价值转移到新的产品中去。

2. 成本核算 成本是指养猪企业在生产经营过程中发生的各项耗费。通过成本核算进行成本分析来考核经营成果，并及时总结经营中取得的经验，找出经营中出现的问题，最终达到降低成本的目的。

（1）成本项目：养猪场的主要成本项目有劳务费（指直接从事养猪生产的饲养人员的工资和福利费）、饲料费、燃料和动力费、医药费、固定资产折旧费、固定资产维修费、低值易耗品费、其他直接费用、管理费、利息支出等。这些生产费用的总和，就是猪场的生产总成本。

（2）成本计算：计算成本需要收集一个生产周期或一年内的成本项目记账或汇总，核算出各猪群的总费用，将各类猪群的头数、活重、增重、主副产品产量等统计资料。运用这些数据资料，可计算出各类猪群的饲养成本和各种产品的成本。在养猪生产中，一般需要计算猪群的饲养日成本、增重成本、活重成本和主产品成本等。

猪饲养日成本，表示猪场饲养期内平均每天每头猪支出的饲养费。

猪饲养日成本=猪群饲养费用÷猪群饲养头数÷猪群饲养日数。

断奶仔猪活重单位成本，俗称断奶仔猪毛重成本，它表示断奶仔猪每千克活重所支出的饲养费。

断奶仔猪活重单位成本=（生产母猪饲养费-副产品价值）÷断奶仔猪活重。

育肥猪增重单位成本，是指育肥猪每增重 1 kg 所耗费的饲养费用。

育肥猪增重单位成本=（猪群饲养费用-副产品价值）÷猪群增重量。

育肥猪活重单位成本，它较全面地反映了生产管理的效果，是极为重要的指标。

育肥猪活重单位成本=（期初活重总成本+本期增重总成本+转入总成本-死猪残值）÷（期末存栏活重+期内离群活猪重）。

猪产品单位成本，它是经营者必须进行分析核算的重要成本指标。猪产品单位成本越高，所获得的利润越少。

猪产品单位成本=（该群饲养费用-副产品价值）÷该群产品总产量。

（3）成本分析：根据养猪生产特点与成本核算的特点，养猪场的成本项目核算应以各类猪群为核算对象，以场、队、组为核算单位，以表格的形式，统计每个饲养周期或年终生产各项费用的支出。这些报表有原始记录表（如猪群变动登记表、饲料消耗登记表、产品收入登记表、物资费用登记表、饲养用工登记表等）、主要成本费用表（仔猪费、饲料费、人工费、折旧费）、产品成本计算表。

成本核算程序为：审核费凭证，将应由成本开支的费用计入成本；按成本核算对象汇集直接费用，按不同的部门、队、组来归集间接费用，将间接费用按合理的方法分配计入生产成本；在产成品和在产品间分配有关的生产费用，在此基础上计算出产成品的总成本和单位成本。

二、经济效益分析

猪场的经济效益分析是根据成本核算所反映的生产情况，对猪场的产品产量、劳动生产率、产品成本、盈利等进行全面系统的统计和分析，为对猪场的经济活动做出正确评价提供依据。

（1）产品率分析：通常是分析仔猪成活数和猪只平均日增重与料重比是否完成计划指标。

（2）产品成本分析：根据生产统计资料计算饲养费用和管理费用，常进行育肥猪增重成本和仔猪活重成本计算。饲料费用一般占总成本的70%左右，是影响成本的重要因素。因此，提高猪群饲料转化率，开发本地饲料资源，是降低成本的有效途径。

（3）盈利分析：在养猪生产创造的价值中，去除支付各项费用支出之后的余额就是猪场的盈利，称为毛利。

利润额=销售收入-销售产品成本-销售费用

当利润额为正值时即盈利。

第十二章　猪群健康管理与传染病防治要点

第一节　猪群健康管理要点

猪群的健康要从猪场建设布局、生物安全、饲养管理、疫苗免疫等各个环节入手，从而建立一个完善的防控体系，形成特有的猪群健康管理模式。

一、场址选择与生产布局

场址选择与生产布局要重点考虑切断疫病的传播途径，良好的选址与布局有利于疫病防控，选择大于努力。猪场的选址应充分评估地理位置、周边环境、空气流向、水源等条件。场址应位于法律、法规明确规定的禁养区之外。选择地势高燥、向阳、水源充足、水质良好、排水排污方便、无污染、供电和交通便利的地方。场址应远离交通干线，远离垃圾场、污水处理场和车辆洗消站，远离村庄，远离其他猪场、屠宰场、畜产品加工厂、畜禽交易市场等。猪场周围应建有围墙或防疫沟，具有良好的天然防疫屏障（山、林、沟壑等）。猪场最好建设在种植区域内，根据土地承载能力规划养殖规模，通过种养结合，形成良性的生态循环。猪场的规划布局既要考虑生产管理方便，又要避免猪、人、饲料、粪便等的交叉污染。猪场建设要结构合理，经济实用，满足猪群的环境福利要求。

二、严格的生物安全

对于目前已知的猪传染性疾病，生物安全是公认的有效防控手段。主要包含闭群饲养，多点式饲养，车辆消毒，批次生产，空舍消毒，人员隔离淋浴，后备种猪隔离驯化等关键点。猪场要明确界定“净区”和“脏区”，严格控制车流、人流、猪流、物流，制定标准的隔离消毒流程，减少病原交叉污染和水平传播。

坚持自繁自养，闭群饲养，尽可能不引种或少引种。猪场频繁地到各地引种，极易将各种病原引入本场。由于新引猪与原有猪对不同病原的易感性可能不同，极易暴发传染病。因此，应尽量避免由几个不同的种猪场同时向一个场提供种猪。同时要做好引种检疫，引种前必须详细了解该猪场猪群的健康状况和免疫程序，要求种猪场满足如下几个条件：健康状况和生产性能高于本场；有切实可靠的防疫记录和测定成绩；有良好的供种历史；保证没有特定的传染病，如口蹄疫、猪瘟、伪狂犬病等疾病。引种后还应隔离观察2~4个月，等检疫合格后才能与本场原有猪混群。

养猪生产有一点式饲养和多点式饲养模式。一点式饲养是母猪、保育猪和育肥猪都在同一个场区内饲养。对于规模化猪场，这种养殖模式容易造成传染病在场内循环感染，呈地方性流行，影响猪的生产性能和健康水平。多点式养猪有三点式饲养和两点式生产模式，两者的共同之处是母猪场独立；区别是：三点式饲养对应若干保育场和育肥场，两点式饲养为保育、育肥一体化猪场。不同生长阶段的猪放在不同的地方分开饲养，距离在0.5 km以上，有利于减少传染病水平传播，适合规模化养猪。多点式饲养结合全进全出更有利于疫病防控。全进全出即同批猪同期进一栋猪舍（或一个场），同期出一栋猪舍（或一个场），猪群清空后，经彻底清扫、冲洗、消毒后，空舍干燥1周左右再进下一批猪，这样有利于减少病原循环感染和交叉感染。同时，同一批猪日龄接近，也便于饲养管理和各项技术的贯彻执行。

消毒就是杀灭或清除传染源排到外界环境中的病原微生物。其主要目的是切断传播途径，阻止传染病的传播和蔓延。不同疫病的传播途径不尽相同，消毒工作的重点也就不一样。外部应重点做好防止外来疫病传入，狠抓车辆消毒，尤其是运猪车辆消毒，以及人员隔离、淋浴等工作。内部以切断水平传播为主，要严抓批次生产和全进全出，做好空舍消毒。不管是外部消毒还是内部消毒，干净卫生是消毒成功的前提条件，环境中的有机物残留（粪便等）严重影响消毒效果。另外，对病死猪及其胎衣、粪便等要及时进行无害化处理，防止疫病扩散。

蚊、蝇、蜱、鼠、猫、狗、鸟等野生动物是传染病的重要传播媒介。控制或杀灭这些动物，在预防和控制猪传染病方面有重要意义。此外，猪场食堂不准外购猪肉及其产品。职工家中不准养猪。

三、良好的饲养管理

数据化、精细化管理。实行分阶段饲养，精准营养，使猪群在不同生长阶段得到最科学合理的营养供给。定期监控舍内温度、湿度、氨气等情况，保持猪舍清洁舒适，通风良好，冬季保温防寒，夏季降温防暑。控制猪群饲养密度，保证不同生长阶段的猪群有足够的活动空间。在日常饲养管理中，应尽量减少各种应激，控制饲料霉变，降低猪群易感性，增强猪群抗病力。另外，要防止发生火灾、停电、缺氧/中暑、中毒（利巴韦林、食盐等）等事故。

以目标为导向，制定科学合理的绩效考核体系，保证猪场员工流动率在合理范围内。制定各种规章制度、标准流程，定期给猪场员工提供专业培训，用培训提高技能，用制度规范生产。做好不同阶段猪群的生产等记录，建立猪群疾病防控的可追溯体系。

四、合理的防疫程序及有效执行

为了使猪群保持较高的健康水平，必须主动采取各种措施，防患于未然。免疫接种是激发猪只机体产生特异性免疫力，降低猪群易感性的重要手段，是预防和控制猪传染病发生的主要措施。在充分考虑猪群健康状况、当地疫病流行情况、饲养管理流程、商品疫苗特点等因素的情况下，科学制定适合本场的免疫程序，并由专人负责执行，严格落实。有计划地攻毒也能够增强机体所需的特异性免疫力，但有散毒风险时需谨慎使用。例如，使配种前 2~4 个月的后备母猪接触本场流行性腹泻病毒或猪繁殖与呼吸综合征（蓝耳病）病毒，并感染这些野毒以产生相应的免疫力。虽然市场上猪用疫苗很多，但是不可能让猪接种所有的疫苗，疫苗也不是万能的，况且有些疫病至今尚无疫苗可用。饲养管理和生物安全是猪群健康管理的基础。

猪群接种疫苗后并非 100%产生免疫力，因为有许多因素影响免疫力的产生，导致猪群免疫失败而发病。母源抗体可能干扰疫苗接种效果；疫苗质量和病原变异也可影响免疫效果；此外，机体本身对疫苗接种的反应也有个体差异。因此，应定期对猪群健康状况进行监测评估，根据实验室检测结果，及时调整防控策略，从而有效管控场内疫病风险。对于中小型猪场，一般每年至少需要监测 2~4 次。

第二节　猪传染病的特性及防治要点

一、猪传染病及其特征

凡是由病原微生物引起的，具有一定的潜伏期和临诊表现，并具有传染性的疾病称为传染病。病原微生物侵入猪体，并在一定的部位定居、生长和繁殖，从而引起机体一系列病理反应，这个过程称为感染或传染。

传染病的表现虽然多种多样，但却有一些共同特性与非传染病相区别。其特性为：①是由病原微生物与动物机体相互作用所引起的。②具有传染性和流行性。③具有一定的潜伏期和特征性的临诊表现。④被感染的猪发生特异性反应。⑤耐过猪能获得特异性免疫。

二、感染的类型

病原微生物的感染与抗感染之间的矛盾运动是错综复杂的，受多方面影响，感染过程表现出各种形式或类型。感染的类型主要包括以下几种：

（一）外源性和内源性感染

病原微生物从外界侵入猪体引起的感染过程称为外源性感染。大多数传染病属于这一类型。猪体内存在的一些条件性病原微生物，在正常情况下不表现致病性。当受不良因素影响，猪机体抵抗力减弱时，病原微生物伺机大量繁殖，活性和毒力增强，最后致猪发病，则称之为内源性感染，如猪肺疫。

（二）单纯感染、混合感染、继发感染

由单一病原微生物引起的感染称为单纯感染。由两种以上的病原微生物引起的感染称为混合感染。猪感染了一种病原微生物后（原发性感染），在抵抗力下降的情况下，又由新侵入的或原来存在于体内的另一种病原微生物引起的感染，称为继发感染。

（三）显性感染、隐性感染、一过型感染、顿挫型感染

在感染后表现出该病所特有的临诊症状的感染过程称显性感染；不表现任何的临诊症状称为隐性感染。开始症状较轻，特征性临诊症状未见出现即行恢复者，称为一过型感染。开始症状较重、特征性症状尚未出现即行恢复健康者，称为顿挫型感染。

（四）局部感染和全身感染

由于猪抵抗力较强，而侵入的病原微生物毒力较弱或数量较少，病原微生物被局限在一定部位生长繁殖，并引起一定局部病变的称局部感染。如果猪的抵抗力较弱，病原微生物冲破了其防御屏障侵入血液向全身扩散则称为全身感染。

（五）典型感染和非典型感染

典型感染和非典型感染均为显性感染。在感染过程中表现出该病的特征性临诊症状者称为典型感染；而不表现出该病的特征性临诊症状者称为非典型感染。

（六）良性感染和恶性感染

如果某种传染病不引起猪的大批死亡称为良性感染。相反，如能引起猪的大批死亡则称为恶性感染。

（七）最急性感染、急性感染、亚急性感染和慢性感染

最急性感染病程短促，常在数小时或 1 d 内突然死亡，症状和病变不显著。急性感染病程较短，通常 1~2 周，并伴有明显的典型症状。亚急性感染的临诊表现不如急性感染那么显著，病程稍长，一般病程 3~4 周。慢性感染

的病程发展缓慢，常在1个月以上，临诊症状不明显或甚至不表现出来。传染病病程的长短决定于机体的抵抗力和病原微生物的致病力等因素。同一种传染病的病程也并不是固定不变的，各类型可互为转换。

（八）病毒的持续性感染和慢病毒感染

持续性感染是指动物长期持续的感染状态。病毒不能杀死宿主细胞而形成与宿主细胞间的共生平衡，感染动物可长期或终生带毒，而且经常或反复不定期地向体外排毒，但常缺乏临诊症状，或出现与免疫病理反应有关的症状。慢病毒感染，是指潜伏期长、发病呈进行性且最后常以死亡为转归的病毒感染。与持续性感染的不同点是，慢病毒感染疾病过程缓慢，但不断发展且最后常引起死亡。

各种感染类型都是从某个侧面或某种角度进行分类的，其间相互联系或重叠交叉。

三、传染病病程的发展阶段

传染病的病程发展过程在大多数情况下具有严格的规律性，可分为潜伏期、前驱期、明显期和转归期四个阶段。

（一）潜伏期

由病原体侵入动物机体并进行繁殖时起，至疾病的临诊症状开始出现之前的这段时期称为潜伏期。不同的传染病其潜伏期的长短是不同的，同一种传染病的潜伏期长短也有很大的变动范围。这是由于猪的品种、个体差异和病原体的种类、数量、毒力及侵入途径等不同而起的，但相对来说还是有一定的规律性。一般急性传染病的潜伏期差异范围小，慢性传染病及症状不很显著的传染病潜伏期差异范围大。通常同一种传染病潜伏期长则病情较轻缓，潜伏期短则病情较严重，潜伏期的猪也可能成为传染源。

（二）前驱期

前驱期是在潜伏期之后，病的临诊症状开始表现出来，但该病的特征性症状仍不明显。前驱期是疾病的征兆期。

（三）明显期

明显期是在前驱期之后，病的特征性症状表现出来，是疾病发展到高峰的阶段。明显期在诊断上比较容易识别。

（四）转归期

转归期是传染病发展到最后结局的时期，猪表现为痊愈或死亡两种情况。以痊愈为转归的，在病愈后一段时间内仍可带菌（毒）、排菌（毒）。

四、猪传染病流行过程的基本环节

猪传染病蔓延流行，必须具备三个相互联系的条件，即传染源、传播途径及易感猪群。这三个条件常被称为传染病流行过程的三个基本环节。

（一）传染源

传染源是指某种传染病的病原体在其中寄居、生长、繁殖，并能持续排出体外的动物机体。具体指的是病猪和病原体携带者。病原体携带者又可分为潜伏期病原携带者、恢复期病原携带者和健康病原携带者。病原体携带者存在间歇排出病原体的现象，因此一次病原学检查阴性不能排除病原体携带状态。

（二）传播途径

病原体由传染源排出后，经一定的方式再侵入易感猪时所经过的途径称为传播途径。研究传染病传播途径的目的在于切断病原体继续传播的途径，防止易感猪受到传染，这是防制猪传染病的重要环节之一。传播途径可以分为两大类。

1. 垂直传播　是指母体与子代两代之间的传播。

2. 水平传播　是指传染病在群体之间或个体之间以水平形式的横向平行传播。在传播方式上可分为直接接触传播和间接接触传播两种。

（1）直接接触传播：是指病原体通过被感染动物与易感动物直接接触而引起的传播方式。以直接接触为主要传播方式的传染病为数不多。

（2）间接接触传播：是指病原体通过传播媒介使易感动物发生传染的方式。从传染源将病原体传播给易感动物的各种外界环境因素称为传播媒介。间接接触一般通过以下几种途径传播：①经空气传播；②经污染的饲料、饮水传播；③经污染的土壤传播；④经活的媒介物传播，如节肢动物、野生动物、人类等。

大多数传染病既可以通过间接接触传播，同时也可以通过直接接触传播。两种方式都可传播的传染病称为接触性传染病。

（三）易感猪群

猪对某种传染病容易感染的特性称猪的易感性。具有易感性的猪群称为易感猪群。猪群中易感个体所占的百分率，直接影响到传染病是否流行及严重程度。猪的易感性的高低虽与病原体的种类和毒力强弱有关，但主要还是由以下因素决定：①猪的内在因素，如品种、年龄、非特异性免疫等；②外在因素，如环境、营养等；③特异性免疫状态。

五、疫源地和自然疫源地

（一）疫源地

疫源地是指传染源及其所排出的病原体所存在的地区。根据疫源地范围大小及其影响又分为疫点和疫区。疫源地的存在有一定的时间性，最后一个传染源死亡或痊愈后，不再携带病原体或离开该疫源地，对所污染的外界环境进行彻底消毒处理，并且经过该病的最长潜伏期不再有新病例出现，血清学检查猪群均为阴性时才能认为疫源地已被消灭。在疫源地存在的时间内，凡是与疫源地接触的易感动物，都有可能受到感染并形成新的疫源地。这样，一系列疫源地相继出现，就构成了传染病的流行过程。

疫区周围地区为受威胁区。受威胁区的大小依疫病性质而定，如果是流行性强大的传染病，如口蹄疫，受威胁区应在疫区周围 10 km 以上。如果距离猪场 10 km 发生口蹄疫病，那么本场就在受威胁区内。

（二）自然疫源地

有一些疾病的病原体在自然条件下，即使没有人类或家畜的参与，也可以通过传播媒介感染宿主造成流行，并且长期在自然界循环延续其后代。人与家畜的感染和流行对其在自然界的保存来说不是必要的，这种现象称为自然疫源性。具有自然疫源性的疾病称为自然疫源性疾病。存在自然疫源性疾病的地区称为自然疫源地。

六、传染病流行过程

（一）流行过程的表现形式

猪传染病在流行过程中，根据一定时间内发病率的高低和传染范围大小可将猪群中疾病的表现分为下列五种形式。

1. 散发性　发病猪数量不多，疾病发生无规律性，随机发生，各病例之间在发病时间和地点上没有明显关系时称为散发。散发的原因可能是：①某种传染病的传播需要一定的条件，如破伤风，需要有破伤风梭菌和厌氧创伤。②某些传染性强的传染病由于防疫密度不够高而出现散发病例，如猪瘟本是一种流行性很强的传染病，在经过每年两次定期全面免疫接种后，易感动物这个环节基本上得到控制，但平时补充免疫接种工作不够细致，防疫密度不够高时，还有可能出现散发病例。③隐性感染的比例大，如流行性乙型脑炎在育肥猪中大多是隐性感染。

2. 地方流行性　在一定地区的猪群中，带有局限性传播特征的，并且是比较小规模流行的传染病，称为地方流行性。地方流行性有两方面的含义，一方面表示在一定地区、一段较长的时间里发病的数量稍微超过散发性；另一方面表示地区性的意义，即某一地区经常性出现一定数量的某种病例。

3. 流行性　流行性传播范围广，发病率高，如不加以防制可传播到几个县甚至省。如口蹄疫、猪瘟。

4. 大流行　大流行是一种大规模的流行。流行范围可扩大至全国，甚至几个国家或整个大陆。如口蹄疫、流感。

5. 暴发　某种传染病在一个猪群或一定地区范围内，在短时间（该病最长潜伏期内）突然出现很多病例时可称为暴发。

（二）流行过程的季节性和周期性

1. 流行过程的季节性　猪的某些传染病经常发生于一定的季节，或在一定的季节出现发病率显著上升的现象，称为流行过程的季节性。出现季节性的原因主要有以下几方面。

（1）季节对病原体在外界环境中存在和散播的影响　夏季气温高，日照时间长，这对那些抵抗力较弱的病原体在外界环境的存活是不利的。例如，炎热的气候和强烈的日光暴晒，可使口蹄疫病毒很快失去活力，因此口蹄疫流行一般在夏季少于其他季节。夏季有利于节肢动物的滋生和活动，便使中间媒介性疫病容易散播流行。例如，流行性乙型脑炎主要在夏季流行。

（2）季节对家畜活动和抵抗力的影响　冬季猪舍封闭较好，舍内相对湿度大，尤其是一些小养猪场的简易舍，冬季以塑料膜封闭猪舍，使猪舍内湿度过大，这时猪极易发生呼吸道传染病。

2. 流行过程的周期性　猪的某些传染病，经过一定的间隔时期，还可能表现再度流行，这种现象称为流行过程的周期性。这种周期性与免疫力的自然消失及易感猪的引入有关，还与病原体毒力和抗原性变异有关。

猪传染病流行过程的季节性和周期性是可以改变的。只要我们掌握其特性和规律，采取适当的措施如消毒、改善饲养管理、有计划地预防接种，可以使猪传染病不再发生季节性或周期性的流行。

七、影响流行过程的因素

构成传染病的流行过程，必须具备传染源、传播途径及易感猪群三个基本环节。这三个基本环节相互联系和协同作用，才能使传染病的发生和流行成为可能。这三个环节是受自然和社会因素影响的。

（一）自然因素

对流行过程有影响的自然因素也称之为环境决定因素。它包括地理条件、气候、植被、动物、畜舍环境等。它们对三个环节的影响是错综复杂的。例如，江河和高山可限制传染源的转移；夏季作为传播流行性乙型脑炎媒介的蚊虫活动增强，所以夏季乙型脑炎病例增加；冬季猪舍内低温高湿，利于病原体在外界存活，所以呼吸道传染病发生增加；过大的饲养密度使猪抵抗力下降或增加接触机会而使传染病易于发生和流行。

（二）社会因素

影响猪传染病流行过程的社会因素主要包括社会制度、人民生活水平的高低、经济和科技发达程度、兽医法规的执行等。它们既可能促进传染病的流行，也可能是控制和消灭传染病流行的关键。例如，不了解引种地区的发病情况，不严格检疫，盲目上马猪场，可能造成传染病流行。如果严格执行兽医法规，则可能控制和消灭（减少）传染病。

八、当前猪病发生与流行的主要特征

（1）新的猪病不断增加，局限于某个地区的疾病趋向于多个地区发生和流行。国内养猪业迅速发展，从国外频繁引种，国内猪只跨省流动，加之有时缺乏有效的检疫手段，致使新的传染病在我国不断出现。例如，非洲猪瘟2018年国内首次报道发病，对养猪生产威胁较大。

（2）规模化养猪生产，生产规模大，饲养密度高，使得一些接触性传染病的传播极其容易。例如，猪接触传染性胸膜肺炎现已成为规模化养猪的主要传染病，它通过猪与猪的直接接触和短距离的飞沫传播，高密度饲养对其传播提供了便利条件。

（3）高密度大规模饲养，猪活动空间小，咬斗次数增加，使猪处于应激状态，抗病力极大下降，接种疫苗的效果不佳，对传染病的抵抗力降低。

（4）混合感染和隐性感染多，如猪瘟、猪链球菌病、猪繁殖与呼吸障碍综合征等常混合感染。

九、检疫与种群净化

猪传染病的流行包括传染源、传播途径、易感猪群三个基本环节。能够避免病原体进入猪场是上策；坚持日常消毒，消灭环境中的病原体和增强猪的抵抗力是中策；一旦传染病发生再行诊断、扑灭则为下策。做好检疫，避免引进带有病原微生物的猪，搞好种群净化都是消灭传染源的有效措施，所以检疫和种群净化为猪传染病防制的重中之重。

（一）检疫

检疫是指应用各种诊断方法，定期或不定期地对猪群进行疫病检测，有针对性地采取有效措施，防止疫病的发生和传播。

（1）如果要从某猪场购猪，应该派专人到该地区该场了解疫情。方式包括询问当地兽医、查询该场生产诊疗记录、免疫情况等。

（2）对预选猪进行检疫，一定要检疫口蹄疫、猪瘟、伪狂犬病、猪繁殖与呼吸障碍综合征等疫病。同时还要参照对该地区、该猪场的调查情况进行重点检疫。检疫阴性者方可作为选购对象。

（3）如果从国外引种，应委托国家动物检疫部门依《动物检疫操作规程》进行检疫，检疫结果为阴性方可选购。

（4）所购猪必须隔离饲养，停喂药物添加剂，进行驱虫和必要的免疫接种，经过1个月以后，再次检疫结果为阴性方可正式入场。

（5）无论怎样检疫，都是在一定程度上起到预防的作用，总有一些疫病因各种原因而漏检。因此提倡自繁自养，引进种猪时在满足遗传需要的前提下尽可能避免从多家猪场引种，因为不同的场家疫病存在差异，如果从多家猪场引进种猪，不但会发生疫病组合，造成猪场疫病增加，而且会使疫病严重程度超过任何一个原供种猪场。

（二）种群净化

既然检疫不能保证彻底根除疫病，那么我们对已经进入本场的疫病就要控制和消灭，逐步达到净化。具体措施是用疫苗接种结合血清学检测，淘汰野毒感染者和接种疫苗后不产生免疫应答及抗体水平过低者。

十、消毒

消毒是贯彻“预防为主”方针的一项重要措施。其目的在于消灭被传染源散布在外界环境中的病原体，切断传染病的传播途径，防止传染病的发生和流行，是综合性防疫措施中最常采用的重要措施之一。

（一）消毒的种类

1. 预防性消毒　是指结合平时的饲养管理对生产区和猪群进行定期消毒，以达到预防一般传染病的目的。这是养猪场一项经常性的工作，主要包括日常对猪群及其生活环境的消毒，定期向消毒池内投放药物，对进入生产区的人员、车辆消毒等。

2. 紧急消毒　是指在猪群发生传染病时，为了及时消灭刚从病猪体内排出的病原体而采取的消毒措施。主要包括对病猪所在栏舍、隔离场地以及被病猪分泌物、排泄物污染和可能污染的场所和用具的消毒。

3. 终末消毒　是指传染病发生后病猪痊愈或死亡，在解除封锁之前为了消灭猪场内可能残留的病原体所进行的全面彻底的大规模消毒。

（二）消毒方法

1. 机械清除法　是指用机械的方法，如清扫、洗刷、通风等清除病原体，是最简单常用的方法。通过对猪舍地面的清扫、洗刷可以清除粪便、垫草、饲料残渣等，随着这些污物被清除，大量的病原体也随之被清除。虽然机械清扫不能达到彻底消毒的目的，但也为其他消毒方法打下了基础。清扫出来的污物，可根据病原体的性质采取堆积发酵、掩埋、焚烧等处理。

2. 物理消毒法

（1）阳光、紫外线和干燥消毒：阳光是天然的消毒剂，其光谱中的紫外线有较强的杀菌能力，阳光照射引起的干燥和热也有杀菌作用。实际生产中常用紫外线灯进行空气和物品消毒。消毒用紫外线灯要求条件为 220 V，辐射波长 253.7 nm，紫外线的强度不低于 70 $\mu W/cm^2$。革兰氏阴性菌对紫外线最为敏感，革兰氏阳性菌次之。紫外线消毒对细菌芽孢无效。一些病毒对紫外线也敏感。紫外线的消毒作用受到很多因素影响，实际使用时应注意，首先是它只能对表面清洁的物品消毒，而物品表面的尘埃能吸收紫外线影响消毒效果，空气中的灰尘也可吸收紫外线，影响消毒效果，所以用紫外线消毒时，室内必须清洁。紫外线的杀菌作用还受可见光的影响。细菌受致死量的紫外线照射后，3 h 内若再用可见光照射，部分细菌可以复活，这种现象称为光复活作用。因此，要求紫外线消毒室密闭，无阳光照入。另外，紫外线对人有一定危害，所以紫外线灯一般限于实验室、更衣室等应用。

（2）高温火焰烧灼消毒：本法只适用非易燃物品及猪舍地面、墙壁。在发生病原体抵抗力强的传染病时，可以用本法处理污染场所、污染物及尸体。另外对一些耐湿物品可以用煮沸或蒸汽消毒法。

3. 化学消毒法 在兽医防疫实践中，常用化学药品来进行消毒。

（1）影响化学消毒效果的因素包括以下几个方面。

1）病原微生物方面：不同种类的病原微生物对消毒药的敏感性不同。无囊膜病毒对酚类消毒剂的敏感性比有囊膜病毒差。同一种微生物在不同状态时对消毒剂的敏感性也不同，细菌的芽孢对消毒剂的抵抗力远大于繁殖体。

2）消毒剂的种类：某些消毒剂只对某些病原微生物有效，而对另外一些病原微生物无效。消毒剂的浓度对消毒效果也有一定影响，一般消毒效果与浓度成正比，但也有部分消毒剂是在一定范围浓度效果好。消毒剂用量至少应满足完全浸润被消毒物的表面。

3）环境因素：有机物质的存在会削弱消毒剂的消毒作用。一般消毒效果随温度上升而增强。环境酸碱度也会影响消毒效果，例如，含氯消毒剂在酸性环境效果好，而碱类消毒剂则会被酸中和而减效。湿度对气体消毒剂影响大，用甲醛气体消毒时，相对湿度以60%~80%为宜。

（2）化学消毒剂的选择：在选择化学消毒剂时，应考虑对人畜毒性小、广谱高效、不损害被消毒的物体、易溶于水、在消毒的环境中稳定、不易失去消毒作用、价格低廉和使用方便等因素。

（3）常用的化学消毒剂主要有以下几类。

1）含氯消毒剂：它价格便宜，并且对病毒、细菌的繁殖体、芽孢、真菌均有良好的杀灭作用。在酸性环境中作用更强。缺点是稳定性差。常用的药物有二氯异氰尿酸钠、三氯异氰尿酸钠、漂白粉等。

2）氧化剂：包括过氧化氢、过氧乙酸、高锰酸钾等。其中过氧乙酸常用于环境消毒，它的特点是作用迅速、高效、广谱。对细菌的繁殖体、芽孢、真菌和病毒均有良效。可用于消毒除金属和橡胶外的各种物品。市售成品有40%的水溶液，须密闭避光存放在低温处，有效期半年。低浓度水溶液易分解，应随用随配。本品具有腐蚀性，刺激皮肤黏膜，分解产物是无毒的。

3）季铵盐类：现在常用的是双链季铵盐类，消毒效果优于单链季铵盐类。这类消毒剂的优点是毒性低、无腐蚀性、性质稳定、能长期保存。缺点是对病毒杀灭效果差。此类消毒剂市场上甚多。

4）碱类消毒剂：常用的是氢氧化钠（火碱）。它的消毒作用非常可靠，对细菌、病毒均有强效。常用1%～2%的热水溶液。本品的缺点是具有腐蚀性，对金属物品消毒完毕要冲洗干净。猪舍消毒6 h后，应以清水冲洗，才能放猪进舍。石灰乳也是常用消毒剂，它是生石灰加水配制成10%～20%的混悬液用于消毒，消毒作用强，但对芽孢无效。石灰乳吸收二氧化碳变成碳酸钙则失去作用，所以随用随配。直接将生石灰撒在干燥的地面上是不起作用的。

5）酚类消毒剂：其优点是性质稳定、成本低廉、腐蚀性小。缺点是对病毒杀灭效果差。常用消毒剂有来苏儿、复合酚（菌毒敌）。

6）醛类：常用的有甲醛、戊二醛。消毒效果良好。对芽孢杀灭能力强。常见的病毒细菌均对其敏感。戊二醛杀菌强于甲醛。甲醛常用于熏蒸消毒。

4. 生物热消毒法　生物热消毒法用于污染粪便的无害化处理。它采取堆积发酵等方法，可使堆积物的温度达到70 ℃以上。经过一段时间，可杀死芽孢以外的病原体。

消毒的设施主要包括猪场和生产区大门的消毒池，猪舍门口的消毒池，人员进入生产区的更衣室等。消毒池内应用稳定性好的消毒剂，如酚类。更衣室工作服消毒可用紫外线。常用消毒设备包括喷雾器、高压清洗机、火焰消毒器等。

（三）消毒过程和要点

（1）消毒程序：根据消毒种类、对象、方法等将多种消毒方法科学合理地加以组合而进行的消毒过程称为消毒程序。例如，空栏时猪舍的消毒程序可按以下步骤进行。

1）清扫：彻底清除舍内粪便垃圾，可在清扫前喷一些消毒剂，减少粉尘，避免工作人员吸入病原体。

2）清洗：对设备、墙壁、地面进行彻底清洗。除去其表面附着的有机物，为化学消毒打好基础。

3）化学消毒：建议空舍使用 2 种或 3 种不同类型的消毒剂进行 2 次或 3 次消毒。例如，第一次用氢氧化钠，第二次用季铵盐类，第三次用甲醛熏蒸；或第一次用过氧乙酸，间隔 5~7 d，第二次用氢氧化钠，第三次用甲醛熏蒸。

（2）消毒要点：①消毒药液浓度要适当，遵循效果、成本、安全的原则。②要有足够量的消毒药液，使之与病原体充分接触而发挥其作用。美国农业部规定，1 L 消毒药液消毒 2. 6~3. 9 m^2。③清洗一定要彻底。有机物的存在会影响消毒效果。④冬季消毒药液冻结会影响消毒效果。

（3）注意消毒效果检测。

十一、灭虫、灭鼠

蚊蝇等节肢动物是猪传染病的重要传播媒介，因此杀灭这些媒介昆虫和防止它们的出现有重要意义。常用杀虫方法可分为物理法、化学法和生物学方法。物理方法除拍打、捕捉等外，电子灭蝇灯有一定的应用价值。化学法可以使用有机磷杀虫剂和拟除虫菊酯类杀虫剂。可以使用蝇蛆净（环丙氨嗪）拌料以消灭苍蝇。生物学方法的关键是搞好环境卫生，做好粪便堆积封存。

鼠既偷食饲料又传播疾病，它可以传播口蹄疫、伪狂犬病等多种传染病。因此灭鼠有重大意义。灭鼠方法大致可分为器械灭鼠和药物灭鼠。一般猪场多用药物灭鼠，在鼠常出没处撒布毒饵。或将氯化苦注入鼠穴，杀灭野鼠，破坏其生存环境。

十二、免疫接种

免疫接种是通过给猪接种疫苗、菌苗、类毒素等生物制剂做其抗原物质，从而激发猪产生特异性抵抗力，使易感猪转化为非易感猪的一种手段。有组织有计划地进行免疫接种，是预防和控制猪传染病的重要措施之一。对于一些病毒性传染病的预防性免疫接种更为重要。根据免疫接种时机的不同，分为预防接种和紧急接种两大类。

（一）预防接种

在经常发生某种传染病的地区，或有某些传染病潜在的地区，或受到邻近地区某些传染病经常威胁的地区，为了防患于未然，在平时有计划地给健康猪群进行的免疫接种称为预防接种。预防接种通常使用疫苗。根据疫苗的免疫特性，可采取注射、口服、喷鼻等不同途径。接种疫苗后经一定时间，可产生免疫力。根据免疫要求可通过重复接种强化免疫力和延长免疫保护期。

在预防接种时应该注意以下问题：

（1）预防接种要根据猪群中所存在的疾病和所面临的威胁来确定接种何种疫苗，制订免疫接种计划。对于从来没有发生过的，也没有可能从别处传来的传染病，就没有必要进行该病的预防接种。对于从外地引进的猪要及时进行补种。

（2）在预防接种前，应全面了解猪群情况，如猪的年龄、健康状况、是否处在妊娠期等。如果年龄不适宜、有慢性病、正在妊娠期等最好暂时不要接种，以免引起猪的死亡、流产或者产生不理想的免疫应答。

（3）如果当地某种疫病正在流行，则首先安排对该病的紧急接种。如无特殊疫病流行则应按计划进行预防接种。

（4）如果同时接种两种以上的疫苗，要考虑疫苗间的相互影响。如果疫苗间在引起免疫反应时互不干扰或互相促进可以同时接种，如果相互抑制就不能同时接种。

（5）制订合理的免疫程序。猪场需要使用多种疫苗来预防不同的传染病，也需要根据各种疫苗的免疫特性来制订合理的预防接种次数和间隔时间，这就是所谓的免疫程序。如猪瘟，母猪在配种前接种猪瘟疫苗，所产仔猪由于从初乳获得母源抗体，在20日龄以前对猪瘟有较强的免疫力，30日龄后母源抗体急剧下降，40日龄几近消失。哺乳仔猪在吃初乳前2 h或20日龄首免猪瘟疫苗，60日龄左右进行第二次免疫。免疫程序的制订要切合本场实际，最好依据免疫监测结果制订。

（6）重视免疫监测，正确评估猪群的免疫状态，为制订合理的免疫程序做好准备。清除在进行免疫接种后不产生抗体的有免疫耐受现象的猪，以及其他一些不能使抗体上升到保护水平的猪。

（7）其他影响免疫效果的因素。

1）机体因素：不同品种，甚至同一品种不同个体的猪对同一疫苗的免疫反应强弱也有差异。

2）营养因素：维生素、微量元素及蛋白质的缺乏会使猪的免疫功能下降。

3）环境因素：猪舍的温度、湿度、通风情况及消毒情况都会影响猪的免疫功能。高密度饲养，猪经常处于应激状态可造成猪的免疫功能下降。

4）疫苗方面：包括疫苗的质量及血清型等。保存运输不当会使疫苗质量下降甚至失效。有些病原微生物含有多个血清型，而不同血清型之间缺乏交叉免疫。

5）药物影响：免疫接种期间使用了地塞米松等糖皮质激素；在使用活菌苗时，猪群在接种前后几天内使用了敏感的抗菌药物等，都可能影响免疫效果。

（8）注意预防接种反应。预防接种反应的原因是一个复杂问题，是由多方面因素引起的。生物制品对机体来说都是异物，经接种后总会有一个反应过程，不过反应的性质和强度有所不同。在预防接种中成为问题的不是所有反应，而是指不应有的不良反应或剧烈反应。不良反应指的是经预防接种后引起了持久的或不可逆的组织器官损害或功能障碍而致的后遗症。反应类型可分为：

1）正常反应：指由于制品本身的特性而引起的反应，其性质与反应强度随制品而异。例如，某些活疫苗接种后实际是一次轻度感染，会发生某种局部反应或全身反应。

2）严重反应：严重反应和正常反应在性质上没有区别，但程度较重或发生反应的动物超过正常比例。引起严重反应的原因包括：某一批生物制品质量差，或使用方法不当，如接种量过大、接种途径错误等。个别动物对某种生物制品过敏只有在个别敏感的动物才会发生，这类反应通过严格控制生物制品质量和遵照使用说明书可以减小到最低限度。

3）合并症：是指与正常反应性质不同的反应。主要包括过敏反应，扩散为全身感染和诱发潜伏感染。

（二）紧急接种

紧急接种是在发生传染病时，为了迅速扑灭和控制疫病的流行，而对疫区和受威胁区尚未发病的猪进行的应急性免疫接种。从理论上说，紧急接种以使用免疫血清较为安全有效。但免疫血清用量大、价格高、免疫期短，在大批猪接种时往往供不应求，因此在实践中很少使用。实践证明，使用一些疫苗做紧急接种是可以的。例如，发生猪瘟时用猪瘟疫苗紧急接种。在紧急接种时，应注意猪的健康状况。对于病猪或受感染猪接种疫苗可能会加快发病。由于貌似健康的猪群中可能混有处于潜伏期的患猪，因而对外表正常的猪群进行紧急接种后一段时间内可能出现发病增加，但由于急性传染病潜伏期短，接种疫苗又很快产生免疫力，所以发病率不久即可下降，最终使流行平息。

十三、药物预防

猪场传染病种类很多，其中有些病已研制出有效疫苗，还有一些病目前尚无疫苗，或有些病虽有疫苗但实际应用有局限性。因此，在实际生产中除了做好检疫、消毒、免疫接种等工作外，药物预防也是必不可少的一项措施。

药物预防要依据传染病流行规律或临诊结果，有针对性地选择药物，适时进行预防和治疗。预防所用药物要有计划地轮换使用，防止耐药菌株出现。经常进行药物敏感试验，选择敏感药物，投药时剂量要足，疗程要够，混饲时一定要混合均匀。同时应严把药物的休药期，防止药物残留对人类造成不良影响。

十四、猪传染病的扑灭措施

虽然我们为防止传染病的发生做了大量工作，但是传染病仍有发生的可能。一旦发生立即采取以下措施扑灭。

（1）发生疑似重要传染病立即向有关部门报告疫情。

（2）在做出诊断之前，果断地隔离病猪并紧急消毒，封锁猪场。

（3）迅速做出诊断，在有关部门配合下，进行流行病学诊断、临诊诊断、病理学诊断、病原学诊断、血清学诊断。

（4）在确诊的基础上进行紧急接种、治疗。

（5）无害化处理病猪、死猪。

十五、养猪生产安全体系

（一）养猪生产安全体系的意义

（1）现代化的育种手段使猪的生产性能得到了很大提高，而猪的体质、抗逆性等明显下降，对营养、管理等环境条件要求更加苛刻，对环境的变化更加敏感。

（2）随着规模化养猪的发展，使集约化程度不断提高，一旦发生疫情，就难以控制，导致巨大的经济损失。

（3）国际间品种交流日趋频繁，但目前监测手段滞后，造成旧病未除，新病又起，疫情和病情更加复杂，多以综合症状表现，临床确诊难度加大。

（4）全球疫情恶化、复杂，危机四伏。因此，在规模化猪场，采取各种主动措施提高猪群的健康水平，从过去狭隘地致力于对特定疫病进行控制转变为对全群健康进行保护，免受各种疾病的侵袭。猪的保健意识愈来愈被人们所接受。

（二）猪群健康的监测

做好猪群健康监测工作的目的在于：及时发现亚临床症状，早期控制疫情，把疾病消灭在萌芽状态；及时解决营养、饲养及管理等方面存在的问题；及时纠正环境条件的不利因素。因此猪群健康的监测是猪场日常管理中一项重要的工作。猪群健康的监测是通过对猪群的观察、测量、测定、统计等来实现的。

1. 观察猪群　通过遥控监测系统对猪场的整个生产环节实施全天候监测，或猪场技术人员和兽医每日至少2~3次巡视猪群，并经常与饲养人员取得联系，互通信息，做到“三看”，即“平时看精神，饲喂看食欲，清扫看粪便。”及时分析、确诊、治疗、消毒、隔离、淘汰、扑杀。

2. 测量统计　生产水平的高低是反映饲养管理水平和健康水平的晴雨表。如受胎率低、产仔数少，可能是饲养管理的问题，也可能是细小病毒、乙脑等引起的；初生重小，有可能是母猪妊娠期营养不良；21 d窝重小，整齐度差，可能是母乳不足，补料过晚或不当，环境不良或受到疾病侵袭；生长速度慢、饲料转化率低，主要原因是猪群潜藏某些慢性疾病或饲养管理不当。所以通过对各项生产指标的测定统计，便可反映饲养管理水平是否适宜，猪群的健康是否处于最佳状态。

3. 饲料监测 饲料中的营养是猪生长、繁殖及健康的基础。但在生产实践中，由于饲料原料自然变异、加工方法与技术的不同、掺杂使假、不适当的运输和储存导致养分的损失与变质等因素，造成因营养缺乏、不平衡或有害有毒物质而降低猪的生产性能，危及猪的健康。因此，通过化学分析测定、物理检验、动物试验，以及感官检验判断等检测、检验方法，对饲料的品质与质量进行全面监测是十分必要的。

4. 环境监测 猪场环境监测是养猪环境控制的基础。通过对猪舍内温度、湿度、气流、光照、水质、空气中的微粒、微生物，以及有害气体等指标的监测，可以及时了解舍内外环境的变化及其对猪群的影响。根据实测数据与标准环境参数对比分析，结合猪群的健康、行为和生产状况，可以及时发现问题，采取措施。应该注意的问题是：环境因素互相影响、错综复杂，对猪的健康和生产力的作用是综合效应。

（三）疾病综合防制措施的建立

集约化规模饲养的条件下，猪群过于集中，饲养密度过大，圈舍相对密闭，光照和空气流动较差，使传染病和寄生虫病的传播和流行机会明显增大。此类疾病一旦发生，常迅速波及全群，大批猪发病甚至死亡，严重影响猪场的经济效益，危害养猪业的健康发展和人民群众的身体健康。所以，必须严格遵循“预防为主、养防结合、防重于治”的原则，因地制宜建立行之有效的疾病综合防控体系。

1. 坚持自繁自养 频繁引种极易造成传染病的流行，在种源缺乏或不稳定的地区，应提倡自繁自养。

2. 精选猪群，引种检疫 若必须购买或引种时，应选择非疫区，并经当地兽医检疫部门检疫，出具有效的检疫证明。引进后再经本地或本场兽医验证、检疫，并隔离观察 1 个月后，确认健康者，经消毒、驱虫、免疫接种后方可混群饲养。种猪场家应满足如下三个条件方可引种：确定可靠的免疫程序；有良好的供应历史；保证没有特定的传染病。

3. 隔离饲养，全进全出 在规模化猪场，应按猪的品种、性别、年龄等分群分舍饲养，根据不同生长阶段的营养需要确定饲料标准和营养标准。同时实行早期断奶（或激素处理），形成天然的同期发情、同期配种、同期产仔，即同龄猪同期进舍，同期出舍，经彻底清扫消毒空栏 1~2 周，再进下一批猪。最好实行多点饲养的方式，将种猪舍、分娩哺乳舍、保育舍和育肥舍分开。这样既能有效避免循环交叉感染，给每次新进猪群提供一个清洁的环境，又便于实现机械化、自动化的规模生产。

4. 定期消毒　在我国规模化猪场，尽管有着良好的免疫程序并广泛使用着抗生素和化学合成药物，但病毒性、细菌性疾病仍然猖獗，只有在严格实施消毒制度的基础上局面才可得以改观。消毒的目的是消灭舍内外的病原体，或是由传染媒介带到猪场的病原微生物；切断传染途径，防止疫病的发生和蔓延。所以，消毒是保证猪场安全、健康和生产正常进行的必不可少的技术环节。因此，猪场应每周消毒一次；每年至少春季和秋季两次彻底清扫、消毒。

5. 免疫接种　免疫接种是预防某些传染病的最重要的手段之一，是通过接种病毒、细菌及其抗原成分，使机体产生特异性抗体，从而使易感猪转化为非易感猪的有效方法。

6. 预防性投药　按照NY 5030—2001《无公害食品　生猪饲养兽药使用准则》，在饲料中加入某些抗生素或药物，如阿莫西林、支原净、氟苯尼考和黄芪多糖等，在一定时间内可以使受威胁的易感猪不受疫病的威胁。

第十三章　猪场主要病毒性传染病

病毒是一类比较原始的、有生命特征的、能够自我复制和严格细胞内寄生的非细胞生物。病毒的特点：形体微小，具有比较原始的生命形态和生命特征，缺乏细胞结构；只含一种核酸，DNA 或 RNA；依靠自身的核酸进行复制，DNA 或 RNA 含有复制、装配子代病毒所必需的遗传信息；缺乏完整的酶和能量系统；严格的细胞内寄生，任何病毒都不能离开寄主细胞独立复制和增殖。

常见的病毒性疾病有非洲猪瘟、蓝耳病、伪狂犬病、猪瘟、流行性腹泻、口蹄疫、圆环病毒病、流行性感冒、乙型脑炎、细小病毒病等。

对于猪病毒性疾病，目前主要依靠疫苗免疫和生物安全控制。病毒性疾病一旦发病，没有特效的治疗药物，机体主要依靠自身免疫力进行恢复。所以每个养殖场都要把病毒性疾病的预防放在第一位，只有把病毒病预防好了，养殖才能有保障。事实上，许多养殖户都做了免疫，但由于免疫程序不合理、疫苗保存运输不当、操作执行不到位、疫苗效价偏低等因素，导致免疫失败常有发生。有些疫病目前尚无疫苗可用，一旦感染发病，控制难度很大。抗生素的应用主要是为了控制继发细菌感染；部分中药和维生素可提高猪只的抗病力，这些药物对病毒性疾病的防控有一定的辅助作用。

一、非洲猪瘟

（一）综述

非洲猪瘟（ASF）是由非洲猪瘟病毒（ASFV）感染家猪和野猪引起的一种急性、出血性、烈性传染病。世界动物卫生组织（OIE）将其列为法定报告动物疫病。1921 年 ASF 最先发现于肯尼亚；1957 年传入欧洲的葡萄牙；2007 年传入格鲁吉亚，并于同年传入俄罗斯远东地区伊尔库茨克；2018 年 8 月，我国确诊首例 ASF，该病很快在国内多地发生。

ASFV 是有囊膜的 DNA 病毒。病毒可在钝缘蜱中增殖。病毒对温度和酸抵抗力很强，室温干燥或冰冻数年仍可存活。ASFV 在粪便中能存活数周；在腐败的血液中能存活 15 周；在未煮熟的猪肉组织中能存活数月；在室温中保存的血液或血清中可存活 18 个月；在腌制的猪肉制品中能长期存活。本病一年四季均可发生，病死猪及其分泌的排泄物是该病的主要传染源。ASF 主要通过直接接触传播，或通过运输工具、污染食物（泔水、血浆蛋白、火腿肠）、人员衣服和鞋子、生物媒介（蜱虫）等间接传播。不同生长阶段的猪均可感染 ASFV，新疫区家猪死亡率 100%。ASFV 对高热敏感，56 ℃加热 70 min 或 60 ℃加热 30 min 可杀灭病毒。病毒对乙醚、氯仿等有机溶剂敏感。生石灰、氢氧化钠、过氧乙酸、次氯酸盐、戊二醛、苯酚等常用消毒剂均可杀灭 ASFV。

（二）临床症状

典型症状可见病猪高热，食欲废绝，不愿运动，扎堆，皮肤发绀或黄染，呼吸困难，浆液或黏液脓性结膜炎，呕吐或腹泻，个别猪排血便，部分猪站立不稳，运动失调，出现倒地抽搐、四肢呈划水状等症状。

（三）病理变化

病理变化以内脏器官的广泛出血为主要特征。病死猪血液凝固不良；皮肤和皮下脂肪黄染；脾脏肿大 2～5 倍，脾脏发黑、质脆或呈髓质样；淋巴结肿大、出血，呈紫褐色；胃肠黏膜出血；心内膜和心耳出血；膀胱内膜充血。

（四）防制措施

本病目前尚无特效的疫苗或药物。主要依靠生物安全和饲养管理进行综合防控。通过提高从业人员防控意识，普及非洲猪瘟相关知识；猪场合理规划布局，完善生物安全体系，做好日常管理和消毒防疫工作；鼓励自繁自养，就地屠宰；控制活体运输；杜绝泔水喂猪；打击走私猪肉；采取检疫检验等综合防控措施。一旦发生疫情，严格按照国家相关规定和技术规范进行处置，做到早发现，快报告，早处置，力争把疫情控制在最小范围内，乃至最终消灭该病。

二、猪繁殖与呼吸障碍综合征

（一）综述

本病又名“蓝耳病”，是由猪繁殖与呼吸障碍综合征病毒（PRRSV）引起的一种猪的烈性传染病。蓝耳病 1987 年首次发现于美国；1995 年传入中国；2006 年我国暴发高致病性蓝耳病（HP-PRRS）；2014 年后，蓝耳病 NADC30 毒株在国内猪群中开始广泛流行。目前中国 PRRSV 毒株呈现多样化趋势，存在病毒变异重组情况，从而给防控带来很大挑战。

PRRSV 是有囊膜的 RNA 病毒，具有高度的宿主依赖性，主要在猪的肺泡巨噬细胞中生长。目前分为 2 个基因型，即欧洲型和美洲型，两型间的基因序列差异较大。国内流行的毒株以美洲型为主。本病一年四季均可发生，病猪或康复带毒猪是主要传染源。一般通过引种、运猪车辆、病猪口鼻分泌物、粪尿、精液、人员衣服和鞋子、空气等途径传播，康复猪最长可带毒 200 d。不同生长阶段的猪均可感染，一般情况下，猪感染日龄越小，死淘率越高。

PRRSV 对热和干燥敏感，56 ℃加热 45 min 可灭活病毒。病毒在 pH<5 或者 pH >9 时，感染力很快消失。氢氧化钠、过氧乙酸、碘类、氯制剂等常规消毒剂均可杀灭 PRRSV。

（二）临床症状

临床症状有病猪发热、厌食；妊娠母猪中后期流产、早产，产大量的死胎、弱仔和木乃伊胎；哺乳母猪奶水变差，断奶发情延迟；公猪性欲下降，射精量减少，精液质量降低；保育猪和育成猪主要表现有腹式呼吸、被毛粗乱，容易继发副猪嗜血杆菌病和链球菌病，如果混合感染伪狂犬病和圆环病毒病，死淘率较高。

（三）病理变化

主要病理变化为典型的弥漫性间质性肺炎，并伴有细胞浸润和卡他性肺炎。流产胎儿出现动脉炎、心肌炎和脑炎。

（四）防制措施

针对 PRRS 尚无特效的疫苗和药物。目前主要依靠加强生物安全，提高饲养管理水平，增强猪只抗病力，防好其他重要疫病，控制细菌继发感染等综合防控措施。其中生物安全是目前控制该病最有效的方法，建议养殖户选择适合自己的养殖模式，适度规模，合理布局，抓住闭群饲养，批次生产，全进全出，空舍消毒，车辆消毒，后备种猪隔离驯化等关键环节，不断完善本场的生物安全体系，蓝耳病是完全可以控制的。

三、猪伪狂犬病

（一）综述

猪伪狂犬病（PR）是由伪狂犬病毒（PRV）引起的一种猪急性传染病。该病可引起妊娠母猪流产、产死胎，公猪不育，新生仔猪大量死亡，育肥猪出现呼吸道症状等临床表现。PR 在 1813 年首次发现于美国。1849 年瑞士首次使用“伪狂犬”对该病毒进行了命名。20 世纪 90 年代以来，随着 PRV 基因缺失疫苗和 gE-ELISA 鉴别诊断试剂盒的广泛应用，PR 在世界范围内得到有效控制。在 2010 年以前，国内多数猪场 PR 已经达到免疫无疫状态，取得了较好的防控效果。2011 年以来，由于 PRV 出现变异和毒力返强情况，疫苗保护力下降，导致该病在我国猪群中再次暴发流行，给我国养猪业带来巨大损失。

PRV 是有囊膜的 DNA 病毒，目前只有一个血清型。猪是 PRV 唯一的自然宿主，康复猪可终身带毒。本病一年四季均可发生，病猪和康复带毒猪是主要传染源。该病以猪只间的直接接触传播为主，主要通过鼻黏膜和口腔黏膜侵入机体；也可通过外伤（剪牙、断尾、去势、咬架等）、阴道黏膜和精液等途径进行感染；PRV 还可通过胎盘进行垂直传播。不同生长阶段的猪均可感染，一般情况下，猪感染日龄越小，死淘率越高。PRV 在 pH 4~12 区间具有一定的抵抗力，-80 ℃以下可长期存活。氢氧化钠、过氧乙酸、氯制剂、碘类等常规消毒剂均可杀灭 PRV。

（二）临床症状

临床症状主要有繁殖障碍、神经症状、呼吸道症状和消化道症状，其严重程度主要取决于被感染猪的年龄、免疫背景和生产管理水平。其中哺乳仔猪最为敏感，以神经症状、顽固性腹泻和呼吸道问题为主。仔猪一旦出现神经症状，死亡率几乎达 100%。保育和育肥猪有咳嗽、喘气等呼吸道症状，常伴有结膜炎，多继发副猪嗜血杆菌病、链球菌病、传染性胸膜肺炎等细菌性疾病，严重影响猪的生长速度和饲料转化率。成年母猪以流产、产死胎和异常返情增多等繁殖障碍为主。

（三）病理变化

典型病变有肝、脾和肾脏表面有黄白色坏死点（幼龄猪多见），扁桃体有出血点或坏死灶，母猪子宫内膜炎等。临床剖检时多混合有副猪嗜血杆菌病和传染性胸膜肺炎的病变。脑病理切片观察，CNS（中枢神经系统）病变的特征是灰质和白质部分呈非化脓性脑脊髓炎，三叉神经和脊柱旁的神经节炎。仔猪更容易出现大脑炎，伴随着大脑皮层、脑干、脊神经节和基底神经节有严重的病变。

（四）防制措施

虽然 PRV 出现变异和毒力返强情况，该病目前仍然可防可控，其中疫苗免疫是控制该病的主要手段。建议使用质量稳定的高效价疫苗，科学免疫，不留空当。种猪群每年免疫 3~5 次；新生仔猪滴鼻免疫；猪在保育至育肥阶段免疫 2~3 次；后备种猪在配种前免疫 2~3 次。坚持补充 gE 抗体阴性后备种猪。同时要加强生物安全和提高饲养管理水平。通过 2~3 年的努力，是完全可以净化猪场的 PRV 的。对于发病猪群，可紧急接种 PR 活疫苗，并控制细菌感染，加强护理和对症治疗，一般 1~2 周后猪群逐渐稳定。

四、猪瘟

（一）综述

猪瘟俗称“烂肠瘟”，是由猪瘟病毒引起的一种急性、发热、接触性传染病，具有高度传染性和致死性。该病在 1822 年首次报道于法国，早期称为猪霍乱（HC），此后为了与非洲猪瘟相区别，把它命名为古典猪瘟（CSFV）。1955 年我国成功地研制出了猪瘟兔化弱毒疫苗（C 株），该疫苗具有高度安全性、良好的免疫原性和很好的免疫保护效力，为我国有效控制猪瘟做出了巨大的贡献。目前国内多数猪场CSFV已经达到免疫无疫状态，取得了较好的防控效果。

CSFV是有囊膜的RNA病毒，目前只有一个血清型。猪是CSFV唯一的自然宿主。本病一年四季均可发生，病猪和带毒猪是主要传染源。该病以猪只间的直接接触传播为主，也可通过胎盘或精液垂直传播给胎儿。在自然条件下，感染途径主要通过口腔和鼻腔黏膜、眼结膜、生殖道黏膜或者外伤感染。不同生长阶段的猪均可感染发病。在疫苗免疫的猪场，多见零星发病，主要表现为慢性非典型猪瘟；个别免疫失败的猪场出现大面积暴发急性典型猪瘟。病毒对环境的抵抗力不强，56 ℃加热60 min可灭活病毒，氢氧化钠、过氧乙酸、氯制剂、碘类等常规消毒剂均可杀灭CSFV。

（二）临床症状

典型症状为病猪出现发热、扎堆，眼结膜炎并有脓性分泌物，耳朵、腹部、股内侧的皮肤常有许多点状出血，间有呕吐、血便。慢性猪瘟可见皮肤出现紫斑，病猪腹泻，黏膜苍白，极度消瘦，最终衰竭而亡。病死率接近100%。

（三）病理变化

剖检典型病变以出血性病变为主，常见肾皮质和膀胱黏膜中有点状出血，俗称“雀斑肾”；出血性肠炎；回盲瓣附近有纽扣状溃疡，淋巴结肿大、大理石样出血。

（四）防制措施

疫苗免疫是控制CSFV最有效的手段。建议使用质量可靠的疫苗科学免疫，不留空当。种猪群每年免疫2~3次；仔猪在4~10周龄免疫1~2次；后备种猪在配种前免疫1~2次。坚持补充健康合格的后备种猪，通过2~3年的努力，猪场是完全可以做到净化CSFV的。

五、病毒性腹泻

（一）综述

猪病毒性腹泻是指由流行性腹泻病毒（PEDV）、传染性胃肠炎病毒（TGEV）、轮状病毒（RV）和冠状病毒（PDCoV）等病原引起的腹泻疾病。其中流行性腹泻（PED）造成的危害最大。2011年以来，全国各地猪场大面积暴发PED疫情，给养猪业造成惨重损失。美国于2013年也出现了PED疫情。

本病一年四季均可发生，一般寒冷季节多发，夏季缓和。病猪和带毒猪是病毒性腹泻主要传染源。病毒主要经口、鼻进入消化道传播。不同生长阶段的猪均可感染发病，7日龄内的哺乳仔猪发病率和死亡率最高。随着日龄的增长，病死率逐渐下降。PED容易在猪场内部猪群中持续循环，呈地方流行性。一些管理和防疫做得较好的猪场也常有发生。一般发病持续1个月左右，有的可长达3~4个月；部分猪场稳定两三个月后又再次发病，给猪场造成巨大损失。生石灰、氢氧化钠、过氧乙酸、氯制剂、碘类等常用消毒剂对病毒均有杀灭作用。

（二）临床症状

临床典型症状为病猪水样腹泻、呕吐。一般感染年龄越小，症状越重，死淘率越高。7日龄内仔猪发生PED后1~3 d，一般出现严重脱水而死亡，死亡率20%~50%，有的高达100%。保育猪发生腹泻后，如无继发或混合感染，一般1~2周可自愈，死亡率1%~10%。育肥猪症状较轻，一般3~7 d可自愈。母猪感染PED后常呈精神沉郁、厌食、产奶量下降，一般2~5 d可自愈。与PED相比，RV发病相对缓和。

（三）病理变化

剖检典型病变主要见于小肠，小肠扩张，肠黏膜脱落，肠系膜充血、变薄，淋巴结水肿。组织学变化，见小肠绒毛显著萎缩，空肠段上皮细胞的空泡形成和表皮脱落。

（四）防制措施

加强饲养管理，提高舍内温度，特别是产房和保育舍温度。控制饲料霉变，增强猪只抗病力。强化生物安全，狠抓外部运猪车辆和内部空舍消毒，做好批次生产（中小场3~5周/批次）。PED疫苗保护效果有限，可选择与流行株有一定交叉保护力的疫苗（二联苗或三联苗），妊娠母猪在产前免疫1~2次；后备种猪在配种前免疫2次。猪群发病后，严格隔离、消毒，减少水平传播，产房可部分清群。对发病仔猪加强护理，对症治疗，减轻脱水和酸中毒，适度限饲，控制细菌感染。在疫病暴发时，根据实验室检测结果和兽医建议，酌情对妊娠和空怀母猪进行病料返饲。

六、口蹄疫

（一）综述

猪口蹄疫是由口蹄疫病毒（FMDV）引起的，以病猪的口、蹄、鼻盘、乳房等部位出现水疱为特征的传染性疫病。口蹄疫的特点是发病急、传播快，能以气溶胶的形式通过空气长距离传播。仔猪常不见症状而猝死，严重时死亡率可达100%。

FMDV是无囊膜的RNA病毒，目前有7个血清型［O、A、C、Asia1（亚洲1）、SAT1（南非1）、SAT2（南非2）和SAT3（南非3）］，不同血清型间无交叉保护。当前国内猪群中流行的以O型为主，A型散发。本病一年四季均可发生，一般寒冷季节多发，夏季缓和。病畜和无症状带毒家畜是主要传染源。易感动物有牛、猪、羊等偶蹄动物。病毒在黏膜水疱内含毒量最高。口蹄疫传播能力极强，病毒传播方式分为接触传播和空气传播。主要通过呼吸道、消化道、外伤等途径感染。氢氧化钠、过氧乙酸、氯制剂、碘类等常用消毒剂对病毒均有杀灭作用。

（二）临床症状

以病猪蹄部和鼻镜等处发生水疱为主要特征。病猪体温升高，精神沉郁，食欲下降。蹄冠、蹄叉、蹄踵、口腔黏膜、母猪乳头等处出现米粒至蚕豆大小的水疱，水疱破裂后形成糜烂。严重者病猪蹄壳脱落，出现跛行。

（三）病理变化

仔猪感染后，通常发生急性胃肠炎和心肌炎，突然死亡。剖检可见心脏呈现“虎斑心”。

（四）防制措施

加强生物安全措施和提高饲养管理水平，防止外部疫病传入，增强猪只抗病力。建议使用 O 型或 O、A 型双价疫苗免疫猪群，公猪和母猪群每年免疫 3~4 次；猪在保育至育肥阶段免疫 2~3 次；后备种猪在配种前免疫 2 次。一旦确诊发病，遵守国家规定，本着“早、快、严、小”的原则，及时处置。对于发病猪，应重点做好隔离、护理，控制细菌感染。同时对易感猪群紧急接种疫苗。

七、圆环病毒病

（一）综述

猪圆环病毒病是由猪圆环病毒（PCV）引起的一种疾病。本病于 1991 年最早发现于加拿大，并很快在欧美及亚洲一些国家（包括中国）发生和流行。2015 年，在美国猪群中发现了一种新的猪圆环病毒 PCV3；2016 年，在国内猪群中也检测到 PCV3。PCV 可引起断奶仔猪多系统衰竭综合征（PMWS）、猪皮炎与肾病综合征（PDNS）、猪呼吸道疾病综合征（PRDC）、增生性坏死性肺炎（PNP）、繁殖障碍、肠炎等临床表现。PCV 已被公认为是引起猪免疫抑制的重要经济性传染病。

PCV 是一种无囊膜的 DNA 病毒，是目前人类发现的最小的动物病毒。目前发现病毒有 3 个基因型，即 PCV1、PCV2 和 PCV3。一般认为 PCV1 无致病性，PCV2 有致病性，PCV3 的致病性有待进一步研究。PCV2 可分为 PCV2a、PCV2b、PCV2c 等亚型，各亚型之间有一定的交叉保护力。血清学调查表明，PCV 在世界范围内广泛流行，但不一定表现临床症状，主要呈亚临床或隐性感染。本病一年四季均可发生，病猪和带毒猪是主要传染源。PCV 可经水平传播和垂直传播，经过口腔黏膜、呼吸道黏膜、皮肤外伤、精液等途径感染。集约化养殖模式可能与本病多发有关，饲养管理不善，恶劣的养殖环境，不同来源及年龄的猪混群等应激因素均可诱发本病。PCV 耐酸、耐高温，对外界的抵抗力较强，对乙醚、氯仿不敏感。氢氧化钠、氯制剂、碘类、戊二醛等常用消毒剂均可杀灭病毒。

（二）临床症状

PMWS 主要发生在 5~16 周龄的猪，常见于 6~8 周龄的猪。典型症状为病猪渐进性消瘦或生长迟缓；其他症状有厌食、精神沉郁、皮肤苍白、被毛粗乱等。生长育肥猪多发 PDNS，常见于 10~18 周龄的猪。病猪皮肤出现散在斑点状的丘疹，发展为圆形或不规则的隆起，呈现红色、紫红色的病灶，继由中心部位变黑并逐渐扩展到整个丘疹，常融合成较大的斑块。病变主要发生在背部、臀部和胸腹部两侧，严重的可覆盖全身各处。绝大多数 PCV2 是亚临床感染，但可降低育肥猪的生长速度和饲料转化率。在有继发/混合感染、通风不良、保温较差、过度拥挤、混养等因素存在时，病情容易加重，病死率可达 10%~30%。

（三）病理变化

典型病变为病猪消瘦贫血，皮肤苍白、黄染；淋巴结异常肿胀，内脏和外周淋巴结肿大到正常体积的 3~4 倍，切面为均匀的黄白色；肺部有灰褐色炎症和肿胀，呈弥漫性间质性肺炎，坚硬似橡皮样；肾脏水肿（肿大到正常的 2~5 倍）、苍白，被膜下有坏死灶；在淋巴结、脾、扁桃体和胸腺常出现多样性肉芽肿炎症。PMWS 病猪主要的病理变化是淋巴细胞缺失。

（四）防制措施

加强生物安全和饲养管理，做好批次生产和空舍消毒，尽量满足猪群生理需求，减少各种应激，增强猪只的抗病力。同时控制好其他重要传染病。疫苗免疫是控制该病的有效手段，仔猪在 2~5 周龄免疫 1~2 次；后备母猪在配种前免疫 1~2 次；妊娠母猪酌情免疫。针对发病猪场，应尽快查找免疫漏洞和管理不足，及时完善防控措施，对病猪加强护理和控制细菌感染。

八、猪乙型脑炎

（一）综述

本病是由乙型脑炎病毒引起的一种急性人兽共患传染病。病猪以发热、母猪流产、死胎和公猪睾丸炎为主要特征。

乙型脑炎病毒是一种有囊膜的 RNA 病毒，只有一个血清型。本病一年四季均可发生，一般在夏、秋季节高发，冬季缓和。本病主要由带毒媒介昆虫（蚊子）叮咬传播，马最易感，猪、人次之，其中猪是该病毒最重要的放大宿主；蚊子是该病毒的长期储存宿主。病毒对外界抵抗力不强，常用消毒剂对此病毒均有较好的杀灭作用。

（二）临床症状

成年猪感染后一般无明显的临床症状。部分猪体温升至 40~41 ℃，呈稽留热。妊娠母猪突然发生流产，产前可轻度发热、减食，流产后很快恢复正常。公猪感染可致睾丸炎，常发生一侧性睾丸肿大，也有两侧性的，病猪睾丸可肿大 1~2 倍，阴囊皱襞消失、发亮，有热痛感。个别猪的睾丸在肿胀消退后变小、变硬，失去配种繁殖能力。

（三）病理变化

死胎和弱仔常见脑水肿、积水；小脑发育不全；皮下水肿；胸腹腔积水；肝、脾、肾有坏死灶；淋巴结、脑膜出血。公猪可见睾丸水肿和炎症，睾丸实质充血、出血和小坏死灶；睾丸硬化者，体积缩小，与阴囊粘连，实质结缔组织化。

（四）防制措施

疫苗免疫是控制该病的重要手段，后备种猪一般在配种前免疫 2 次；每年在蚊子活跃之前的一个月左右，对种猪群进行 1~2 次疫苗免疫。同时应加强生物安全和饲养管理，做好对蚊虫的控制，增强猪只的抗病力。

九、细小病毒病

（一）综述

猪细小病毒病是由猪细小病毒（PPV）引起的一种猪繁殖障碍病。该病主要表现为胚胎和胎儿的感染和死亡，主要是初产母猪发生产死胎、畸形胎和木乃伊胎，但母猪本身无明显的临床症状。

PPV 是一种无囊膜的 DNA 病毒，只有一个血清型。本病一年四季均可发生，带毒母猪和公猪是主要传染源。不同生长阶段的猪均可感染 PPV，后备母猪比经产母猪更易感。病毒能通过胎盘和精液垂直传播。PPV 对热和酸碱具有较强抵抗力，病毒在 56 ℃ 48 h 后感染性无明显改变。在 pH 3~9 之间稳定，能抵抗乙醚、氯仿等溶剂，但 0.5% 的漂白粉、1% ~ 3% 的氢氧化钠溶液，5 min就能杀灭 PPV，2%的戊二醛需 20 min。

（二）临床症状

妊娠母猪感染后常表现为产木乃伊胎比例增加，且木乃伊胎大小不一，窝产仔数减少，返情率升高等临床表现，尤其是低胎次母猪多发。如果母猪妊娠 70 d 后感染，一般无明显病变。

（三）病理变化

病变主要在胎儿，可见感染胎儿发育不良，偶见充血、水肿、出血。胎儿死亡后逐渐变成黑色，体液被吸收后，呈现木乃伊化。

（四）防制措施

疫苗免疫是控制该病的主要手段，后备种猪在配种前免疫2次；低胎次母猪酌情免疫。同时要加强生物安全和饲养管理，增强猪只抗病力。

十、塞尼卡病毒A型

（一）综述

塞尼卡病毒A型（SVA）是引起猪水疱性疾病的一种重要病原。SVA于1988年首次被分离到；2010年美国发现确诊病例；2014年巴西发现确诊病例；2015年在美国多个州大面积流行；2015年中国出现SVA病例。目前国内猪场以散发为主，尚未大面积暴发流行。

SVA是一种无囊膜的RNA病毒，只有一个血清型。本病一年四季均可发生，病猪和带毒猪是主要传染源。发病猪的蹄冠、脑、淋巴结、血液、粪便、尿液等部位都含有大量病毒。传播途径以水平传播为主。不同年龄的猪均可感染发病。氢氧化钠、过氧乙酸、氯制剂、碘类等常用消毒剂对病毒均有杀灭作用。

（二）临床症状

在临床上可引起与口蹄疫几乎相同的症状，如发热、跛行、食欲减退、蹄部和口鼻部出现水疱。但SVA引起临床症状较轻，发病率和病死率远远低于口蹄疫，发病后康复更快。

（三）病理变化

剖检发病仔猪可见肾脏点状出血，舌炎，间质性肺炎，膀胱尿路上皮细胞球状变性等。

（四）防制措施

目前尚无疫苗可用，主要是加强生物安全和饲养管理，防止外部疫病传入，增强猪只抗病力。对于发病猪群，要控制好细菌继发感染，加强护理，促进猪体康复。

十一、猪流行性感冒

（一）综述

猪流行性感冒俗称“猪流感”，是由甲型流感病毒（A型流感病毒）引发的一种急性、传染性呼吸道疾病。该病毒通常暴发于猪群之间，传染性很强但通常不会引起猪只死亡，一般情况下人类很少感染猪流感病毒。

甲型流感病毒的病原是有囊膜的RNA病毒。世界卫生组织2009年将此前被称为猪流感的新型致病病毒更名为H1N1甲型流感。本病一年四季均可发生，寒冷季节多发，夏季较少发生。猪流感传播迅速，常呈地方流行性。病猪和带毒猪是主要传染源，康复猪可带毒6~8周。不同年龄的猪对本病毒都有易感性。病毒主要通过飞沫、空气等途径水平传播。病毒对外界抵抗力不强，过氧乙酸、氯制剂等常用消毒剂对其均有较好的杀灭作用。

（二）临床症状

典型症状为感染猪发病急、传播快、康复也快。病猪出现突然发热（40~41.5 ℃），精神不振，食欲减退，扎堆，眼和鼻有黏液流出，咳嗽，喘气，呼吸困难，腹式呼吸，偶见关节疼痛等临床症状。如无继发感染或混合感染，死亡率较低（1%~10%）。

（三）病理变化

典型病变表现为鼻、咽、喉、气管和支气管的黏膜充血、肿胀，表面覆有黏稠的液体，支气管内充满泡沫样渗出液。肺脏的病变常见于尖叶和心叶，正常的肺组织和病变组织的分界线明显，病变区坚实、紫红色，切面如鲜牛肉，部分肺叶水肿。该病常与副猪嗜血杆菌病、支原体病等混合感染，致使症状容易被掩盖，不利于诊断。

（四）防制措施

加强生物安全和饲养管理，防止外部疫病传入，保持舍内干燥卫生，做好通风和保温，减少各种应激，增强猪只抗病力。对于易感猪群，可接种猪流感（H1N1）疫苗，仔猪在3~9周龄免疫1~2次；母猪群每年免疫2次。针对发病猪群，要加强护理，控制细菌感染，可酌情添加部分中药或复合维生素，慎用利巴韦林（易中毒）。

第十四章　猪场主要细菌性传染病

细菌为原核微生物的一类，是一类形状细短、结构简单、多以二分裂方式进行繁殖的原核生物，是在自然界分布最广、个体数量最多的有机体，是大自然物质循环的主要参与者。细菌主要由细胞壁、细胞膜、细胞质、核质体等部分构成，有的细菌还有荚膜、鞭毛、菌毛等特殊结构。绝大多数细菌的直径在0.5~5 μm之间。

猪细菌性疾病是由致病细菌引发的疾病。猪常见的细菌性疾病有副猪嗜血杆菌病、链球菌病、支原体肺炎、传染性胸膜肺炎、猪增生性肠炎、大肠杆菌病、猪丹毒、萎缩性鼻炎、沙门杆菌病、仔猪红痢等。

良好的饲养管理与病毒性疾病的有效防控，有利于减少细菌性疾病的发生。猪细菌性疾病一般都可以通过针对性药物进行控制，只要对病猪进行正确诊断，分离出致病菌，再通过药敏试验甄选出对致病菌抑制和杀灭效果最佳的药物，使用该药物就能够对猪细菌性疾病进行有效的治疗。但是细菌性疾病往往容易产生耐药性，需要及时进行药敏试验或轮换用药才能取得良好的疗效。部分中药、益生菌和抗菌肽也有较好的杀菌、抑菌作用，对细菌病的防控有一定的辅助作用。

一、猪支原体肺炎

（一）综述

猪支原体肺炎（MPS）又名猪地方流行性肺炎，俗称猪气喘病或喘气病，是由支原体引起的一种猪呼吸道传染病。病原革兰氏染色阴性，无细胞壁，呈多形态。绝大多数猪场为MPS阳性场。本病一年四季均可发生，但在寒冷季节、潮湿、气温骤变、通风不良的情况下发病率较高。病猪和带菌猪是本病的主要传染源。本病以水平接触传播为主。不同生长阶段的猪均可感染MPS，哺乳仔猪和保育猪更易感，临床症状一般在6周龄以后才表现明显。成年种猪和育肥猪多呈慢性肺炎或隐性过程。病猪康复后带菌时间较长，可达一年左右。病原对外界环境抵抗力不强，在圈舍或饲养工具上的病原，一般2~3 d失活；日光、干燥及常用消毒剂均能达到消毒目的。

（二）临床症状

临床症状为慢性干咳、喘气、腹式呼吸，发病率高，死亡率低，影响猪的生长发育。无继发或混合感染时，病猪体温和食欲基本正常，生长速度和饲料转化率降低，但几乎不死猪。MPS 易与蓝耳病、伪狂犬病、圆环病毒病、副猪嗜血杆菌病、链球菌病等混合感染，使病情加重和死亡率增加。

（三）病理变化

肺部病变显著，主要在肺的各叶前下缘出现从“猪肉样变”到“胰变”或“虾肉样变”，界限明显。若与其他病原混合感染，可引起肺和胸膜的纤维素性、化脓性或坏死性病变。

（四）防制措施

加强饲养管理，做好通风和保温，全进全出，减少混群，减少各种应激。目前预防 MPS 的疫苗有弱毒苗和灭活苗。弱毒苗采用喷鼻或胸腔注射；灭活苗采用肌内注射。一般仔猪在 1~5 周龄首免，间隔 2~3 周加强免疫；后备种猪在配种前免疫 1~2 次。

抗生素一般在发病前或发病初期使用，采用脉冲式给药。饲料中可酌情添加泰妙菌素、泰乐菌素、泰拉霉素、林可霉素、氟苯尼考、多西环素等抗生素，1~2 周一个疗程。

二、链球菌病

（一）综述

猪链球菌病是由多种不同血清群（D、E、L 群等）的链球菌感染引起的，属于重要的人畜共患传染病。华中地区流行的以 2 型、7 型和 9 型等为主。临床主要表现为急性出血性败血症、脑炎、慢性关节炎、心内膜炎、淋巴结脓肿等。病原革兰氏染色阳性、兼性厌氧、不形成芽孢。本病一年四季均可发生，以散发为主。病猪和康复带菌猪是主要传染源。在饲养管理条件差、免疫抑制性（蓝耳病、伪狂犬病等）疾病活跃的猪场发病率较高。不同生长阶段的猪都易感，尤其以 2~15 周龄猪多发。病原主要经呼吸道、消化道、外伤等途径感染，也可经呼吸道感染。病原对外界环境的抵抗力不强，常用消毒剂均可达到杀灭效果。

（二）临床症状

（1）败血型：突然发病，高热稽留，体温升至 41~42 ℃，精神沉郁，呼吸急促，眼结膜充血，浆液、黏液性鼻液，离心端皮肤发紫。

（2）脑膜炎型：体温升高，不食，共济失调、转圈，磨牙，尖叫，卧地不起，四肢划动，口吐白沫，角弓反张，最后衰竭或麻痹死亡，死亡率较高。

（3）关节炎型：主要是四肢关节肿胀，尤其是跗关节、腕关节和肘关节肿大、跛行，或恶化或好转。

（4）淋巴结脓肿型：常见于颌下、咽部、耳下及颈部淋巴结发炎、肿胀，发炎淋巴结可成熟化脓，破溃流出脓汁，以后全身症状好转，形成瘢痕愈合。

（三）病理变化

典型病变为脑炎、脑实质出血，中性粒细胞弥漫性浸润；滑膜血管的扩张和充血；出血性浆膜、黏膜炎；心肌出现点状或片状弥漫性出血或坏死；纤维素性或化脓性支气管肺炎。

（四）防制措施

加强饲养管理和生物安全，改善猪舍硬件，减少外伤发生，做好批次生产，狠抓空舍消毒。由于链球菌血清型众多，疫苗保护效果有限。可选择猪链球菌多价苗，种猪群每年免疫 2 次；仔猪在 2~6 周龄免疫 2 次；后备种猪在配种前免疫 1~2 次。对于发病猪，要选择敏感抗生素及时进行规范治疗。常用药物有青霉素、阿莫西林、氨苄西林、头孢噻呋、磺胺嘧啶等，也可配合部分中药进行治疗。

三、副猪嗜血杆菌病

（一）综述

副猪嗜血杆菌病又称多发性纤维素性浆膜炎和关节炎，也称格拉泽病，是由副猪嗜血杆菌引起的。这种细菌在环境中普遍存在，世界各地都有，甚至在健康的猪群当中也能发现。病原革兰氏染色阴性、形态多变，多为短小杆菌，目前已知有 15 个血清型，其中血清型 1、5、10、12、13、14 致病力较强。本病一年四季均可发生，发病猪和带菌猪是主要传染源。各种年龄阶段的猪均可感染发病，成年猪以隐性感染为主；5~15 周龄猪较易感并表现临床症状。饲养管理条件差，应激大，免疫抑制性疾病（蓝耳病、伪狂犬病等）等因素均可诱发该病，临床发病以继发感染或混合感染为主。病原对外界环境的抵抗力不强，常用消毒剂均可达到杀灭效果。

（二）临床症状

（1）急性型：病猪发热（40.5~42.0 ℃），精神沉郁，食欲下降，呼吸困难，行走缓慢或不愿站立，腕关节、跗关节肿大，共济失调，临死前侧卧或四肢呈划水样，有时会无明显症状而突然死亡。

（2）慢性型：多见于保育猪，主要表现为发热，食欲下降，呼吸困难，被毛粗乱，消瘦，四肢无力或跛行，最终成为僵猪或死亡。15 周龄以上的猪只感染后一般无明显临床症状，但急性感染后可引起慢性跛行。

（三）病理变化

典型病变为全身性浆膜炎，以胸膜炎（包括心包炎和肺炎）、腹膜炎和关节炎最为常见，脑膜炎相对少一些。纤维素性蛋白渗出物覆盖在胸膜和腹膜上，在胸腹腔、心包和关节腔内有大量黄白色胶冻样液体渗出。肺可见有间质水肿、粘连，心包积液、粗糙、增厚，腹腔积液，肝脾肿大、与腹腔粘连，关节病变亦相似。

（四）防制措施

加强饲养管理和生物安全措施，减少各种应激，控制好主要免疫抑制性疾病（蓝耳病、伪狂犬病、圆环病毒病等）。由于副猪嗜血杆菌血清型众多，疫苗保护效果有限，可选择多价苗，仔猪在2~6周龄免疫2次。对于发病猪，要选择敏感抗生素及时进行规范治疗。常用药物有青霉素、阿莫西林、头孢噻呋、泰拉霉素等，也可配合部分中药进行治疗。

四、传染性胸膜肺炎

（一）综述

猪传染性胸膜肺炎是由胸膜肺炎放线杆菌（APP）引起猪的一种高度传染性呼吸道疾病，又称为猪接触性传染性胸膜肺炎。以急性出血性纤维素性胸膜肺炎和慢性纤维素性坏死性胸膜肺炎为特征。猪传染性胸膜肺炎是一种世界性的疾病。我国于1987年首次发现本病，此后流行蔓延开来，对国内猪群健康危害日趋严重。APP革兰氏染色阴性，球杆菌，具有多形性，菌体表面具有荚膜和纤毛。目前已发现有15个血清型，国内流行的菌株以1、3、7型为主，其次为2、4、5、10型，不同型间交叉保护力差。本病一年四季均可发生，发病猪和康复带菌猪是主要传染源。APP主要通过空气飞沫传播，病菌随呼吸、咳嗽、喷嚏等途径排出后形成飞沫，通过直接接触而经呼吸道传播。也可通过被病菌污染的车辆、器具及饲养人员的衣物等间接接触传播。不同年龄的猪均可感染APP，其中生长育肥猪较多发。APP常与伪狂犬病、蓝耳病等混合感染。APP对外界环境的抵抗力不强，常用消毒剂均可达到杀灭效果。

（二）临床症状

（1）最急性型：突然发病，病猪体温高达41~42 ℃，精神沉郁，废食，呕吐，鼻、耳、眼及后躯皮肤发绀，晚期呼吸极度困难，常呈犬坐式，张口呼吸，并有腹式呼吸。临死前体温下降，严重者从口鼻流出血性泡沫分泌物。病猪于出现临诊症状后24~36 h内死亡。有的病例无任何临诊症状而突然死亡。此型的病死率高达80%~100%。

（2）急性型：病猪体温高达40.5~41 ℃，严重的呼吸困难，呈犬坐式，张口呼吸。濒死时通常口鼻流出大量血性泡沫。如未及时治疗，一般1~2 d死亡。

（3）慢性型：常由急性型转变而来。病猪轻度发热或不发热，精神不振，食欲减退，间歇性咳嗽，生长迟缓。病程几天至2周不等，临床治愈或疾病加重而死亡。

（三）病理变化

主要病变为肺炎和胸膜炎。肺间质充满血色胶冻样液体，明显的纤维素性胸膜炎。有时见肺与胸膜粘连，开始肺炎区有纤维素性附着物，并有黄色渗出液渗出，后期肺脏实变区较大，表面有结缔组织粘连物附着，再后来肺炎病变区的病灶硬结或成为坏死灶。胸腔内有浅红色渗出物。气管、支气管内充满血性泡沫样分泌物。有时见渗出性纤维素性心包炎。

（四）防制措施

加强饲养管理和生物安全措施，适宜的猪群密度和通风，减少各种应激，控制好主要免疫抑制性疾病（蓝耳病、伪狂犬病、圆环病毒病等），坚持引进健康合格后备种猪，做好空舍消毒等。因为 APP 血清型较多，疫苗效果有限，可选用 APP 多价苗进行免疫预防，仔猪在 5～10 周龄左右免疫 2 次；妊娠母猪在产前免疫 1～2 次；后备种猪在配种前免疫 1～2 次。在猪群发病初期，可选择敏感的抗生素进行治疗，常用抗生素有氟苯尼考、头孢噻呋、替米考星、泰拉霉素、卡那霉素、安普霉素等，也可配合部分中药进行治疗。肌内注射 3～5 d一个疗程；饲料加药 1～2 周一个疗程。

五、仔猪大肠杆菌病

（一）综述

仔猪大肠杆菌病是由致病性大肠杆菌引起的一种仔猪消化道疾病。常见的有仔猪黄痢、仔猪白痢和仔猪水肿病三种，临床以发生肠炎、肠毒血症为主要特征。病原革兰氏染色阴性，杆状菌，有鞭毛。大肠杆菌抗原复杂，有 O、H、K、F 四种抗原，血清型很多。大肠杆菌能携带多种毒力因子并分泌内毒素和外毒素，是引起仔猪发病的重要病原。大肠杆菌的致病性取决于它在小肠黏附、定植、增殖的能力和它产生毒素的能力，黏附因子或纤毛决定细菌定植的能力。一旦发生细菌定植，就会因毒素的产生而导致腹泻，最重要的黏附因子是 F4（K88）、F5（K99）、F6（987P）。本病一年四季均可发生，饲养管理条件差的猪场发病率较高。带菌母猪和环境中污染的粪便为主要传染源。本病主要经消化道感染。病原对外界因素抵抗力不强，60 ℃经 15 min 即可灭活细菌，常用消毒剂均可将其杀死。

（二）临床症状

（1）仔猪黄痢：1～7 日龄仔猪多发，头胎母猪所产仔猪发病较为严重，临床以剧烈腹泻、排黄色水样稀便、迅速死亡为主要特征，死亡率较高。

（2）仔猪白痢：10～30 日龄仔猪多发，病猪腹泻，排出灰白色或黄色粥状、有特殊腥臭的粪便；同时，病猪畏寒，脱水，吃奶减少或吐奶。及时治疗和加强护理一般可以治愈。

（3）猪水肿病：多发于断奶后1~2周的肥胖仔猪，临床以眼睑或其他部位水肿、神经症状为主要特征，多散发，病死率达90%以上。

（三）病理变化

（1）黄、白痢：肠黏膜充血、水肿，甚至脱落；肠壁变薄，松弛，充气，尤以十二指肠最为严重，有时混有血液。

（2）水肿病：上下眼睑、颜面、下颌等部位胶冻样水肿；胃壁黏膜（胃大弯和贲门，黏膜和肌肉层之间）、肠系膜（结肠、大肠系膜）胶冻样水肿；全身淋巴结不同程度水肿。

（四）防制措施

加强饲养管理和生物安全措施，适宜的温度、湿度、通风，减少各种应激；保持舍内干燥卫生，做好全进全出、空舍消毒和临产母猪的清洁卫生工作；加强新生仔猪的护理。妊娠母猪可在产前接种1~2次大肠杆菌疫苗。也可配合使用微生物制剂进行预防，如乳酸菌、芽孢类益生菌等，通过调节母猪和仔猪肠道菌群平衡，从而抑制致病性大肠杆菌。对于发病仔猪，采取抗菌、止泻、助消化和补液等综合措施。常用药物有新霉素、壮观霉素、安普霉素、恩诺沙星、氟苯尼考，以及部分中药等。

六、猪增生性肠炎

（一）综述

猪增生性肠炎（PPE）又称猪回肠炎，是由细胞内劳森菌感染引起，以回肠和结肠隐窝内未成熟的肠细胞发生根瘤样增生为特征的消化道疾病。PPE于1931年首次报道，我国最早在1999年报道本病。PPE在规模化猪场普遍存在，很难根除，给养猪业造成较大的经济损失。病原革兰氏染色阴性、厌氧、专性细胞内寄生。本病一年四季均可发生，病猪和带菌猪是主要传染源。不同年龄的猪均可感染PPE，8~20周龄的猪多发。本病主要经消化道（粪、口途径）水平传播。潜伏期为2~3周，猪感染后3周左右为排菌高峰期，可持续排菌4~10周，病菌在粪便中可存活2周左右，容易造成猪群持续感染。常用消毒剂均可达到杀灭效果。

（二）临床症状

（1）急性型：临床多发于4~12月龄的成年猪，散发，主要症状为血痢，病程稍长，排沥青样粪便或血样粪便，并发生突然死亡，也有突然死亡仅见皮肤苍白而无粪便异常的病例。

（2）慢性型：较为常见，多发于6~16周龄的生长猪，10%~30%的猪只出现临床症状，主要表现为食欲减退，间歇性下痢，粪便变稀软，呈水泥状或水样，颜色较深，有时混有血液或坏死组织碎片；病猪消瘦，被毛粗乱，生长发育不良；病程长者可见皮肤苍白，如果没有继发感染，一般4~6周可康复。

（3）亚临床型：多发于6~20周龄的猪，症状轻微或无明显腹泻，但生长速度和饲料转化率下降，出栏时间推迟10 d以上。

（三）病理变化

本病以小肠及结肠黏膜增厚、坏死或出血为典型特征。有时可见肠道平滑肌显著肿大，小肠内有凝血块，结肠内有血性粪便。

（四）防制措施

做好批次生产和全进全出，狠抓空舍消毒。加强饲养管理，减少外界环境的不良刺激，提高猪的抵抗力。对于发病猪群，早发现、早治疗，选择敏感抗生素规范用药，一般在发病初期（或发病前一周左右）开始使用抗生素，采用脉冲式给药。常用药物有泰妙菌素、泰乐菌素、林可霉素、多西环素等，饲料加药1~2周一个疗程。

七、猪传染性萎缩性鼻炎

（一）综述

猪传染性萎缩性鼻炎简称萎鼻，是由支气管败血波氏杆菌（Bb）或/和产毒素多杀性巴氏杆菌引起的一种猪慢性呼吸道传染病。本病最早于1830年在德国发现，我国由于从国外引进种猪，造成本病在国内广泛传播流行。Bb革兰氏染色阴性，球状杆菌。产毒素多杀性巴氏杆菌革兰氏染色阴性，球状或短杆状，有荚膜。本病一年四季均可发生，发病猪和带菌猪是主要传染源。病菌存在于上呼吸道，主要通过飞沫传播，经呼吸道感染。不同年龄的猪均可感染发病。本病的发生多数是由有病或带菌的母猪传染给仔猪的。猪只混群后，再通过水平传播，扩大到全群。本病在猪群中传播速度较慢，多为散发或呈地方流行性。饲养管理条件差和免疫抑制性疾病，常易诱发本病，加重疾病的演变过程。Bb和产毒素多杀性巴氏杆菌对外界环境的抵抗力都不强，常用消毒剂可将其杀灭。

（二）临床症状

病猪体温一般正常，有鼻炎，打喷嚏，呼吸不畅，黏性、脓性、带血的鼻液，流泪，“半月形”泪斑，鼻、颜面变形、歪曲，变短或上翘，呈现“歪鼻子”状。如果无继发或混合感染，死亡率不高。

（三）病理变化

典型病变为鼻甲骨不同程度地萎缩。早期可见鼻黏膜及额窦充血和水肿，有多量黏液性、脓性甚至干酪性渗出物蓄积。进一步发展可见鼻甲骨的软化和萎缩，严重者鼻甲骨结构完全消失，常形成空洞。

(四) 防制措施

加强猪群管理，谨慎引种，坚持补充健康合格的后备种猪。做好批次生产和全进全出，狠抓空舍消毒。改善饲养管理，努力减少各种应激，提高猪群的抵抗力。可选择疫苗进行免疫预防，妊娠母猪在产前免疫1~2次；后备种猪在配种前免疫1~2次。对于发病猪群，选择敏感抗生素，如磺胺二甲嘧啶、多西环素、土霉素、阿米卡星、阿莫西林等，进行及时规范治疗。

八、仔猪梭菌性肠炎

(一) 综述

仔猪梭菌性肠炎又称猪传染性坏死性肠炎或仔猪红痢。是由A型或C型魏氏梭菌引起的初生仔猪的急性传染病。病原革兰氏染色阳性，严格厌氧，棒状杆菌。该菌可产生12种毒素，根据外毒素特性可将该菌分外5种血清型，即A、B、C、D、E型。其中A型和C型对养猪业危害较大，可产生引起仔猪肠毒血症和坏死性肠炎的α和β毒素。本病一年四季均可发生，病猪和带菌猪是主要传染源，特别是带菌的哺乳母猪。本病多发生于1~3日龄哺乳仔猪，1周龄以上猪较少发病；一旦发病，仔猪死亡率可达70%以上。本病主要经消化道传播。病原产生芽孢，对外界环境抵抗力较强，能在环境中长期存活。

(二) 临床症状

主要表现为发病很急，仔猪出生后1~2 d内就可发病，排浅红色或红褐色粪便，粪便中有时含有气泡，有特殊的腥臭味。部分病猪呕吐、尖叫，出现不自主的运动。绝大多数在几天内死亡，若病程在7 d以上，则呈现间歇性或持续性腹泻，粪便类似“米粥”状，病猪生长停滞，逐渐消瘦，衰竭而亡。

(三) 病理变化

典型病变是肠道出血，尤其是空肠段，肠黏膜变薄，呈紫红色，有出血点，肠腔充气，肠内容物混杂血液和黏膜碎片，呈红褐色并混有小气泡。病程稍长的肠壁形成坏死性黄色假膜，一般不易剥离；肠系膜淋巴结肿大出血。

(四) 防制措施

保持猪舍干燥卫生，狠抓产房空舍消毒和临产母猪清洁卫生工作。可使用商品化多价疫苗，妊娠母猪在产前免疫1~2次。也可使用益生菌进行预防或治疗。对于发病仔猪，使用敏感抗生素，早发现、早治疗，并做好护理工作。常用药物有青霉素类、恩拉霉素、杆菌肽等。

九、猪痢疾

(一) 综述

猪痢疾俗称猪血痢，是由猪痢疾密螺旋体引起的一种严重的猪肠道传染病，主要症状为严重的黏液性出血性下痢。病原革兰氏染色阴性，严格厌氧，螺旋体状。本病一年四季均可发生，病猪和带菌猪是主要传染源。病原主要经消化道水平传播，潜伏期1~2周。本病一旦传入，很难清除，康复猪带菌率高，带菌时间可达70 d以上，影响猪的生长速度和饲料转化率。不同年龄猪均可感染发病，以2~3月龄猪最易感。病原对外界环境抵抗力不强，常用消毒剂均能迅速将其杀灭。

（二）临床症状

急性型以出血性下痢为主；亚急性和慢性型以黏液性腹泻为主。病猪表现为下痢，粪便先黄灰色后血色，先软后稀，最后拉水样稀粪，内混黏液或带血，严重时粪便呈红色糊状。病猪精神不振，食欲降低，弓背收腹，被毛粗乱，消瘦脱水，后期排粪失禁，最终衰竭而亡。

（三）病理变化

主要病变局限于大肠（结肠和盲肠）。

（1）急性型：主要表现为大肠黏液性和出血性炎症，肠系膜及其淋巴结充血、水肿，肠腔充满血性黏液。

（2）亚急性和慢性型：病猪主要表现为初期结肠轻度卡他性病变，后期可见大肠黏膜表面纤维蛋白渗出物增加，肠内混有多量黏液和坏死组织碎片，黏膜形成麸皮样或豆渣样的黄灰色纤维素性假膜，易剥离。肠系膜淋巴结肿大，胃黏膜充血。其他脏器常无明显变化。

（四）防制措施

加强饲养管理和生物安全措施，做好全进全出和空舍消毒；保持舍内干燥卫生，适宜的猪群密度、温度和通风，减少各种应激；坚持引进健康合格的后备种猪。常用抗生素有痢菌净（乙酰甲喹）、新霉素、安普霉素、林可霉素、泰乐菌素、泰妙菌素、多西环素等。也可以配合使用益生菌进行综合防控。

十、沙门杆菌病

（一）综述

本病是由沙门杆菌属细菌引起的仔猪传染病，病原主要包括猪霍乱沙门杆菌、猪伤寒沙门杆菌、鼠伤寒沙门杆菌和肠炎沙门杆菌等。本病是对仔猪威胁较大的一种细菌性传染病，其中一些沙门杆菌对人和多种畜禽均有致病性。病原革兰氏染色阴性，兼性厌氧。细菌在自然界中广泛分布，猪一年四季均可发病，一般呈散发性或地方流行性。病猪和带菌猪是主要传染源，部分康复猪可间歇排菌达5个月。本病主要经消化道水平传播，也可通过交配感染。不同年龄的猪均可感染发病，2~4月龄猪多发，环境应激时可诱发。病菌对外界环境有一定的抵抗力，在外界环境中可生存数周至数月，在60 ℃经1 h可将其杀灭。常用消毒剂可杀灭该菌。

（二）临床症状

（1）急性型：主要发生于1~5月龄猪，病猪体温升高，食欲减退，扎堆，肢体末梢部位（腹下、胸前、耳等部位）皮肤发绀，排出黄褐色恶臭粪便，死亡率较高。

（2）慢性型：多发于1~2月龄小猪，病程较长，顽固性下痢，粪便恶臭、灰白色或黄绿色，被毛粗乱，消瘦，眼内有黏性或脓性分泌物。部分猪最终衰竭而亡，康复猪生长缓慢，出栏延迟。

（三）病理变化

（1）急性型：主要呈败血症变化。全身淋巴结有不同程度出血；肠系膜淋巴结和脾脏肿大；肝脏瘀血，有针尖或米粟大的灰黄色坏死灶；大肠黏膜有糠麸样坏死。

（2）慢性型：大肠发生弥漫性纤维素性坏死性肠炎；在回肠、盲肠和结肠处，肠系膜形成较大溃疡，类似“纽扣”状。

（四）防制措施

加强饲养管理和生物安全措施，保持舍内干燥卫生，提供适宜的舍内环境，做好全进全出和空舍消毒。可选择沙门杆菌多价苗进行免疫预防，母猪每年免疫2次；仔猪在3~6周龄免疫1~2次；后备种猪在配种前免疫1~2次。也可使用益生菌进行预防或治疗。对于发病猪群，采取抗菌、止泻、助消化和补液等综合控制措施。常用药物有氟苯尼考、新霉素、安普霉素、恩诺沙星，以及部分中药等。

十一、猪丹毒

（一）综述

猪丹毒病俗称“打火印”，是由红斑丹毒丝菌（又称猪丹毒杆菌）引起的一种急性、热性人畜共患传染病。病原革兰氏染色阳性，丝状杆菌，无荚膜和芽孢，目前已知有25个血清型。病原在自然界中广泛分布，猪是最重要的储存宿主。本病主要发生于猪，其他动物、人也可感染，称为类丹毒。本病一年四季均可发生，炎热多雨季节多发。病猪和带菌猪是主要传染源。不同年龄的猪均可感染发病，常见于生长育肥猪和母猪，多呈散发。主要经消化道、外伤、吸血昆虫传播。病原对外界环境的抵抗力较强，耐腐败和干燥，对盐腌和火熏也有较强的抵抗力。氢氧化钠、过氧乙酸、氯制剂、碘类等常用消毒剂对该菌均有杀灭作用。

（二）临床症状

（1）急性型：以突然暴发、急性经过和高死亡率为主要特征。猪群先有几头突然死亡，且未表现出明显的临床症状。其他病猪出现高热（42~43 ℃）不退，精神沉郁，食欲废绝，呕吐，结膜充血，粪便干硬、附有黏液；耳、颈、背部皮肤潮红、发紫；临死前腋下、股内、腹内有不规则鲜红色斑块。病猪常于3~4 d内死亡，病死率80%左右，不死者转为疹块型或慢性型。

（2）亚急性型（又称疹块型）：病猪精神沉郁，食欲减退，体温达41 ℃左右；发病1~2 d后，在胸侧、腹侧、背部、颈部乃至全身皮肤上出现界限明显的方形或菱形疹块，俗称“打火印”，指压退色。疹块略微突出皮肤，大小为1至数厘米，从几个到几十个不等。病猪在出现疹块后体温逐渐下降，症状有所减轻，通常几天后疹块会形成棕色痂皮，病程1~2周。

（3）慢性型：由急性型或亚急性型转变而来，也有原发性的，常见的有慢性关节炎、慢性心内膜炎和皮肤坏死等几种。病猪体温基本正常或略微升高，食欲差，被毛粗乱，消瘦。常见腕关节、跗关节炎性肿胀，病腿僵硬、疼痛、跛行。皮肤坏死通常单独发生，多见于背、肩、耳和尾等部位。局部皮肤肿胀、隆起、坏死、色黑、干硬似皮革，逐渐与其下层新生组织分离，犹如一层甲壳；皮痂脱落后，可见颜色较浅的新生皮肤。

（三）病理变化

（1）急性型：典型的败血症，心外膜和心肌有点状出血；胃黏膜发生弥漫性出血；小肠有不同程度的卡他性或出血性炎症；脾肿大，呈樱桃红色或暗红色，切面有白髓，周围有“红晕”；肾脏肿大、瘀血，呈“大红肾”。

（2）慢性型：典型的疣性心内膜炎，在心脏二尖瓣（多发）或主动脉瓣出现菜花样增生物；关节显著肿胀，有浆液性、纤维素性渗出物蓄积；关节囊发生纤维组织增生，关节变形。

（四）防制措施

加强饲养管理和生物安全措施，谨慎引种，坚持补充健康合格的后备种猪；保持舍内干燥卫生，做好通风和降温，控制饲料霉变，减少各种应激，提高猪群的抵抗力。可选择疫苗（单苗或三联苗）进行免疫预防，母猪和公猪每年免疫2次；仔猪在7~10周龄免疫1次；后备种猪在配种前免疫1~2次。对于发病猪群，选择敏感抗生素（首选青霉素类）及时治疗。一般肌内注射3~5 d/疗程；饲料或饮水加药1~2周一个疗程。不要过早停药，以免出现复发或转为慢性。

十二、猪渗出性皮炎

（一）综述

本病主要是由葡萄球菌严重感染引起的疾病。病原革兰氏染色阳性，球状菌。葡萄球菌常寄居于猪只的皮肤和黏膜表面，当猪只出现外伤或抵抗力下降时，病菌便由伤口感染。本病一年四季都可发生，病猪是重要传染源。不同生长阶段的猪均可感染，常见于哺乳仔猪和保育猪，特别是3~15日龄的仔猪多发，生长育肥猪也偶有发生。葡萄球菌对外部环境有较强的抵抗力，在80 ℃经30 min才能灭活，常用消毒剂均可将其杀灭。

（二）临床症状

猪只突然发病，一般先在颜面、耳郭、腹部等部位出现红褐色斑块，并有红色分泌物排出。病猪皮肤上逐渐形成3~4 mm的淡黄色水疱，水疱破裂后有黏性液体流出，经过1~3 d病斑就会扩散至全身。之后病斑颜色变深，逐渐形成黑色痂皮，并散发恶臭气味，具有痒感。发病后期由于病猪不断摩擦皮肤而使皮肤破溃流出黄色或红色分泌物。病猪脱水、消瘦，败血死亡。本病一般只感染仔猪，母猪不发病。

（三）病理变化

病猪尸体消瘦，全身黏胶样渗出、恶臭；皮肤形成黑色痂皮、肥厚干裂、脱水严重，痂皮剥离后露出暗红色创面。体表淋巴结肿大；眼睑水肿；肾脏髓质有尿酸盐结晶；肾盂及输尿管积聚黏液样液体。

（四）防制措施

加强饲养管理，确保剪牙、断尾、去势等操作规范到位，改善猪舍硬件（地板等），减少外伤发生；保持舍内干燥卫生，做好通风和保温，减少各种应激。重视生物安全，做好批次生产和空舍消毒。及时挑出发病猪，单独饲养，可用温水稀释的消毒液擦洗消毒（0.1%高锰酸钾），每天3~4次。对于感染严重的猪，可涂抹碘酊、磺胺间甲氧嘧啶、林可霉素、红霉素软膏等药物。并配合肌内注射青霉素、阿莫西林、头孢噻呋、林可霉素等抗生素，一般3~7 d一个疗程。

第十五章　猪常见寄生虫病及普通病

第一节　猪常见寄生虫病

一、消化系统寄生虫病

猪的消化系统寄生虫病是猪常患的寄生虫病之一，其中在我国规模化猪场流行的主要消化道寄生虫有猪蛔虫、食道口线虫、猪毛首线虫、类圆线虫、胃线虫、姜片吸虫、棘头虫、球虫、小袋纤毛虫。

（一）猪蛔虫病

猪蛔虫病是由蛔科、蛔属的蛔虫寄生于猪的小肠所引起的一种常见寄生虫病，仔猪最易感染。本病分布广泛，特别在不卫生的猪场和营养不良的猪群中感染率很高，可达50%以上。据调查，我国猪只的感染率为17%~80%，平均感染强度20~30条。仔猪常因感染蛔虫而生长发育不良，形成“僵猪”，猪出栏期推迟，饲料浪费，甚至死亡等，造成较大的经济损失。

1. 病原　蛔虫是一种大型线虫，呈圆柱形，淡红色或淡黄色，口孔周围有3片唇。雄虫长15~25 cm。尾端呈钩状向腹面弯曲，泄殖腔开口在尾端附近，有一对小的交合刺。雌虫比雄虫粗大，长20~40 cm，尾直。虫卵为椭圆形，卵壳厚，呈黄褐色，最外一层为凹凸不平的蛋白质膜，内为真膜，其内为卵黄膜。经粪排出的卵尚未分裂。

2. 流行特点　寄生在猪小肠中的雌虫产卵，每条雌虫平均每天可产卵10万~20万个，产卵旺盛时每天可达100万~200万个，虫卵表面有一层厚厚的蛋白膜，具有很强的黏附性，并可增强对外界环境的抵抗力。虫卵随粪便排出，在适宜的条件下，经11~12 d发育成具有感染性的幼虫卵。感染性虫卵对外界环境具有很强的抵抗力，随同饲料或饮水被猪吞食后，在小肠中孵出幼虫，并进入肠壁的血管，随血液进入肝脏，再继续经心脏移行至肺脏。幼虫由肺毛细血管进入肺泡，以后再沿呼吸道上行，后随黏液进入会厌，经食道而至小肠。从感染开始到在小肠发育为成虫，共需2~2.5个月。

猪蛔虫病的流行十分广泛，不论是规模化饲养的猪，还是散养的猪都有发生，这与猪蛔虫产卵量大、虫卵对外界抵抗力强及生活史简单有关。

3. 症状与病变 幼虫移行至肺时，引起蛔虫性肺炎。临床表现为咳嗽、呼吸加快、体温升高、食欲减退和精神沉郁。病猪趴卧在地，不愿走动。幼虫移行时还可导致荨麻疹和某些神经症状。

成虫寄生在小肠时可引起小肠卡他性炎症，争夺宿主大量的营养，病猪表现食欲减退或时好时坏，消瘦贫血，生长缓慢，有异食癖。蛔虫数量多时常聚集成团，堵塞肠道，引起腹痛，严重时因肠壁破裂而致死。有时蛔虫可进入胆管，造成胆管堵塞，病猪剧烈腹痛。

幼虫移行至肝脏时，引起肝组织出血、变性和坏死，形成云雾状的蛔虫斑（或称乳斑）。幼虫移行至肺脏时，可见肺炎病变，局部肺组织致密，表面有大量出血点或暗红色斑点。成虫寄生时可在小肠发现虫体；肠破裂时伴发腹膜炎及腹腔出血；胆道蛔虫症死亡的猪，可见蛔虫钻入胆管。

4. 诊断要点 根据仔猪多发，表现消瘦贫血，生长缓慢，初期有肺炎症状，抗生素治疗无效时可怀疑本病。主要诊断方法是生前粪便虫卵检查和死后尸体剖检。肝脏和肺脏的病变有助于诊断，用贝尔曼法或凝胶法分离肝、肺内的幼虫，小肠发现大量虫体，可确诊。

幼虫寄生期可用血清学方法诊断，目前已研制出特异性强的 ELISA 检测法。

5. 防制措施 规模化猪场，首先要对全场的猪定期进行驱虫；以后公猪每年至少驱虫 2 次；妊娠母猪产前 1~2 周驱虫 1 次；空怀猪在配种前驱虫 1 次；对于保育猪，选用抗蠕虫药进行驱虫，并且在 4~6 周后再驱虫 1 次；新引进猪驱虫后方可合群饲养。注意猪舍的清洁卫生，并加强仔猪的饲养管理。

潮霉素 B12 mg/kg 作为饲料添加剂可用于预防猪蛔虫感染。

为减少蛔虫卵对环境的污染，尽量将猪的粪便和垫草在固定地点堆积发酵。日本已有报道，猪蛔虫幼虫能引起人的内脏幼虫移行症，因此杀灭虫卵不仅能减少猪的感染，而且对公共卫生也十分有益。

6. 治疗

（1）伊维菌素或阿维菌素，每千克体重 0.3 mg，一次皮下注射；口服，每千克体重 20 mg，连喂 5~7 d。

（2）左咪唑，每千克体重 10 mg，喂服或肌内注射。

（3）甲苯咪唑，每千克体重 10~20 mg，混在饲料内喂服。

（4）氟苯咪唑，按每千克体重 30 mg 混饲，连用 5 d；或每千克体重 5 mg，一次口服。

（5）丙硫苯咪唑，每千克体重 10 mg 口服。

（二）猪毛首线虫病（鞭虫病）

猪毛首线虫病是由毛首科的猪毛首线虫寄生于猪的大肠（主要是盲肠）引起的一种寄生虫病。该病分布遍及世界各地，我国各地猪均有此寄生虫病，对仔猪危害很大，小猪感染率约有 75%，成年猪 13. 9%。可引起肠炎、腹泻、食欲减低、贫血，严重者引起大批死亡，给养猪业造成较大损失。

猪和野猪是猪毛首线虫的自然宿主，灵长类动物（包括人）也可感染猪毛首线虫。本虫分布广泛，长期以来一直是影响养猪业的一个普遍问题。

1. 病原　成年雌虫长 39~53 mm，雄虫长 20~52 mm。此类线虫形态一致，虫体前部直径≤0. 5 mm，约为体长的 2/3，内为由一串单细胞围绕着的食道。在显微镜下可见到在各期虫体的口部突出一根刺，腺体和肌肉组织围绕食道周围。虫体后部短粗，直径 0. 65 mm，含有虫体的中肠和泄殖腔。虫卵呈腰鼓形，卵壳厚，卵大小为 60 μm×25 μm，呈棕黄色，处于单细胞阶段，可在雌虫的子宫内发现。雄虫有一根交合刺。

2. 流行特点　猪毛首线虫的虫卵随猪粪便排出，发育为感染性虫卵，猪随饲料、饮水或掘土时吞食此种虫卵经口而感染。在猪体经 41~51 d 发育为成虫，以头部固着于肠黏膜上发育。

一般 2~6 月龄小猪易感染受害，4~6 月龄感染率最高，可达 85%，以后逐渐下降。

多发生于与土壤有接触机会的猪。常与其他蠕虫、特别是猪蛔虫混合感染。一年四季均可感染，以夏季感染率高。

3. 症状与病变　轻度感染症状不明显，严重感染（虫体达数千条），病猪表现消瘦、贫血、腹泻、粪中带黏液和血液、生长缓慢、发育受阻。

毛首线虫的头颈部深入盲肠及结肠黏膜内寄生，少数寄生时仅寄生部位引起充血、出血，多数寄生时可见黏膜充血、水肿、糜烂。

4. 诊断要点　根据临床表现主要危害幼猪，病猪表现消瘦、贫血、腹泻、粪中带黏液和血液，可怀疑本病。虫卵检查及剖检时在盲肠发现病变或虫体也可确诊。毛首线虫产卵较少，因而进行粪便虫卵数（EPG）的检查意义不大。

5. 防制措施　参见猪蛔虫病，但大部分驱虫药对猪毛首线虫不如对猪蛔虫效果好。羟嘧啶为驱除鞭虫的特效药，可按每千克体重 2~4 mg 拌料或口服。

（三）猪球虫病

猪球虫病是由寄生于猪肠道上皮细胞内的球虫引起的一种原虫病，主要发生于仔猪，引起下痢和增重降低，临床以小肠卡他性炎为特征。成年猪多呈隐性感染。

1. 病原　猪球虫病的病原包括艾美耳球虫和等孢球虫，其中等孢球虫毒力较强。

2. 流行特点 猪球虫病一般多为数种混合感染，被球虫感染的猪从粪便中排出卵囊，在适宜的条件下发育成为孢子化卵囊，经口感染猪。仔猪感染后是否发病取决于摄入的卵囊的数量和种类。仔猪过于拥挤和卫生条件恶劣时，会提高发病率。孢子化卵囊在胃肠消化液的作用下释放出子孢子，子孢子侵入肠壁进行裂殖生殖及配子生殖，大、小配子在肠腔内结合为合子，再形成卵囊随粪便排出体外。

猪球虫病在规模化和散养猪场都有发生。球虫病主要流行于初生仔猪。5~10 日龄猪最易感，并可伴有传染性胃肠炎、大肠杆菌和轮状病毒的感染。潮湿有利于球虫的发育和生存，故多发生于潮湿多雨的季节。饲料、垫草和母猪乳房被粪便污染时常引起仔猪感染。

3. 症状及病变 猪球虫感染以水样或脂样腹泻为特征，排泄物从淡黄色到白色，恶臭。病猪表现衰弱，脱水，发育迟缓，时有死亡。小肠有出血性炎症，淋巴滤泡肿大突出，有白色和灰色的小病灶，常出现直径 4~15 mm 的溃疡灶，其表面覆有凝乳样薄膜。肠内容物呈褐色，带恶臭，有纤维素性薄膜和黏膜碎片。肠系膜淋巴结肿大。

4. 诊断要点 从流行病学、临床症状和病理变化进行综合分析，并以饱和盐水漂浮法进行粪便检查或小肠刮取物涂片镜检发现卵囊即可做出诊断。

5. 防制措施

（1）预防：采取隔离、治疗、消毒的综合性防治措施，成年猪多为带虫者，应与仔猪分开饲养，放牧场也应分开。哺乳仔猪前要擦拭干净母猪乳房，哺乳后母猪、仔猪要及时分开。猪圈舍要天天清扫，粪便和垫草等污物集中无害化处理。每周用沸水、3%~5%的热氢氧化钠溶液对地面、猪栏、饲槽、饮水槽等消毒一次。最好用火焰喷灯进行消毒。

对于工厂化养猪场应采取全进全出的生产模式，定期对猪舍消毒。饲料和饮水要严禁猪粪污染。变换饲料种类时，注意逐步过渡。加强营养，饲料多样化，增强机体抵抗力，同时还应进行药物预防。

（2）治疗：氨丙啉，每千克体重 15~40 mg，混饲或混饮，每天 1 次，连用 3~5 d。

林可霉素：每天每头猪 1 g 混饮，连用 21 d。并结合应用止泻、强心和补液等对症疗法。

磺胺二甲基嘧啶（SM_2），每千克体重 100 mg，口服，每天 1 次，连用 3~7 d；如配合使用酞酰磺胺噻唑（PST）每千克体重 100 mg 内服，效果更好。

（四）猪小袋纤毛虫病

猪小袋纤毛虫病是由小袋科的结肠小袋纤毛虫寄生于猪大肠内引起腹泻的

寄生虫病。该病流行于世界各地，尤其热带和亚热带地区，我国各地猪均有感染，感染率可达62.43%，人也有感染的报道，是一种人畜共患寄生虫病。

1. 病原　猪小袋纤毛虫在发育过程中有滋养体和包囊两个时期。滋养体呈椭圆形，无色透明或淡灰略带绿色，大小为（30~150）μm×（25~120）μm。全身披有纤毛，可借纤毛的摆动迅速旋转前进。虫体极易变形，前端有一凹陷的胞口，下接漏斗状胞咽，颗粒食物借胞口纤毛的运动进入虫体。胞质内含食物泡，消化后的残渣经胞肛排出体外。虫体中、后部各有一伸缩泡，用以调节渗透压。苏木素染色后可见一个肾形的大核和一个圆形的小核，后者位于前者的凹陷处。包囊圆形，直径为40~60 μm，淡黄色或淡绿色，囊壁厚而透明，染色后可见胞核。

包囊随污染的食物、饮水经口感染宿主，在胃肠道脱囊逸出滋养体。滋养体在结肠内以淀粉颗粒、细菌和细胞为食，以横分裂法增殖，还可侵犯肠壁。在繁殖过程中部分滋养体变圆，并分泌囊壁形成包囊，包囊随粪便排出体外。包囊在外界无囊内增殖。滋养体若随粪便排出，也有可能在外界成囊。

2. 流行特点　结肠小袋纤毛虫的滋养体在宿主肠道内以横分裂法增殖，并形成包囊，随粪便排出，猪吞食了被包囊污染的饲料和饮水而感染。感染宿主除人、猪外，还有牛、羊、猴、鼠等，但家畜中以猪感染率最高，且多见于仔猪。多发生于冬、春季节，常见于饲养管理较差的猪场，呈地方流行性。

3. 症状与病变　潜伏期5~16 d。临诊上主要发生于仔猪，往往在断奶后抵抗力下降时暴发。表现腹泻，粪便为泥状，混有黏液及血液，有恶臭味，严重者引起仔猪死亡。急性型多突然发病，2~3 d内引起死亡，慢性型可持续数周至数月。剖检可见大肠黏膜溃疡（主要在结肠，其次在盲肠和直肠），并有虫体存在。

4. 诊断要点

（1）粪便检查：取新鲜粪便加生理盐水稀释，涂片镜检，可见活动的虫体，冬天检查可用温热生理盐水。新鲜粪便中可检出滋养体，陈旧粪便中可检出包囊。

（2）死后剖检：刮取猪肠黏膜做涂片镜检，检查虫体。

5. 防制措施

（1）预防：搞好猪场环境卫生和消毒工作；改善饲养管理，管理好粪便，保持饲料和饮水的清洁卫生；发病时应及时隔离，治疗病猪。

（2）治疗：口服甲硝唑（灭滴灵）每千克体重8~10 mg，3次/d，连用5~7 d。

二、呼吸系统寄生虫病

有些寄生虫可在呼吸系统内短暂寄生，如猪蛔虫、猪肾虫、兰氏类圆线虫等，它们在体内移行过程中要经过肺脏。有一些全身性感染的寄生虫，如弓形虫等，也可寄生于肺。

成虫寄生于猪呼吸道的线虫只有后圆线虫，也称肺线虫，该寄生虫全国各地均有感染，但一般规模化猪场很少发生。

（一）猪后圆线虫病

猪后圆线虫病又称猪肺线虫病，是由后圆科后圆属线虫寄生于猪的支气管和细支气管引起的寄生虫病。本病分布于全世界，我国各地均有发生。猪的感染一般为20%～30%，高的可达50.4%，主要危害幼猪，引起支气管炎和肺炎，严重时造成仔猪大批死亡，若发病不死，也严重影响仔猪的生长发育和降低肉品质量，给养猪业带来一定的损失。常见的有长刺后圆线虫和复阴后圆线虫，而萨氏后圆线虫较少见。

1. 病原 成虫纤细、白色，长刺后圆线虫雌虫长20～51 mm，雄虫长12～26 mm。复阴后圆线虫雌虫长19～37 mm，雄虫长16～18 mm。萨氏后圆线虫雌虫长30～45 mm，雄虫长17～18 mm。三种虫卵相似，卵内含幼虫，卵壳厚，大小为40～50 μm。

2. 流行特点 后圆线虫的发育是间接的，需以蚯蚓作为中间宿主。故本病多在夏、秋季节发生。雌虫在气管和支气管中产卵，卵在外界孵出第1期幼虫，第1期幼虫或虫卵被蚯蚓吞食后，在其体内发育至感染性幼虫，猪吞食了带有感染性幼虫的蚯蚓或由蚯蚓体内释出的感染性幼虫而引起感染。感染性幼虫在小肠内被释放出来，进入肠系膜淋巴结中，随血流进入肺脏，再到支气管和气管发育为成虫。感染后25～35 d发育为成虫。感染后5～9周排卵最多。

3. 症状与病变 轻度感染时症状不明显，但影响生长发育。严重感染时，表现强有力的阵咳，呼吸困难，特别在运动或采食后更加剧烈；病猪贫血，食欲丧失，病愈后生长缓慢。剖检时，肉眼病变常不甚显著。膈叶腹面边缘有楔状肺气肿区，支气管增厚，扩张，靠近气肿区有坚实的灰色小结。支气管内有虫体和黏液。

4. 诊断要点 根据流行病学、症状可怀疑本病。进行粪便检查发现虫卵，剖检病尸发现虫体即可确诊。因虫卵相对密度较大，用饱和硫酸镁溶液浮集为佳。

5. 防制措施

（1）预防：应注意猪场排水畅通，保持干燥，铺水泥地面，防止蚯蚓进入猪舍和运动场；墙角、墙边泥土要夯实，或换上沙质土，从而不利于蚯蚓的滋生繁殖。猪舍、运动场定期消毒（用1%的氢氧化钠溶液或30%的草木灰水喷洒），避免粪便堆积，应及时清除并发酵处理。流行区猪群进行定期的预防性驱虫，春、秋季节各1次。

（2）治疗：可使用左旋咪唑、伊维菌素、阿苯达唑等药物驱虫，剂量和用法参照猪蛔虫病。

三、皮肤寄生虫病

有些寄生虫的幼虫阶段，如类圆线虫的感染性幼虫、猪肾虫的幼虫等可侵害猪的皮肤，最新的研究还发现食道口线虫的感染性幼虫也可转入猪的皮肤，然而公认的皮肤寄生虫是指一生中大部分时间寄生于皮肤，如猪疥螨、猪血虱和猪蠕形螨。我国的调查结果表明，猪疥螨是我国猪场最常见的寄生虫之一，猪血虱发生于某些卫生条件较差的猪场，猪蠕形螨不常见。

（一）猪疥螨病

猪疥螨病是由疥螨科的疥螨寄生于猪的皮肤内引起皮肤发生红点、脓疱、结痂、龟裂等的外寄生虫病。该病分布很广，是猪最主要的一种外寄生虫病。

1. 病原　疥螨成虫呈圆形，浅黄色或灰白色，长约0.5 mm，在黑色背景下肉眼可见。解剖镜下可见螨虫爬向远离光线处。成虫有4对短粗的腿，其中有些长有不分节的柄，柄的末端有吸盘样结构。雌虫前2对腿末端有具柄吸盘，而雄虫第1、2和4对腿末端为具柄吸盘。疥螨的发育过程包括虫卵、幼虫、若虫和成虫4个阶段。整个发育周期为8~22 d，平均为15 d。

2. 流行特点　猪疥螨的幼虫、若虫和成虫均寄生于皮肤内，生活史都是在皮肤内完成的。从卵发育为成虫需8~22 d。雌虫的寿命为4~5周。我国100%的猪场均有猪疥螨感染，感染率极高。在阴湿寒冷的冬季，因猪被毛较厚，皮肤表面湿度较大，有利于疥螨发育，病情较严重。在夏季，天气干燥，空气流通，阳光充足，病势即随之减轻，但感染猪仍为带虫者。

3. 症状与病变　猪疥螨感染通常起始于头部、眼下窝、面颊及耳部，以后蔓延到背部、躯干两侧及后肢内侧，尤以仔猪的发病最为严重。病猪局部发痒，常在墙角、饲槽、柱栏等处摩擦。可见皮肤增厚、粗糙和干燥，表面覆盖灰色痂皮，并形成皱褶。极少数病情严重者，皮肤的角化程度增强、干枯，有皱纹或龟裂，龟裂处有血水流出。病猪逐渐消瘦，生长缓慢，成为僵猪。

4. 诊断要点　根据症状可初步诊断。确诊需进行实验室诊断，对有临床症状表现的猪只，刮取病变交界处的新鲜痂皮直接检查，或放入培养皿中，置于灯光下照射后检查。虫体较少时，可将刮取的皮屑放入试管中，加入10%的氢氧化钠（或氢氧化钾）溶液，浸泡2 h，或煮沸数分钟，然后离心沉淀，取沉渣镜检虫体。

5. 防制措施

（1）预防：要定期按计划驱虫。规模化养猪场，首先要对猪场全面用药，以后公猪每年至少用药 2 次，母猪产前 1~2 周应用伊维菌素、多拉菌素或阿维菌素进行驱虫。仔猪转群时用药 1 次，后备猪于配种前用药 1 次，新引进的猪用药后再和其他猪并群。分娩舍及其他猪舍在进猪前要进行彻底清扫和消毒。

（2）治疗：伊维菌素或阿维菌素，每千克体重 0.3 mg，一次皮下注射；口服，每千克体重 20 mg，连用 5~7 d。

（二）猪虱病

猪虱是寄生于猪体表并以吸取血液为生的一种外寄生虫，主要是血虱科的猪血虱。该病分布广，各地普遍存在，尤其是饲养管理不良的猪场，大小猪只均有不同程度的寄生，诱发皮肤病，使猪特别是仔猪的生长受到一定影响。

1. 病原　猪血虱背腹扁平，椭圆形，表皮呈革状，呈灰白色或灰黑色，分头、胸、腹三部分，体长可达 5 mm。有刺吸式口器，呈灰褐色，体表有黑色花纹。卵长椭圆形，黄白色，（0.8~1）mm×0.3 mm。

2. 流行特点　猪血虱终生不离猪体，不完全变态发育，经卵、若虫和成虫三个发育阶段。大猪和母猪体表的各阶段虱均是传染来源，通过直接接触传播，尤其在场地狭窄、猪只密集拥挤、管理不良时最易感染，也可通过垫草、用具等引起间接感染。一年四季都可感染，但以寒冷季节感染严重。

3. 症状与病变　在猪腋下、大腿内侧、耳壳后最多见，病猪时常摩擦，不安，食欲减退，营养不良和消瘦，尤以 2~4 月龄仔猪更严重。猪血虱除吸血外，还分泌毒液、刺激神经末梢发生痒感，引起猪只不安，影响采食和休息。有时皮肤出现小结节、小出血点，甚至坏死。痒感剧烈时，病猪便寻找各种物体进行摩擦，造成皮肤损伤，可继发细菌感染或伤口蛆症等，甚至可引起化脓性皮肤炎，造成皮肤脱毛、消瘦、发育不良。除此之外，猪血虱还可以成为许多传染病的传播者。

4. 诊断要点　当发现猪蹭痒或摩擦时，检查猪体表，尤其耳壳后、腋下、大腿内侧等部位皮肤和近毛根处，可以找到虫体或虫卵。

5. 防制措施　常用杀灭猪血虱的药物有马拉硫磷、敌百虫、二氯苯醚菊酯和氰戊菊酯溶液，喷洒或药浴，有良效。也可以使用阿维菌素、伊维菌素口服或注射，需用药 2 次，间隔 2 周。

四、全身性感染寄生虫病

刚地弓形虫、猪囊尾蚴、旋毛虫等可寄生于猪的多个器官或组织，统称为全身性感染的寄生虫，由它们引起的寄生虫病称为全身性感染寄生虫病。

(一) 猪弓形虫病

猪弓形虫病是由肉孢子虫科的刚地弓形虫寄生于猪的细胞内，引起发热、呼吸困难、腹泻、皮肤出现红斑，妊娠母猪表现流产或分娩虚弱小猪及死胎等症状的一种寄生虫病。该病广泛流行于人、畜及野生动物中，是人畜共患病。

1. 病原 弓形虫在整个发育过程中分5种类型，即滋养体、包囊、裂殖体、配子体和卵囊。其中滋养体和包囊是在中间宿主（人、猪、狗、猫等）体内形成的，裂殖体、配子体和卵囊是在终末宿主（猫）体内形成的。其中滋养体、包囊和感染性卵囊这3种类型都具感染能力。

2. 各型虫体形态 滋养体呈新月形，大小为（4~7）μm×（2~4）μm，胞核位于中央偏钝端。见于急性病例的肝、脾、肺和淋巴结等细胞内或腹水中。包囊呈球形，直径20~40 μm，见于慢性或耐过急性期病例的脑、眼和肌肉组织中。卵囊呈圆形，直径为10~12 μm，淡绿色，见于终末宿主的肠细胞或粪便中。

3. 流行特点 人和动物摄食含有包囊或滋养体的肉食和被感染性卵囊污染的食物、饲草、饮水而感染，滋养体还可经口腔、鼻腔、呼吸道黏膜、眼结膜和皮肤感染，母体还可通过胎盘感染胎儿，各种年龄的猪均易感。

4. 症状与病变 许多猪对弓形虫都有一定的耐受力，故感染后多不表现临床症状，在组织内形成包囊后转为隐性感染。包囊是弓形虫在中间宿主体内的最终形式，可存在数月，甚至终生。故某些猪场弓形虫感染的阳性率很高，但急性发病却较少。

猪弓形虫病主要引起神经、呼吸及消化系统的症状。急性猪弓形虫病的潜伏期为3~7 d，病初体温升高，可达42 ℃以上，呈稽留热，一般保持3~7 d，精神迟钝，食欲减少，甚至废绝。便秘或拉稀，有时带有黏液和血液。呼吸急促，可达60~80次/min，咳嗽。视网膜、脉络膜炎，甚至失明。皮肤有紫斑，体表淋巴结肿胀。妊娠母猪还可发生流产或死胎。耐过急性期后，病猪体温下降，食欲逐渐恢复，但生长缓慢，成为僵猪，并长期带虫。

病理变化为全身淋巴结肿大，切面多汁，有灰黄色坏死灶和出血点。肺间质水肿。肝有出血点和坏死灶。脾肿大。胸腔、腹腔及心包有积液。

5. 诊断要点

（1）直接镜检：取肺、肝、淋巴结做涂片，用姬姆萨液染色后检查；或取病畜的体液、脑脊液做涂片染色检查；也可取淋巴结研碎后加生理盐水过滤，经离心沉淀后，取沉渣做涂片染色镜检。此法简单，但有假阴性，必须对阴性猪做进一步诊断。

（2）动物接种：取肺、肝、淋巴结研碎后加10倍生理盐水，加入双抗后，室温放置1 h。接种前摇匀，待较大组织沉淀后，取上清液接种小鼠腹腔，每只接种0.5~1.0 mL。经1~3周，小鼠发病时，可在腹腔中查到虫体。或取小鼠肝、脾、脑做组织切片检查，如为阴性，可按上述方式盲传2~3代，可能从病鼠腹腔液中发现虫体也可确诊。

（3）血清学诊断：国内外已研究出许多种血清学诊断法供流行病学调查和生前诊断用。目前国内常用的有IHA法（日本血吸虫抗体检测试剂盒）和ELISA法（酶联免疫吸附测定）。间隔2~3周采血，1gG抗体滴度升高4倍以上表明感染处于活动期；1gG抗体滴度不升高表明有包囊型虫体存在或过去有感染。

（4）PCR（聚合酶链式反应）方法：提取待检动物组织DNA，以此为模板，按照发表的引物序列及扩增条件进行PCR扩增，如能扩出已知特异性片段，则表示待检猪为阳性，否则为阴性。但必须设阴、阳性对照。

6. 防制措施

（1）预防：做好以下预防措施。

1）定期对种猪场进行流行病学监测，用血清学检查，对感染猪隔离，或有计划淘汰，以清除传染源。

2）饲养场内灭鼠，禁止养猫，被猫食或猫粪污染的地方可用热水或7%的氨水消毒。

3）保持猪舍、圈内卫生，经常及时清除粪便，发酵处理。猪场定期消毒。

4）已流行的猪群，可用磺胺类药物连服数天，有预防效果。

（2）治疗：磺胺类药物对本病有较好的疗效。

1）常用磺胺嘧啶+甲氧苄氨嘧啶或二甲氧苄氨嘧啶，磺胺嘧啶每千克体重70 mg，甲氧苄氨嘧啶或二甲氧苄氨嘧啶每千克体重14 mg，每天2次口服，连用3~5 d。

2）磺胺氨苯砜，每天每千克体重10 mg，给药4 d，对急性病猪有效。

3）磺胺六甲氧嘧啶，每千克体重60~100 mg，单独口服，或配合甲氧苄氨嘧啶，每千克体重14 mg，口服，每天1次，连用4 d。

（二）猪旋毛虫病

猪旋毛虫病是由毛形科的旋毛形线虫成虫寄生于小肠、幼虫寄生于横纹肌引起的重要人畜共患寄生虫病。

1. 病原 最常观察到的为骨骼肌纤维中的包囊形幼虫（第1期幼虫）。包囊长400~600 μm，宽250 μm。在进入骨骼肌之前，可在循环系统中发现第1期幼虫。成虫寄生于肠管，雌虫大小为3~4 mm。很少能发现雄虫，其大小为雌虫的一半。

2. 流行特点 旋毛虫发育史比较特殊，成虫与幼虫同寄生于一个宿主，但完成发育史必须更换宿主，成虫在小肠内交配，幼虫随血液循环到全身肌肉，进入肌纤维内。旋毛虫为多宿主寄生虫，存在着广大的自然疫源，目前已知有100多种哺乳动物可以感染；其中以肉食兽、杂食兽、啮齿类动物等最常见。

3. 症状与病变　猪有很大耐受力，少量感染时无症状。严重感染时，通常在3~5 d后体温升高，腹泻，腹痛，有时呕吐，食欲减退，后肢麻痹，长期卧睡不起，呼吸减弱，发声嘶哑，有的眼睑和四肢水肿，肌肉发痒、疼痛，有的发生强烈性肌肉痉挛，死亡很少，多于4~6周后康复。血液检查嗜酸性粒细胞显著增多。

成虫在胃肠道引起急性卡他性肠炎，病变轻微，可见黏膜肿胀、充血、出血，黏液分泌增多。幼虫寄生部位可见肌纤维肿胀变粗，肌细胞横纹消失、萎缩。组织学检查可见与肌纤维长轴平行的具两层囊壁的幼虫包囊，眼观呈白色针尖状。

4. 诊断要点　生前诊断困难，常在宰后检出。死后膈肌脚取小块肉样，去掉肌膜和脂肪，在不同肉样处取24个麦粒大小的肉块，用玻板压片镜检或旋毛虫投影器检查，如有包囊即可做出诊断。

目前国内外用ELISA、IFAT（间接免疫荧光法）等方法作为猪的生前诊断手段之一。

5. 防制措施

（1）预防：做好以下预防措施。

1）灭鼠，扑杀野犬。对狩猎动物的废弃物经充分热处理后，方可作为饲料。

2）改变猪的饲养管理习惯，管理好粪便，保持圈舍清洁，严禁用洗肉水喂猪。

3）加强屠宰场及集市肉品的兽医卫生检验，严格按《肉品卫生检验试行规程》处理带虫肉（高温加工，工业用或销毁）。

在旋毛虫病多发地区要改变生食肉类的习俗，对制作的一些半熟风味食品的肉类要做好检查工作。

（2）治疗：各种苯丙咪唑类药物对旋毛虫成虫、幼虫均有良好作用，且对移行期幼虫的敏感性较成虫更大。

1）噻苯唑，每千克体重50 mg，口服，治疗5 d或10 d，肌肉幼虫减少率分别为82%和97%。

2）康苯咪唑，对旋毛虫成虫和各期幼虫效果分别较噻苯唑大10倍和2倍。

3）阿苯达唑。按0.03%的比例加入饲料充分混匀，连喂10 d，能达良好的驱虫效果。

五、规模化猪场寄生虫控制模式

与传统散养相比，规模化猪场的集约化饲养标志着饲养水平的提高及环境卫生条件的改善，但并不意味着寄生虫已被消灭。相反，由于寄生虫感染率高而死亡率低，并且多呈亚临床症状，很难引起人们的重视；另外，猪群数量上升，密度的加大，使猪群中接触传染的机会增大。因此，即使规模化猪场也存在寄生虫感染的可能，也会严重影响生长速度及饲料转化率，造成一定的经济损失，因此，必须建立适合规模化猪场的寄生虫病控制措施。

1. 规模化猪场的主要寄生虫 感染规模化猪场的寄生虫主要有原虫（如弓形虫、球虫等）、线虫（如蛔虫、毛首线虫、肺线虫等）、体外寄生虫（如疥螨、血虱等），而猪场的绦虫、吸虫感染则很少。

2. 采用药物 阿维菌素类药物具有同时驱杀体内线虫及体外节肢动物类寄生虫的特点，与其他抗寄生虫药不产生交叉耐药性，具有广谱、安全、高效的优点。因此，被广泛应用于规模化猪场中。阿苯达唑对猪球虫等原虫类驱虫效果较好。

3. 使用程序

（1）首先全群用药 1 次，针对已表现寄生虫感染临床症状的个体再进行单独治疗。

（2）育成猪、肥育猪转群前用药 1 次。

（3）公猪每年驱虫 2 次，但可根据程序酌情增减 1 次。

（4）空怀母猪、后备母猪配种前 15 d 驱虫 1 次。

（5）妊娠母猪产前 1~4 周驱虫。

（6）引进猪只并群前驱虫（隔离期间）。

4. 模式特点 本程序以母猪、仔猪作为猪场中免受寄生虫感染的保护重点，一方面，生长发育中的仔猪最易受到寄生虫侵袭，造成危害也最为严重；另一方面，母猪是仔猪寄生虫感染的重要传染源，由于猪群中隐性感染的个体是寄生虫的重要传染源，因此，本程序注重整体防治，并非个体治疗。

5. 有关说明

（1）关于剂型：全群用药可选用预混剂；仔猪、母猪用药则选用注射液，这样便于控制剂量，可减少各种可能存在的风险。

（2）关于其他寄生虫：应关注少数猪场存在的其他虫种，如弓形虫、球虫等，目前仍处于上升趋势，饲料中应适时添加毒性较小的药物进行预防。

（3）模式本身：尽管都是规模化猪场，但由于各场或各地流行的虫种不同，寄生虫控制措施也不尽相同，某场有效的驱虫程序对其他猪场可能不适合。因此，本模式只讨论一般措施，各场应视本场情况建立适合本场的驱虫程序，并持之以恒。

（4）配套措施：合理地、有计划地按照适合本场的驱虫程序用药，仍须考虑环境卫生的处理措施（如妥善处理猪群的排泄物，粪便的无害化处理等），这样才可防止散布于环境中的虫卵重复感染，发挥驱虫药物的最大经济效益。

第二节　猪常见普通病

一、胃肠炎

1. 概述　胃肠炎是胃肠黏膜及其深层组织发生重剧炎症的疾病。临诊上以严重的胃肠功能障碍和伴发不同程度的自体中毒为特征。

2. 病因　发病主要是由于喂给腐败变质、发霉、不清洁或冰冻饲料，或误食有毒植物及化学药物，或暴饮暴食等刺激胃肠所致。此外，某些传染病也能继发胃肠炎。

3. 症状　病初精神萎靡，多呈现消化不良的症状，以后逐渐或迅速呈现胃肠炎的症状，病猪精神沉郁，食欲废绝或饮食亢进，鼻盘干燥，可视黏膜初暗红带黄色，以后则变为青紫，口腔干燥，气味恶臭，舌面皱缩，被覆多量黄腻或白色舌苔。体温通常升高至 40 ℃以上，脉搏加快，呼吸频数。常发生呕吐，呕吐物中带有血液或胆汁，持续而重剧的腹泻，粪便稀软，呈粥状、糊状以至水样，有恶臭或腥臭味，混杂数量不等的黏液、血液或坏死组织片，重症时肛门失禁或呈里急后重现象。

4. 诊断　根据食欲紊乱、舌苔变化、呕吐与腹泻及粪便中见有病理性产物等可做出诊断。

5. 防治措施　严禁喂变质和有刺激性的饲料，定时定量喂食。猪舍保持清洁干燥。发现消化不良的猪及时治疗。一旦发生胃肠炎要及早进行治疗，抑菌消炎是根本，可用小檗碱、土霉素、庆大霉素、喹诺酮类等药物口服。

根据具体情况，用人工盐缓泻、木炭末或矽炭银片等止泻。脱水、自体中毒、心力衰竭等是急性胃肠炎的直接致死因素，因此，施行补液、解毒、强心是抢救危重胃肠炎的三项关键措施，静脉注射 5%的葡萄糖生理盐水、复方氯化钠和碳酸氢钠（后二者不能混合应用）是较常用的方法。

静脉输液有困难时，应用口服补液盐放在饮水中让病猪足量饮用也有较好的效果。

二、肺炎

1. 概述 肺炎是理化因素或生物学因素刺激肺组织而引起的肺部炎症。发生于个别肺小叶或几个肺小叶的炎症称为小叶性肺炎（又称支气管肺炎），发生于整个肺叶的急性炎症称为大叶性肺炎。猪以小叶性肺炎较常见。

2. 病因 饲养管理不当，受寒感冒，物理和化学因素的刺激，长途运输，气候骤变和大雨浇淋等是引发肺炎的主要原因；由于误咽或灌药不慎而使药液误入气管等常可引发异物性肺炎；某些传染病如猪肺疫、寄生虫病如肺丝虫病等，以及霉菌病等也能继发本病。

3. 症状 病猪食欲废绝，体温升高至 40 ℃以上，出现弛张热型。病初表现为干短带痛的咳嗽，继而变为湿长，但疼痛减轻或消失，气喘，流鼻涕。胸部听诊，在病灶部分肺泡呼吸音减弱，可听到捻发音及各种啰音，以后由于渗出物堵塞了肺泡和细支气管，肺泡呼吸音消失，可能听到支气管呼吸音，而在其他健康部位，则肺泡音增强。

4. 临诊病理学 白细胞总数和中性粒细胞增多，并伴有核左移现象。如白细胞增多转为减少，且单核细胞减少和嗜酸性粒细胞缺乏时，多是预后不良的征兆。X 线检查，显示肺纹理增粗，伴有小片状模糊阴影（小叶性肺炎），或呈现明显而广泛的阴影（大叶性肺炎）。

5. 诊断 本病应与支气管炎和胸膜炎等相区别。单纯支气管炎，咳嗽明显，全身症状较轻，热型不定，体温正常或升高 0.5~1 ℃，一般持续 2~3 d 即下降，听诊肺泡音亢盛并有各种啰音，但无捻发者。胸膜炎，初期可听到胸膜摩擦音，当有渗出液积聚时，叩诊呈水平浊音。触诊或叩诊肺部，病猪有痛感。

6. 防治措施

（1）治疗：主要是消炎、止咳，制止渗出，促进吸收与排出及对症疗法，同时应改进营养，加强护理。

消除炎症可用抗菌类药，条件允许时可进行药敏试验以选择最佳药物。

分泌物黏稠不易咳出时，可口服氯化铵去痰；频发痛咳，分泌物不多时，可应用止咳剂，如磷酸可待因；10%的氯化钙液 10~20 mL，静脉注射，每日 1 次，有利于制止渗出和促进吸收。

（2）预防：加强饲养管理，搞好舍内外环境卫生，以增强猪体的抵抗力。

三、乳房炎

1. 概述 猪的乳房炎是哺乳母猪较为常见的一种疾病。

2. 病因 有些地方品种母猪腹部下垂，尤其经产母猪的乳头几乎接近地面，因此，经常与地面摩擦受压而受到损伤，或因仔猪吸乳而咬伤乳头，或因猪舍潮湿、天气过冷、乳房冻疮及工厂化养猪所选用床面材料粗糙等原因，为微生物的侵入创造了条件。常见的细菌为链球菌、葡萄球菌、大肠杆菌和绿脓杆菌等。

母猪在产仔后无仔猪吸乳，或仔猪断奶后数日内喂给大量的发酵饲料和多汁饲料，乳汁分泌旺盛，乳房内乳汁积滞，常能引起乳房炎。另外，当母猪患有子宫炎等疾病时，可并发乳房炎。

3. 症状

（1）急性乳房炎：患病乳区急性肿胀、皮肤发红，触诊乳房发热和疼痛，乳汁排出不畅或困难，泌乳减少或停止，乳汁稀薄，内含乳凝块或絮状物，有的混有血液或脓汁。严重时，除局部症状外，尚伴有食欲减退、精神不振和体温升高等全身症状。

（2）慢性乳房炎：乳腺患部组织弹性降低，硬结，泌乳量减少，挤出的乳汁变稠并带黄色，有时内含乳凝块。多无全身症状，少数病猪体温略高，食欲降低。有时由于结缔组织增生而使乳房变硬，泌乳能力丧失。

乳房炎有的发生于整个乳房，有的仅见一个或几个乳区。

4. 诊断　在泌乳初期出现少乳情况可重点疑为乳房炎。发热、厌食、不愿起立、俯卧、对仔猪失去兴趣等症状的出现可辅助诊断。急性病例的乳腺发红、肿胀、坚硬，分泌物外观异常。目前还没有可供猪场使用的快速、可靠的检测手段。细菌学和细胞学检查分泌物的方法只有在对所有乳腺均进行取样或被感染乳腺已知的情况下才可行。

5. 防治措施

（1）预防：做好以下预防工作。

1）卫生措施：合理设计分娩舍（栏），减少机械性乳房炎的发生。及时清除母猪排泄物，对分娩舍（栏）和新转入的母猪进行清洗和消毒，检查垫料。

2）母猪的管理：在母猪分娩前避免乳房机械伤害。

3）药物预防：在圈舍条件不能改进的情况下，药物预防可以减少乳房炎的发生。每 150 kg 体重给 0.4 g 甲氧苄氨嘧啶，1 g 磺胺二甲基嘧啶，1 g 磺胺噻唑，每日 3 次。

（2）治疗：有以下治疗方法。

1）局部疗法：①急性乳房炎的治疗。乳房基部周围封闭，青霉素 80 万~160 万 IU，溶于 0.25%~0.5%的普鲁卡因溶液 100 mL 中，做乳房基部环行封闭，每日 1~2 次。②慢性乳房炎的治疗。局部刺激疗法，选用樟脑软膏、鱼石脂软膏（或鱼石脂鱼肝油）、5%~10%的碘酊或碘甘油，待乳房洗净擦干后，将药涂擦于乳房患部皮肤。其中以鱼石脂鱼肝油疗效明显。亦可温敷。

2）全身疗法：以青霉素与链霉素，或青霉素与新霉素的联合疗法或四环素疗法效果为优。四环素用于慢性乳房炎比急性乳房炎的疗效为高。也可用青霉素与磺胺噻唑，或四环素与磺胺噻唑的联合应用。

化脓性乳房炎，可行切开排脓、冲洗、撒布消炎药等一般外科处理。当乳腺发生坏疽时，应进行切除，以免引起脓毒血症，然后进行全身治疗；出血性乳房炎可用抗生素配合治疗。

四、子宫内膜炎

1. 概述 子宫内膜炎是子宫黏膜的炎症，是常见的一种母猪生殖器官疾病，也是导致母猪不育的重要原因之一。

2. 病因 由于配种、人工授精及阴道检查时消毒不严、难产、胎衣不下、子宫脱出及产道损伤之后，细菌（双球菌、葡萄球菌、链球菌、大肠杆菌等）侵入而引起。阴道内存在的某些条件性病原菌，在机体抗病力降低时，亦可发生本病。此外，布鲁杆菌病、沙门杆菌病等传染病时，也常并发子宫内膜炎。

3. 诊断

（1）急性子宫内膜炎：多见于产后母猪。病猪体温升高，没有食欲，常卧地，从阴门流出灰红色或黄白色脓性腥臭的分泌物，附着在尾根及阴门外，病猪常做排尿动作。

（2）慢性子宫内膜炎：多由急性炎症转变而来，常无明显的全身症状，有时体温略微升高，食欲及泌乳稍减。阴道检查，子宫颈略开张，由子宫流出透明、浑浊或混有脓性絮状渗出物。直肠及阴道检查均无任何变化，仅屡配不孕，发情时从阴道流出多量不透明的黏液，子宫冲洗物静置后有沉淀物（隐性子宫内膜炎）。当脓液蓄积于子宫时（子宫蓄脓），子宫增大，宫壁增厚；当子宫积液时，子宫增大，宫壁变薄，有波动感，均可能出现腹围增大。

4. 防治措施

（1）预防：应使猪舍保持干燥，临产时地面上可铺清洁干草。发生难产后，助产时应严格消毒手臂，小心操作，避免损伤产道。取完胎儿、胎衣，应用弱消毒溶液洗涤产道，并注入抗菌药物。人工授精要严格遵守消毒规则。

（2）治疗：在产后急性期，首先应清除积留在子宫内的炎性分泌物，选择1%的盐水、0.02%的新洁尔灭溶液、0.1%的高锰酸钾溶液冲洗子宫，冲洗后务必将残存的溶液排出，最后可向子宫内注入80万IU青霉素或1 g金霉素（金霉素1 g溶于20~40 mL注射用水中）。

对慢性子宫内膜炎的病猪，可用青霉素160万~320万IU、链霉素100万IU，混于高压消毒的植物油20 mL中，向子宫内注入。为了促使子宫蠕动加强，有利于子宫腔内炎性分泌物的排出，亦可使用子宫收缩剂，如皮下注射垂体后叶素 20~40 IU。

全身疗法可用抗生素或磺胺类药物。

五、直肠脱

1. 概述　直肠脱是直肠末端一部分黏膜或直肠肠壁全层脱出肛门之外而不能自行缩回的一种疾病，多发生于仔猪和分娩期母猪。

2. 病因　长期努责是引起直肠脱的主要原因，如长期下痢、便秘、肠炎等。此外猪维生素缺乏、饲料突然改变以及冬季猪舍寒冷湿潮也是诱发本病的原因。

3. 症状　病初直肠末端黏膜脱出时，可在肛门口处见到圆球形、淡红色至暗红色的肿胀，表面形成许多横纹皱褶，中央有一小孔，在排便后或卧地时，脱出明显。轻者能自行缩回，重者常不能缩回。经 1~2 d 后，脱出部分黏膜瘀血，水肿，体积增大。继之粘有泥土、粪便，污秽不洁，黏膜干裂，以致发生坏死。严重的病例，脱出部分较多，呈圆柱状，由肛门垂下，向下方弯曲，此时常并发黏膜损伤、坏死或破裂。

4. 诊断　肛门外可见淡红色至暗红色的脱出物。

5. 治疗　原则是将脱出部分整复固定，防止破裂感染。

（1）整复：用温热 0.1%的高锰酸钾溶液，1%的明矾溶液清洗患部，除去污物及坏死黏膜，用手指进行整复。如因水肿、瘀血，整复困难时，用手指捏破肿胀坏死的黏膜挤出水肿液后再整复。

（2）固定：①为防止再脱，可在肛门周围行袋口缝合。留 1~2 指大小的排粪口。7~10 d 拆线。②在距肛门边缘 1~2 cm 处，分上下左右四点，每点皮下注射 10%的氯化钠溶液 15~30 mL，使局部发生无菌性炎症，可起固定作用。

（3）手术切除：患部清洗消毒后进行切除。在靠近肛门处，用消毒过的两根长封闭针头交叉穿过脱出的肠管将其固定，在固定针的外侧约 2 cm 处切除坏死直肠。止血后，肠管两层断端的浆膜层和肌层分别做结节缝合，再用螺旋形缝合法缝合内外两层黏膜层。缝合结束后用 0.1%的新洁尔灭或 0.1%的高锰酸钾冲洗，取下固定针，涂上碘甘油或抗生素还纳于肛门内。

六、风湿病

1. 概述　风湿病是主要侵害背腰、四肢的肌肉和关节，同时也侵害蹄真皮和心脏，以及其他组织器官的全身性疾病。

2. 症状　风湿病的特点是突然发病，疼痛有转移性，容易再发。临诊上根据发病组织和器官不同，将风湿病分为肌肉风湿病和关节风湿病。

（1）肌肉风湿病：触诊患部疼痛、温热，肌肉表面坚硬、不平滑。转为慢性时患部肌肉萎缩。因疼痛有转移性，故出现交替性跛行。

（2）关节风湿病：多发生在肩、肘、髋、膝等活动性较大的关节，常呈对称性，也有转移性。脊柱关节也有发生。急性关节风湿病表现为急性滑膜炎的症状，关节肿胀、增温、疼痛，关节腔有积液，触诊有波动，穿刺液为纤维素性絮状浑浊液。站立时患肢常屈曲，运动时呈支跛为主的混合跛行。常伴有全身症状。转为慢性时，呈现慢性关节炎的症状，滑膜及周围组织增生、肥厚，关节变粗，活动受到限制，被动运动时有关节内摩擦音。

风湿病因发病部位不同，症状也有区别。

颈风湿：一侧患病时，颈弯向患侧，叫斜颈。两侧同时患病时，头颈伸直，低头困难。

背腰风湿：背腰稍拱起，凹腰反射减弱或消失，运步时后肢常以蹄尖拖地前进，转弯不灵活，卧地起立困难。

四肢风湿：患肢举抬困难，运步缓慢，步幅缩短，跛行随运动量的增加而减轻或消失。

3. 诊断 通常依据病史和病状特点不难诊断，必要时可内服水杨酸钠、碳酸氢钠，1 h 后运步检查，如跛行明显减轻或消失即可确诊。

4. 防治措施

（1）预防：应注意冬季防寒，避免感冒，猪舍经常保持清洁干燥，防止贼风袭击，在雨淋后应置于避风处，以防受风寒。

（2）治疗：本病的疗法很多，但易复发。常用的疗法有以下几种。

1）水杨酸制剂疗法：水杨酸制剂具有明显的抗风湿、抗炎和解热镇痛作用，用于治疗急性风湿病效果较好。除内服水杨酸钠外，还可静脉注射 10% 的水杨酸钠溶液 20~100 mL。应用安替比林、氨基比林也有良好效果。

2）可的松制剂疗法：可的松类具有抗过敏作用和抗炎作用，用来治疗急性风湿病也有显著效果。可选用醋酸可的松、氢化可的松、地塞米松等。

此外，也可用中草药、针灸疗法，背腰风湿可用醋酒灸法（火鞍法）。

七、中暑

1. 概述 中暑又称日射病与热射病，常发生在炎热的夏季。

2. 病因 主要是由于猪舍内气温过高，猪圈又无防暑设备或夏季运输防暑措施不得当，强烈日光直接照射等原因引起，湿度大、饮水又不足时更易促进本病的发生。

3. 症状 病猪精神沉郁，四肢无力，步态不稳，皮肤干燥，常出现呕吐，体温升高，呼吸迫促，黏膜潮红或发紫，心跳加快，狂躁不安。特别严重者，精神极度沉郁，体温升至 42 ℃以上，进一步发展则呈昏迷状态，最后倒地痉挛而死亡。

4. 诊断　临诊上应注意与脑膜炎区别，中暑是由于强烈日光照射或天气闷热而引起大脑中枢神经发生急性病变，与脑膜炎相似，但将病猪立即移至凉爽通风处，并用凉水泼洒头部和全身，轻症病例，很快就能恢复，较重者亦能逐渐好转，且本病只发生在炎热夏季。而脑膜炎不只发生在夏季，采取上述降温措施效果也不明显。

5. 防治措施

（1）预防：炎热夏季，应注意防暑降温，保证充足饮水。运输猪只时，须有遮阳设施，注意通风，不要过分拥挤。

（2）治疗：发病后，立即将病猪移至阴凉通风的地方，保持安静，并用冷水泼洒头部及全身或冷水灌肠，或从尾部、耳尖放血。每千克体重可用氯丙嗪 3 mg，肌内注射或混于生理盐水中静脉滴注，用安钠咖 5～10 mL，肌内注射；严重脱水者可用 5%的葡萄糖和生理盐水 100～500 mL，静脉或腹腔注射，同时用大量生理盐水灌肠；为防止肺水肿，可用地塞米松每千克体重 1～2 mg，静脉注射。也可用中草药治疗，如甘草、滑石各 30 g，绿豆水为引，内服，或西瓜 1 个捣烂，加白糖 100 g，或淡竹叶 30 g、甘草 45 g，水煎，一次灌服。

八、猪应激综合征

1. 概述　猪应激综合征（PSS）是猪遭受不良因素的刺激，而产生一系列非特异性的应答反应。死亡或屠宰后的猪肉表现苍白、柔软及水分渗出等特征性变化，此猪肉俗称白猪肉或水猪肉，肉质低劣，营养性及适口性均差。本病在世界各地均广泛发生，我国各地均有发生，已日益受到重视。

2. 病因　本病的发生与遗传因素密切相关。研究证实，猪应激综合征与体型和血型有关。应激敏感猪几乎都是体矮、腿短、肌肉丰满、臀部圆的猪。杂交猪和某些血缘的瘦肉型纯种猪发生较多，如长白猪、皮特兰猪和波中猪。我国江浙一带的长白猪、大白猪、杂种白猪、金华猪、太湖猪等发病较多，而苏北的黑猪发生较少。应激易感猪常常是由外界应激因素激发而发生的，这些应激因素包括驱赶、抓捕、运输、过热、兴奋、交配、惊吓、混群、拥挤、咬架、外伤和保定等。有些药物也可诱发本病，如某些吸入麻醉剂（氟烷、甲氧氟烷、氯仿、安氟醚、三氟乙基乙烯醚等）和某些去极化型肌松剂（如琥珀酸胆碱、氨酰胆碱等）常常成为本病的激发剂。

3. 症状　最初表现为肌纤维颤动，特别是尾快速颤抖。肌颤可发展为肌僵硬，使动物步履艰难，或卧地不动。白猪皮肤有苍白、潮红交替出现现象，继之发展成紫绀色。心跳加快，体温迅速升高，临死前可达 45 ℃，中期症状像休克或虚脱，如不予治疗，则 80%以上的病猪可在 20～90 min 内进入濒死期，死后几分钟就发生尸僵，肌肉温度很高。

4. 病理变化 本病死亡或急宰的猪中，有60%~70%在死亡0.5 h内肌肉呈现苍白、柔软、渗出水分增多，即PSE肉（白肌肉）。反复发作而死亡的病猪，可能在腿肌和背肌出现深色而干硬的猪肉。肌肉组织学检查并无特异性，只见肌纤维横断面直径大小不一及玻璃样变性。

5. 诊断

（1）目测诊断：由有经验的猪场管理人员通过目测来辨认PSS基因纯合体猪的准确率为40%~80%。这种纯合体猪常表现出体型略短、臀部呈圆形、体脂肪层较薄、眼球突出有恐怖感以及在兴奋状态下的快速尾震颤。

（2）剖检：在对死于PSS的猪进行解剖时，常无特异性肉眼病变，有时可见急性心力衰竭的病变，包括肺充血、气管和支气管水肿、肝充血、胸腔积液。新鲜胴体迅速开始僵直，血液暗黑色，可以认为是氧去饱和所致。肌肉苍白或灰白、多汁、质地松软，并带有酸味。病理组织学检查经常显示肌纤维高度收缩，偶见肌纤维变性，肌纤维由于水肿而分离，特别是背最长肌和半腱肌。

（3）氟烷激发试验：在典型氟烷激发试验中，2~3月龄猪在人工保定下通过面罩吸入3%~6%的氟烷加氧气（2~5 L/min），4~5 min或直至出现伸肌强直反应。出现肌肉强直的猪被认为属阳性反应，在阳性反应猪中，肌肉强直多出现于吸入氟烷后的1~3 min。氟烷浓度低于3%，吸入4~5 min有时可导致假阴性反应，氟烷浓度高于4%仅对反应出现率有轻微的促进并可缩短反应出现的时间，但同时也增加了死亡率。吸入麻醉剂的麻醉效力对取得精确的试验结果至关重要，如将麻醉效力由强到弱排列，则氟烷最强、异氟烷次之，以下为安氟醚、甲氧氟烷等。

对氟烷的敏感性可由吸入麻醉前的疲劳、过热，或某些化学药品的刺激（如咖啡因、琥珀酰胆碱，α-肾上腺素及5-羟色胺）而增加。机体状况不良或肌肉发育不良可降低，但不能完全消除其对氟烷的敏感性。此外，如吸入麻醉前服用镇静剂、非去极化肌松剂、镁制剂及硬膜外麻醉也可降低其对氟烷的敏感性；然而用硝基呋海因或类似物可以阻断其对氟烷的反应。

被试验猪的年龄也可影响其对氟烷的反应性。试验猪携带PSS纯合基因，小于8周龄者阳性反应频率显著降低，如3周龄组仅有50%反应阳性，5周龄组75%反应阳性。这些年幼的猪有些并未出现肌肉强直，但出现了非强直性恶性高热症，体温及代谢升高，呼吸性酸中毒。

氟烷试验的一个弱点是阳性猪可能于24 h内死亡，反应阳性猪的死亡率在不同品种和品系中有差异。

尽管氟烷试验仅仅能确认PSS基因的纯合体，但是若将其他试验如后代鉴定、血型分析等并用则是一种很有效的辨别杂合体猪的方法。

由于这种方法耗时、费力，所以已逐渐被更精确的DNA检测法所取代。DNA检测法可在没有任何品种信息及其他辅助测试的情况下，测出PSS的基因类型。

（4）DNA检测法：这种方法是对PSS易感性特异、准确、直接的诊断方法，该方法应用范围广、经济效益高，是根除和控制PSS的有效方法。

确定PSS敏感性的试验是取少量组织，通常取血样，对特定的基因片段做序列分析，经多聚酶链反应，可直接扩增近百万次，其目的是放大特定的DNA片段。再进行限制性片段多态性分析，由限制性核酸内切酶切出两个位点：DNA上的突变位点是共有的，即突变和非突变位点。酶切后片段大小、数量经琼脂凝胶电泳和荧光染色，证明PSS基因类型，结果是一致的。

6. 防治措施

（1）预防：根本的方法是从遗传育种上剔除易感猪。测试易感猪，通常用氟烷试验或测定血清肌酸磷酸激酶活性。

尽量减少应激因素，注意改善饲养管理，猪舍避免高温、潮湿和拥挤。在收购、运输、调拨、储存猪的过程中，要尽量减少各种不良刺激，避免受到惊吓。育肥猪运到屠宰场，应让其充分休息，散发体温后屠宰。屠宰过程要快，胴体冷却也要快，以防产生劣质的PSE肉。在可能发生应激前，先给予镇静剂氮哌酮、氯丙嗪、安定、静松灵等及补充硒和维生素E，有助于降低本病的死亡损失。

（2）治疗：猪群中如发现本病的早期症状，应立即移出应激环境，给予充分安静的休息，用凉水淋浴皮肤，症状不严重者多可自愈。对皮肤黏膜已发绀、肌肉已僵硬的重症病猪，则必须应用镇静剂、皮质激素、抗应激药及抗酸药物。氯丙嗪，每千克体重1～2 mg，肌内注射，有较好的抗应激作用。皮质激素、水杨酸钠、巴比妥钠、盐酸苯海拉明、维生素C和抗生素等也可选用。为解治酸中毒，可用5%的碳酸氢钠溶液静脉注射。

九、疝（赫尔尼亚）

（一）脐疝

1. 概述 肠管通过脐孔进入皮下，称为脐疝。以仔猪最常见，一般是先天性的，疝内容物多为小肠及网膜。

2. 症状 猪的脐部突出一个似核桃、鸡蛋至拳头大的局限性球形包块，用手按压时柔软，容易把疝内容物由肠管推入腹腔中，此时包块消失，当手松开和腹压增高时，又可复原出现。同时能触摸到一个圆形脐轮。仔猪在饱食或挣扎时，脐部包块可增大。用听诊器听诊时，可听到肠管蠕动音。病猪精神、食欲不受影响。如不及时治疗，下坠物可以逐渐增大。如果疝囊内肠管嵌闭，发生阻塞或坏死，病猪则出现全身症状，极度不安，厌食，呕吐，排粪减少，臌气，局部增温，硬固，有疼感，体温升高，脉搏加快。如不及时进行手术治疗，常可引起死亡。

3. 治疗 可分为非手术疗法（保守疗法）及手术疗法。两种方法各有利弊，要分别病情选择应用。

（1）非手术疗法：凡疝轮较小的幼龄猪只，可在摸清疝孔后，用95%的乙醇或碘液或10%~15%的氯化钠溶液等刺激性药物，在疝轮四周分点注射，每点注射3~5 mL，以促使疝孔四周组织发炎而瘢痕化，使疝孔重新闭合。也可采取贴胶布的方法治疗，具体做法是：病猪停食1次，仰卧保定，洗净患部，剃毛，待皮肤干燥后，将脱出的肠管缓慢还纳到腹腔中，剪一块大些的胶布，在患部贴牢即可，如胶布脱落可重贴，此法不能治愈时，可考虑手术疗法。

（2）手术疗法：术前给猪停食1~2次，仰卧保定，患部剪毛，洗净，消毒；术部用1%的普鲁卡因10~20 mL浸润麻醉。按无菌操作要求，小心地纵向切开皮肤，分离疝囊肌膜，将肠管送回腹腔，撒消炎药于腹腔内，将疝环做烟包或钮孔状缝合，以封闭疝轮，撒上消炎药，多余的疝囊壁做月牙状切除，最后结节缝合皮肤，外涂碘酊消毒。

如果肠与腹膜粘连，应进行钝性分离，剥离后再按前述方法处理及缝合。

手术结束后，病猪应饲养在干燥清洁的猪圈内，喂给易消化的稀食，并防止饲喂过饱。限制剧烈跑动，防止腹压过高。手术后做结系绷带，7~14 d拆线。

（二）阴囊疝

1. 概述 腹腔脏器经过腹股沟管进入鞘膜腔时称鞘膜内阴囊疝；有时肠管经腹股沟内孔稍前方的腹壁破裂孔脱至阴囊皮下、总鞘膜外面时，称鞘膜外阴囊疝。

2. 症状 鞘膜内阴囊疝时，患侧阴囊明显增大，触诊柔软。可复性的有时能自动还纳，因而阴囊大小不定，如若嵌闭，则阴囊皮肤水肿、发凉，并出现剧烈疝痛症状，若不立即施行手术，有死亡危险。鞘膜外阴囊疝时，患侧阴囊呈炎性肿胀，开始为可复性的，以后常发生粘连。外部检查时很难与鞘膜内阴囊疝区别。

3. 诊断 根据症状可做出诊断。

（1）预防：猪的先天性阴囊疝，受一对隐性基因控制，通过显性公猪对母猪的测交，可发现携带隐性赫尔尼亚基因的母猪，并予淘汰，可达到防止本病发生的目的。目前这方法已在育种工作中应用。

（2）治疗：局部麻醉后，将猪后肢吊起，肠管自动缩回腹腔。术部剪毛、洗净，消毒后切开皮肤分离浅层与深层的筋膜，而后将总鞘膜剥离出来，从鞘膜囊的顶端沿纵轴捻转，此时疝内容物逐渐回入腹腔。猪的嵌闭性疝往往有肠粘连、肠臌气，所以，在钝性剥离时要求动作轻巧，防止剥破。在剥离时应慢慢分离，用浸以温灭菌生理盐水的纱布对肠管轻压迫，以减少对肠管的刺激，并可减少剥破肠管的危险。在确认还纳全部内容物后，在总鞘膜和精索上方打一个去势结，然后切断，将断端缝合到腹股沟环上，若腹股沟环仍很宽大，则必须再做几针结节缝合，皮肤和筋膜分别做结节缝合。术后不宜喂得过早、过饱，适当控制运动。仔猪的阴囊疝采用皮外闭锁缝合。

（三）外伤性腹壁疝

1. 概述　此病是由于打扑、顶撞、跌倒、母猪去势不当等外伤造成腹肌破裂引起小肠脱出于皮下而发生的，常见于腹侧部或下腹部。

2. 症状　病初局部发生炎性肿胀，有热有痛。炎症减退后包块变柔软，稍痛，能听到肠蠕动音，外部触诊能摸到疝轮。可复性者，疝内容物送回腹腔。发生粘连后则不能完全送回。疝内容物被嵌闭时出现疝痛症状。

3. 诊断　必须外部检查和直肠检查结合，以便准确地判明疝孔的位置、大小、形状以及与脱出脏器是否粘连，从而确定治疗方案。

4. 治疗　对新发生的、疝孔较小且患部靠上方的可复性疝，可在还纳疝内容物后装置压迫绷带，或在疝孔周围分点注入少量乙醇等刺激性药剂，令其自愈。除此外，均须采取手术疗法。

手术方法是切开疝囊，还纳脱出的脏器，闭锁疝孔。新发生的可复性疝，一般应早期施行手术。但对破口过大，早期修补有困难的病例，可在急性炎症消退后再施行手术。如遇嵌闭性疝，必须立即进行手术。

凡发病时间较久的疝，往往发生粘连，在切开疝囊时要十分小心，剥离粘连要非常仔细，尽量不损伤肠管。如果剥离时造成肠壁裂口，应立即缝合。如果粘连的肠管发生坏死时，则应截除，然后进行肠管断端吻合术。

闭锁疝孔必须做到确实可靠，不再脱出，尤其是疝孔过大时更应注意，为此在切开疝囊时要保留增厚的皮肌，以备修补缺口。闭合疝孔多采用纽扣状缝合，疝孔大腹压也大时，最好能借助皮肌用重叠纽扣状缝合法闭合。

十、中毒病

（一）亚硝酸盐中毒

1. 概述　青绿饲料调制方法不当，如慢火焖煮、堆积存放、霉烂变质等，在硝酸盐还原菌作用下产生剧毒的亚硝酸盐，亚硝酸盐被猪体吸收后，能使血液中正常的氧合血红蛋白氧化成高铁血红蛋白，后者与氧牢牢结合，从而失去血红蛋白的携氧功能，使组织缺氧，猪采食后就会引起中毒，临床上突出表现为皮肤、黏膜呈蓝紫色及其他缺氧症状，俗称“饱潲病”或“饱潲瘟”。

2. 症状 中毒病猪常在采食后的15 min至数小时内发病。最急性者可能仅稍显不安，站立不稳，随即倒地而死，但这些严重中毒病例生前却多是精神良好、食欲旺盛者，故有人形象地将本病称为“饱潲瘟”，意指刚吃饱了潲（饲料）即发作的瘟疫，可见其发病急、病程短及救治困难。急性型病例除显示不安外，还呈现严重的呼吸困难，脉搏疾速细弱，全身发绀，体温正常或偏低，躯体末梢厥冷。耳尖、尾端在刺破或截断时仅渗出少量黑褐红色血液。肌肉战栗或衰竭倒地。末期则出现强直性痉挛。

3. 病理变化 中毒病猪的尸体腹部多较胀满，口鼻呈乌紫色，并流出淡红色泡沫状液。眼结膜可能带棕褐色。血液暗褐如酱油状，凝固不良，暴露在空气中经久仍不转成鲜红。各脏器的血管瘀血。胃肠道各部有不同程度的充血、出血，黏膜易脱落，肠系膜淋巴结轻度出血。肝、肾呈暗红色。肺充血，气管和支气管黏膜充血、出血，管腔内充满带红色的泡沫状液。心外膜、心肌有出血斑点。

4. 诊断 根据病猪病史，结合饲料状况和血液缺氧为特征的临诊症状，可作为诊断的重要依据。为确诊，亦可在现场做亚硝酸盐检验和变性血红蛋白检查。

（1）亚硝酸盐检验：取胃肠内容物或残余饲料的液汁1滴，滴在滤纸上，加10%的联苯胺液1~2滴，再加上10%的醋酸1~2滴，如有亚硝酸盐存在，滤纸即变为棕色，否则颜色不变。也可将待检饲料放在试管内，加10%的高锰酸钾溶液1~2滴，搅匀后，再加10%的硫酸1~2滴，充分摇动，如有亚硝酸盐，则高锰酸钾变为无色，否则不褪色。

（2）变性血红蛋白检查：取血液少许于小试管内，暴露于空气振荡后，在有变性血红蛋白的情况下，血液不变色（仍为暗褐色）。健康猪的血液则由于血红蛋白与氧结合而变为鲜红色。

5. 防治措施

（1）预防：主要在于改善饲养管理，使用白菜、甜菜叶等青绿饲料喂猪时，最好新鲜生喂。储存的青饲料，应摊开存放，不要堆积，以免腐烂发酵而产生大量亚硝酸盐。

（2）治疗：发现亚硝酸盐中毒，应迅速抢救，现用的特效解毒药为亚甲蓝和甲苯胺蓝，同时配合应用维生素C和高渗葡萄糖溶液，效果较好。

症状重者，尽快剪耳、断尾放血；静脉或肌内注射1%的美蓝溶液，每千克体重0. 1 mL；或注射甲苯胺蓝，每千克体重5 mg；内服或注射大剂量维生素C，每千克体重10~20 mg，以及静脉注射10%~25%的葡萄糖液300~500

mL。

症状轻者，仅需安静休息，投服适量的糖水或牛奶、蛋清水等即可。

（3）对症治疗：对呼吸困难、喘息不止的病猪，可注射山梗菜碱、尼可刹米等呼吸兴奋剂；对心脏衰弱者可注射安钠咖、强尔心等；对严重溶血者，放血后输液并口服或静脉滴注肾上腺皮质激素，同时内服碳酸氢钠等药物，使尿液碱化，以防血红蛋白在肾小管内凝集。

（二）棉籽粕（饼）中毒

1. 概述 长期（数周至数月）饲喂含有高浓度游离棉酚的棉籽粕（饼）可引起中毒，表现为身体不健壮或急性呼吸疾病继而死亡。主要病理变化为实质脏器广泛性充血和水肿，全身皮下组织浆液性浸润。胃肠道黏膜充血、出血和水肿。

棉叶、棉籽及其副产品棉籽饼的有毒成分在体内排泄缓慢，有蓄积作用。因此，用未经去毒处理的棉叶或棉籽粕（饼）作饲料时，一次大量喂饲或长期饲喂时均可能引起中毒。妊娠母猪和仔猪对游离棉酚特别敏感。

2. 症状 一般症状是精神沉郁，行动困难，摇摆，易跌倒。病初体温变化不大，后期常升高；结膜初充血，进而黄染，视觉障碍，失明；消化功能紊乱，食欲降低或废绝，胃肠蠕动减弱而便秘，粪球干小，并带有黏液或血。急性中毒者、特别是仔猪常表现胃肠卡他或胃肠炎；或呼吸急促、增数，常有咳嗽、流鼻涕，后期常发生肺水肿并由此而发生肺源性心力衰竭。有的病例腹下或四肢呈现水肿。红细胞数减少，血红蛋白含量降低，而嗜中性白细胞数则显著增加，核左移，单核细胞和淋巴细胞数目减少。病猪喜喝水，但尿量少，或排尿困难，常出现血尿或血红蛋白尿。母猪可发生流产。棉酚可通过母乳，间接使哺乳仔猪发生中毒。

严重中毒时，病猪一开始就呈现显著沉郁或兴奋，呻吟磨牙，肌肉震颤，常有腹痛现象。病情严重者，发病后当天或于 2~3 d 内死亡；病稍长者可延至 15~30 d 死亡。

3. 病理变化 静脉瘀血，结缔组织浸润，肺充血、水肿，肺门淋巴结肿大，气管内有血样气泡和出血点。胸腔和腹腔有黄色渗出液，该液体暴露在空气中有蛋白凝块析出。肝充血、肿大。胆囊扩张，充满胆汁，胆囊黏膜有出血点，胃肠黏膜有卡他性或出血性炎症，淋巴结肿大。

4. 诊断 可根据饲喂棉叶或棉籽粕（饼）史、临诊症状及病理剖检变化等进行综合分析，做出诊断。

5. 防治措施

（1）预防：①用棉籽粕（饼）喂猪时，应每天限制喂量。成年猪每天饲喂量不超过日粮的 5%，母猪每天不超过 250 g。妊娠母猪产前半个月停喂，产后半个月再喂。断奶小猪每天喂量不超过 100 g。妊娠母猪、哺乳母猪及小猪如有其他的蛋白质饲料饲喂时，最好暂不喂给棉籽粕（饼）。②在喂法上，不应长期连续饲喂棉籽粕（饼）。一般是喂 1 个月后，停喂 7~10 d 再喂。③加热减毒。使游离的棉酚变为结合棉酚，生的棉籽皮、棉籽渣可以蒸煮 1 h 后再用。④加铁去毒，据报道，用 0.1%或 0.2%的硫酸亚铁溶液浸泡棉籽粕（饼），棉酚的破坏率可达到 81.81%，也可按铁与游离棉酚 1∶1 在饲料中加入硫酸亚铁，但注意铁与棉籽粕（饼）要充分混合。猪饲料中铁含量不得超过 500 mg/kg。⑤增加日粮中蛋白质、维生素、矿物质和青绿饲料，对预防棉籽粕（饼）中毒很有好处。如用大豆粕（饼）与棉籽粕（饼）等量混合；或豆粕（饼）5%加鱼粉 2%，或鱼粉 4%与棉籽粕（饼）混合。

（2）治疗：目前尚无特效的解毒药剂，主要是采取消除致病因素，加速毒物的排除及对症疗法。①立即停喂棉籽粕（饼）。②中毒初期可用 0.1%的高锰酸钾或 3%的碳酸氢钠水溶液洗胃，或内服硫酸镁或芒硝等泻剂。③发生胃肠炎时，内服 1%的硫酸亚铁溶液 100~200 mL 或内服磺胺脒 5~10 g、鞣酸蛋白 2~5 g。肺水肿严重时，不宜灌服药物，因其极易导致窒息死亡。④静脉注射 20%~50%的葡萄糖液 100~300 mL，同时肌内注射 10%的安钠咖 5~10 mL。⑤发生肺水肿时，可用 10%的氯化钙溶液 10~20 mL，20%的乌洛托品溶液 20~30 mL，混合后静脉注射。⑥对视力减弱的病猪，注射维生素 C 和维生素 A、维生素 D 有一定疗效。⑦当猪有食欲时可多喂一些青绿饲料，并增加饲料中的矿物质、特别是钙的含量，对病的恢复有较好效果。

（三）食盐中毒

1. 概述 食盐中毒又称钠离子中毒及缺水症，由钠离子摄入过量或缺乏饮水引起，食盐对猪的致死量为每千克体重 2.2 g。

2. 症状 初期临床症状表现为干渴和便秘，随后出现中枢神经系统症状。病猪不安，兴奋，转圈，前冲，后退，肌肉痉挛，身体震颤，齿唇不断发生咀嚼运动，口角出现少量白色泡沫。口渴增加，常找水喝，直至意识紊乱而忘记饮水。体温常升高（在兴奋发作时有轻度升高），同时眼和口腔黏膜充血、发红，少尿。嗜酸性颗粒白细胞增多。最后昏迷，常于发病后 1~2 d 内死亡。

3. 病理变化 中毒病猪也可能有胃肠炎变化，胃黏膜充血、出血，有的可见溃疡。脑脊髓各部位可能有不同程度的充血、水肿，尤其在急性病例的软脑膜和大脑实质（特别是皮质）最为明显，以致脑回展平和发生水样光泽。切片镜检时可见有特征性病变，即软脑膜和大脑皮层充血、水肿，在血管周围出现多量嗜酸性颗粒白细胞和淋巴细胞集聚。故过去曾有嗜酸性颗粒白细胞性脑膜脑炎的病名。小静脉和微血管的内皮细胞肿大、增生，呈现脑灰白质软化灶；脑实质中有筛网状的局部性水肿或弥漫性水肿，嗜酸性颗粒白细胞游走于脑实质中，锥束细胞稍有变性；中枢神经系统的其他部位则仅见较轻微的类似病变。

4. 诊断 根据有采食过量食盐的病史，无体温反应而有突出的神经症状等特点，以及猪尸体剖检时其脑组织中呈现嗜酸性颗粒白细胞浸润现象等可确定诊断。本病应同其他疑似疾病如伪狂犬病、李氏杆菌病、传染性脑脊髓炎等相区别。

在病史资料不明或病状表现不典型时，可按下述方法检定：将胃肠内容物连同黏膜取出，加多量的水使食盐浸出后滤过，将滤液蒸发至干，可残留呈强碱味的残渣，其中即可能有立方形的食盐结晶。取食盐结晶放入硝酸银溶液中时，可出现白色沉淀；取残渣或结晶在火焰中燃烧时，则见钠盐的火焰呈黄色。

5. 防治措施

（1）预防：应控制日粮中盐分的含量，使用含盐农副产品做饲料时，应掌握其含盐量是否过高，同时应经常供给充足卫生清洁的饮水。

（2）治疗：立即停喂含盐过多的饲料。在一般情况下，可给催吐药。轻度中毒者，可供给充分饮水或灌服大量温水或糖水，但在急性中毒的开始阶段，应严格控制给水（能导胃者，可用清水反复洗胃），以免促进食盐的吸收和扩散而使症状加剧。洗胃后用植物油导泻。

补液是必需的，但以含少量电解质的液体为宜，每1 000 mL 5%的葡萄糖液中含200~300 mL生理盐水，并有适量的钾和钙。因为单纯葡萄糖液或含钠过低的溶液补入，可使血钠降低迅速，而且血钠尚未降至正常浓度时，还可出现类似低血钠的抽搐症状。

严重的高血钠时，可用5%~7%的葡萄糖溶液按每千克体重30~40 mL，间歇地分次注入腹膜下（腹腔），1 h后将注入液引出。开始时用7%的葡萄糖液，以后如血浆钠的水平下降，可改用5%的葡萄糖液。

在补液中如肺部出现啰音时，表示可能发生心衰和肺水肿，补液应减速或停止，并可用洋地黄、利尿剂（如双氢克尿噻、速尿）等治疗。

在以镇静、解痉为目的时，可肌内注射盐酸氯丙嗪、安定；静脉注射硫酸镁或葡萄糖酸钙、溴化钙溶液等。

（四）黄曲霉中毒

1. 概述 黄曲霉毒素是黄曲霉、寄生曲霉等真菌的代谢产物。尤其在温暖、潮湿环境条件下，黄曲霉菌大量生长，产生大量毒素，广泛污染粮食、饲料，对人畜健康危害较大。本病以全身出血，肝功能和消化功能障碍，神经症状为特征，主要发生于我国南方地区的猪场。

2. 病因 猪采食了被黄曲霉素污染的饲料，这些毒素首先损害胃肠道，引起消化功能紊乱，毒素被吸收后，随血循环到达肝脏，抑制 DNA、RNA 和蛋白质合成，损害肝细胞结构，致肝细胞癌变和功能障碍，从而引起一系列临床症状。

3. 症状 猪黄曲霉毒素中毒有三种类型。

（1）急性型：多见于 2~4 月龄仔猪，往往无前驱症状，突然死亡。

（2）亚急性型：多数病猪为亚急性型，主要表现为渐进性食欲减退，口渴、粪便干燥呈球状，表面附有黏液或血液。可视黏膜苍白或黄染。精神沉郁，后肢无力、有时呈间歇性抽搐，过度兴奋，角弓反张。

（3）慢性型：多发生于成年猪，食欲减退，异嗜，生长发育缓慢、消瘦、可视黏膜黄染，皮肤发白或发黄，并有痛感。

4. 病变

（1）急性中毒：肝脏肿大，弥漫性出血或坏死，肠道黏膜出血，肾肿大、苍白。

（2）慢性中毒：肝呈黄色，表面不平，有白色点状坏死灶。

5. 诊断 有采食发霉饲料的病史，出现消化障碍，胃肠炎和神经症状，以及猪尸体剖检时见肝肿大、出血、硬化、变性等，真菌培养及毒素检验呈阳性，可做出诊断。

6. 防治措施

（1）预防：妥善保管饲料，防止发霉变质，严禁饲喂黄曲霉素污染的饲料。

（2）治疗：黄曲霉中毒无特效疗法。发病后停喂被黄曲霉素污染的饲料，同时进行对症治疗。急性中毒，用 0.1%的高锰酸钾或 3%的碳酸氢钠水溶液洗胃，或内服硫酸镁或芒硝等泻剂。静脉注射 5%的葡萄糖液生理盐水 300~500 mL，20%的乌洛托品溶液 20~30 mL，同时皮下注射 20%的安钠咖 5~10 mL，增强机体抗病力，加速毒素排出。

（五）有机磷中毒

1. 概述 有机磷农药种类很多，对猪的毒性差异也很大。常见的有机磷农药有对硫磷（1605）、甲基对硫磷（甲基 1605）、内吸磷（1059）、甲基内吸磷（甲基 1059）、乐果、敌百虫等。当猪采食喷洒过有机磷农药的蔬菜或其他作物，外用敌百虫治疗疥癣等被猪舔食时，都可引起中毒。有机磷农药具有高度的脂溶性，可经皮肤、黏膜、消化道及呼吸道进入体内。并通过血液及淋巴至全身各器官。它的毒理作用主要为抑制体内的胆碱酯酶，引起神经生理的紊乱，造成中毒。

2. 症状 猪中毒后通常死于呼吸道分泌物过多、支气管狭窄、心跳徐缓和不规则所引起的缺氧。严重急性中毒在几分钟内即可出现临床症状，轻者则在几小时内出现。

有机磷农药中毒时，因制剂的化学特性及造成中毒的具体情况等不同，所表现的症状及程度差异较大。但基本上都表现为胆碱能神经受乙醚胆碱的过度刺激而引起的过度兴奋现象，临诊上出现的症状为食欲减退，流涎，呕吐，腹痛，多汗，尿失禁，瞳孔缩小，可视黏膜苍白，眼球震颤，肌纤维性震颤，血压上升，肌紧张度减退（特别是呼吸肌），脉搏频数，或者表现为兴奋不安，体温升高，搐搦，甚至陷于昏睡等。

3. 病理变化　有机磷急性中毒时，一般没有特征性病变，通常可见呼吸道内有大量的液体及肺水肿。一般认为，有机磷农药中毒的病猪尸体，除其组织标本中可检出毒物和胆碱酯酶的活性降低外，缺少特征性的病变，仅在迟延死亡的尸体中可见到有肺水肿、胃肠炎等继发性病理变化；经消化道吸收中毒在 10 h 以内的最急性病例，除胃肠黏膜充血和胃内容物可能散发蒜臭外，常无明显变化。经 10 h 以上者则可见其消化道浆膜散在出血斑，黏膜呈暗红色，肿胀，且易脱落。肝、脾肿大，肾混浊肿胀，被膜不易剥离，切面呈淡红褐色而境界模糊，肺充血，支气管内含有白色泡沫，心内膜可见有不整形的白斑。

4. 诊断　有与有机磷和氨基甲酸酯类杀虫剂的接触史以及副交感神经系统兴奋为特征的临床症状及病理变化可作为暂时性诊断此类中毒的依据。

对呈现有过度兴奋现象的病例，特别是表现为流涎，瞳孔缩小，肌纤维震颤，血压升高等综合征者，可列为疑似，在仔细查清其同有机磷农药的接触史的同时，亦应测定其胆碱酯酶活性，必要时更应采集病料进行毒物鉴定，以建立诊断。同时也应根据本病的病史、症状、胆碱酯酶活性降低等变化特点同其他疑似病例相区别。

实验室检查常采集病猪的呕吐物、胃内容物或吃剩的饲料或饮水作为检验样品，按常规薄层层析法进行点样展开及显色，观察结果。

5. 防治措施

（1）预防：①健全对农药的购销、保管和使用制度，落实专人负责。②开展经常性的宣传工作，普及和深化有关使用农药和预防家畜中毒的知识，以推动群众性的预防工作。③由专人统一安排施用农药和收获饲料，避免互相影响。不要使用农药驱除猪内外寄生虫。

（2）治疗：①立即脱离中毒环境。清除体表及胃肠道毒物，以终止毒物的继续吸收。对体表沾染者可用清水或冷肥皂水彻底洗刷数遍，但禁用热水或乙醇擦洗。误食者（除硫特普、二嗪农、八甲磷及敌百虫等外）可用 2%～4% 的碳酸氢钠液、肥皂水或清水反复洗胃。洗胃后给大量活性炭，并口服硫酸镁导泻，但对深度昏迷者则不用硫酸镁，可改用硫酸钠。眼部沾染者可用 2% 的碳酸氢钠液或生理盐水冲洗。②及时应用解毒药物。当有机磷中毒时，严禁使用吗啡、琥珀酰胆碱和吩噻嗪类镇静剂解救。

阿托品对呼吸中枢有兴奋作用，能解除有机磷中毒的呼吸中枢抑制，但不能恢复胆碱酯酶的活性。阿托品的使用原则是早用，用量要以病猪呈现阿托品化后给予维持量。阿托品化的指标为：瞳孔较前散大而不再缩小（但切勿单以瞳孔散大即减量），皮肤干燥，腺体分泌减少，肺部湿性啰音显著减少或消失，意识障碍减轻或昏迷开始苏醒等。

轻度中毒者，可皮下注射或肌内注射阿托品 1~5 mg，30~60 min1 次，待阿托品化后，每日 2~3 次，用量减半。

中度中毒，特别是经呼吸或消化道吸收者，阿托品用量可加大 2~4 倍。静脉注射，每隔 30 min 重复 1 次，待阿托品化后，可隔 3~5 h 按维持量注射。

重度中毒，经皮肤吸收中毒者，阿托品的用量、用法基本同经消化道吸收的中度中毒。若为经呼吸、消化道吸收而中毒者，阿托品用量可为轻度中毒的 5~10 倍，静脉注射，并每 10~30 min 重复应用。待阿托品化后，可每 1~2 h 减量注射。

若使用阿托品后病猪骚动厉害，心率很快，体温升高，阿托品可减量或暂停。对伴有体温升高的中毒病畜，则应在物理降温后再慎用阿托品。

目前使用较广者为氯磷定。此药促使中枢清醒作用较强，但对中毒发生 3 d以后的病猪或因乐果、马拉硫磷（4049）中毒者无效。复活剂与阿托品同时应用可发挥协同作用，故同时应用复活剂时，阿托品用量宜酌减。对复活剂无效的中毒，主要是以大剂量阿托品治疗为主，且维持时间要长。

氯磷定快速静脉注射时偶有呕吐等副作用，缓慢注射或肌内注射可避免。剂量过大时可抑制神经肌肉接头，抑制胆碱酯酶，甚至抑制呼吸中枢，故使用剂量应以病情而定，勿过量。

轻症中毒者，每千克体重给药 5~10 mg。重度中毒者可倍量，必要时可加入 50~100 mL 生理盐水静脉推注；注入后 30~60 min 内，病情尚无好转者，可重复给药；以后可改为静脉滴注，用量以每小时不超过第一次注入量为宜，待病情好转后可酌减或停药。

（3）对症治疗：清除呼吸道分泌物，维持呼吸道通畅，防治肺水肿（用足量阿托品能较快消失），兴奋呼吸中枢。腹泻时，应注意补液，以维持机体的水与电解质平衡。但应预防脑水肿。

有抽搐症状者，可用水合氯醛灌肠或用其他镇静剂。重危病猪还可考虑应用肾上腺皮质激素。但强心类药物应慎用，肾上腺素、毛地黄类药物应禁忌，以免加重心脏负荷。

（六）磷化锌中毒

1. 概述 磷化锌是久经使用的灭鼠药和熏蒸杀虫剂，猪多半是由于误食灭鼠毒饵或被磷化锌沾污的饲料造成中毒。磷化锌在胃酸的作用下，释放出剧毒的磷化氢气体，并被消化道吸收，进而分布在肝、心、肾及横纹肌等组织，引起所在组织的细胞发生变性、坏死等病变，并在肝脏和血管遭受病损的基础上，发展至全身泛发性出血，直至陷于休克或昏迷。

2. 症状　猪采食后，病初精神委顿，食欲消失，寒战，呕吐，腹泻，腹痛。呕吐物和粪便有大蒜味，于黑暗处可见有磷光。心动徐缓。较重者可出现意识障碍，抽搐，呼吸困难；严重者可呈现昏迷，惊厥，肺水肿，黄疸，血尿，呼吸衰竭及明显的心肌损伤等症状。

3. 病理变化　切开胃时，散发出带蒜味的特异臭气，将其内容物移置在暗处时，可见有磷光。尸体的静脉扩张，泛发微血管损害。胃肠道呈现充血、出血，肠黏膜有脱落现象。肝、肾瘀血，浑浊肿胀。肺间质水肿，气管内充满泡沫状液体。

4. 诊断　仅从病状和病理剖检方面较难与其他毒物中毒正确区分，要以毒物化验结果为可靠诊断。

5. 防治措施

（1）预防：猪场用毒饵灭鼠时，应指定专人负责，放于老鼠常出入活动处，防止被猪误食。同时做好饲料的保管和调制工作，防止将毒药混入饲料中。

（2）治疗：磷化锌中毒，无特效治疗方法，多数是对症治疗。

1）如早期排出毒物，可灌服1%~2%的硫酸铜溶液20~50 mL，使其催吐的同时，与磷化锌形成不溶性的磷化铜，从而阻滞吸收而降低毒性。或0.1%的高锰酸钾溶液20 mL，隔4~5 h服1次。同时应用硫酸镁、芒硝等缓泻剂，忌用油类泻剂。

2）静脉注射葡萄糖盐水300~500 mL，同时注射10%的安钠咖5~10 mL强心和注射维生素B_1、维生素B_2、维生素C。为防止血液中碱储量降低，可静脉注射5%的碳酸氢钠溶液30~50 mL。

参考文献

[1] 王凤，吴戈祥. 日粮配制需把握“六个平衡”［J］. 养殖与饲料，2013（7）：37-38.

[2] 方美英，吴长信．猪品种遗传多样性的研究进展［J］．畜牧与兽医，2001（5）：40-42.

[3] 王千六，李强. 我国生猪产业市场机制的缺陷及其对策［J］．农业现代化研究，2009（3）：293-297.

[4] 程燕芳，黎太能，刘少华，等．规模化猪场发展健康养殖的思考［J］．中国畜牧杂志，2011（6）：45-47.

[5] 李德发. 猪营养研究进展［C］．中国畜牧兽医学会养猪学分会第三次会员代表大会学术讨论会，2001.

[6] 张振斌，林旺才，蒋宗勇. 母猪营养研究进展［J］．饲料工业，2002，23（9）：12-17.

[7] 梅书棋，彭先文. 生猪健康养殖研究进展［J］．安徽农业科学，2009（2）：602-604.

[8] 李庆，王成洋. 中小规模猪场猪疾病预防的六大措施［J］．湖南农业科学，2013（24）：63.

[9] 经超杰. 农村养猪疾病预防误区及对策［J］．科技致富向导，2015（5）：13.

[10] 张广，马向红，张新建，等. 浅谈猪的疾病预防与治疗［J］．农民致富之友，2013（14）：198.

[11] 颜培实，李如志. 家禽环境卫生学［M］．北京：高等教育出版社，2011.

[12] 刘继军，贾永全. 畜牧场规划设计［M］．北京：中国农业出版社，2008.

[13] 段诚中. 规模化养猪新技术［M］．北京：中国农业出版社，2000.

[14] 王爱国. 现代实用养猪技术［M］．北京：中国农业出版社，2003.

[15] 吴志谦. 最新养殖场设施工程建设实用技术操作规范及重大流行性传染疫病预防控制工作标准手册［M］．北京：中国农业大学出版社，2010.

[16] 李宝明，施正香. 设施农业工程工艺及建筑设计［M］．北京：中国农

业出版社，2005.
[17] 陈清明，王连纯. 现代化养猪生产 [M]. 北京：中国农业出版社，1997.
[18] 李振钟. 畜牧场生产工艺与畜禽设计 [M]. 北京：中国农业出版社，2000.
[19] NY/T 1222—2006. 规模化畜禽养殖场沼气工程设计规范. 中华人民共和国农业部.
[20] GB/T 717824. 1—2008. 规模猪场建设. 中华人民共和国国家质量监督检验检疫总局（中国国家标准化管理委员会）.
[21] NY/T 1568—2007. 标准化规模养猪场建设规范. 中华人民共和国农业部.

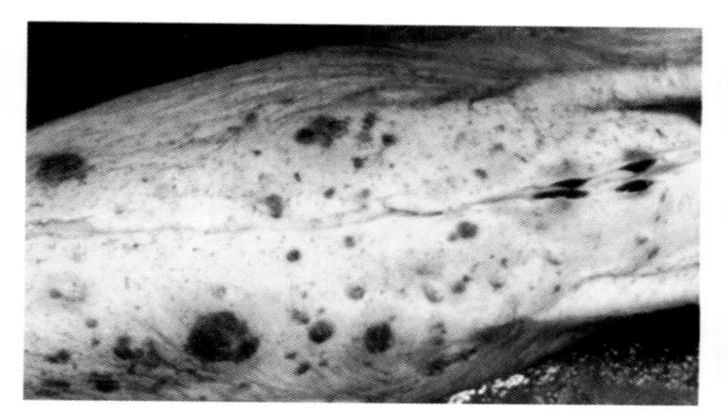

非洲猪瘟：腹部皮下出血

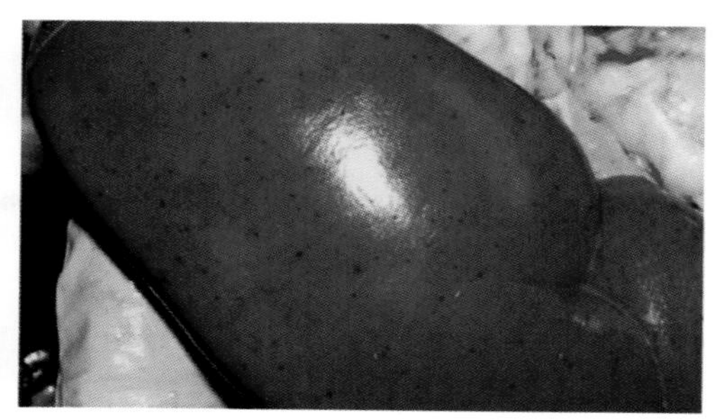

非洲猪瘟：肾脏出血

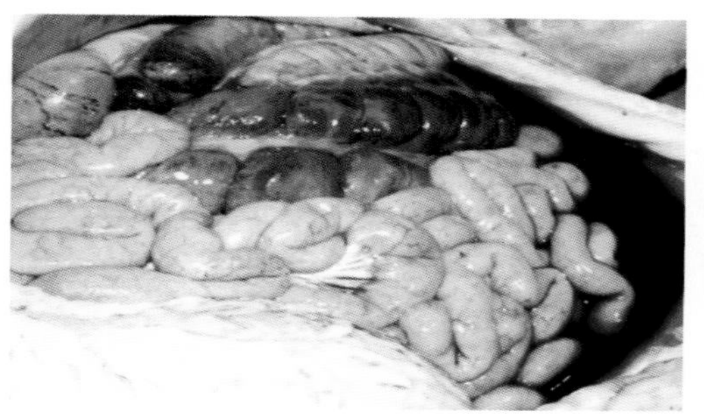

非洲猪瘟：腹腔血水

非洲猪瘟：肠壁出血

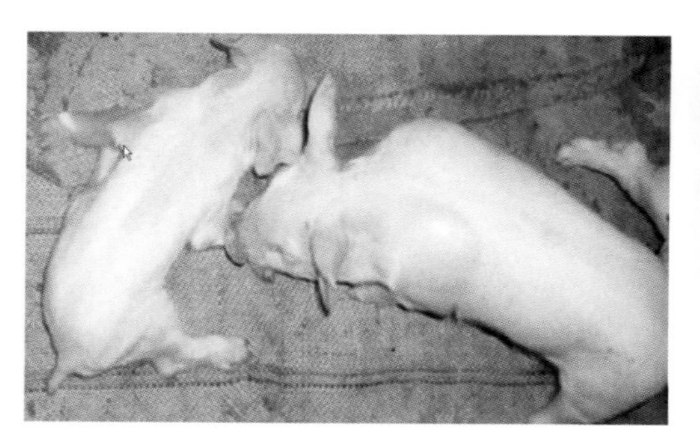

猪伪狂犬病：发病体态

猪伪狂犬病：肺水肿、小叶性间质性肺炎

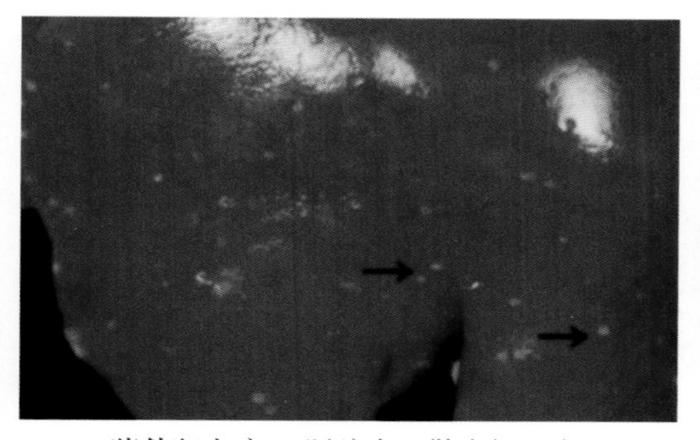

猪伪狂犬病：肝脏表面散在坏死点

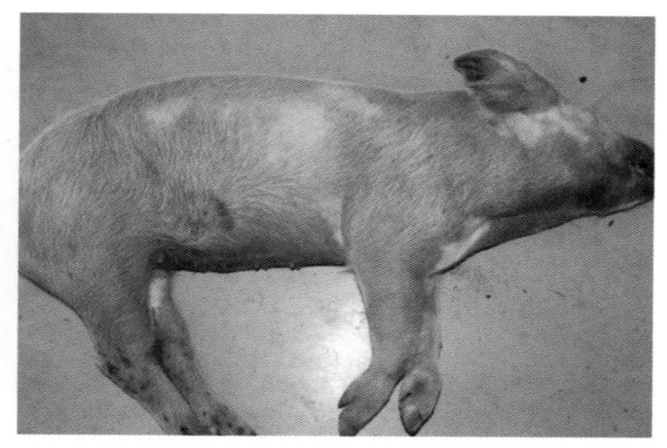

猪瘟：全身出血

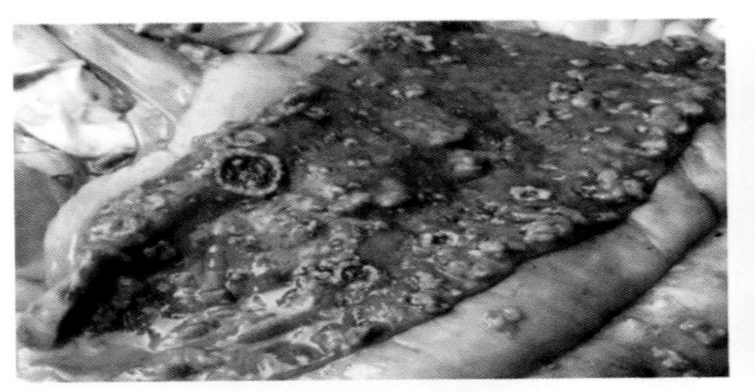

猪瘟： 结肠纽扣状坏死灶

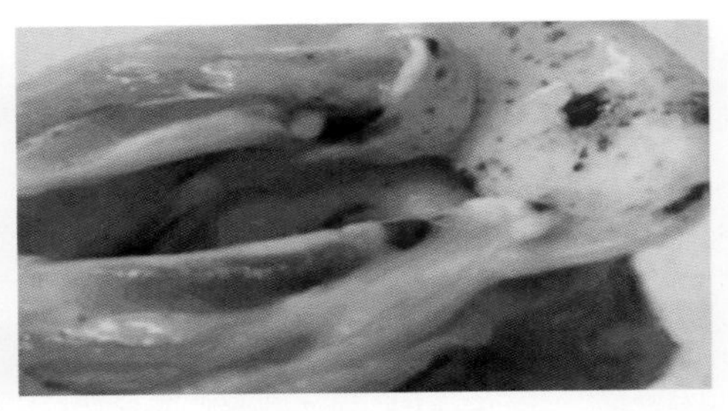

猪瘟： 喉头出血

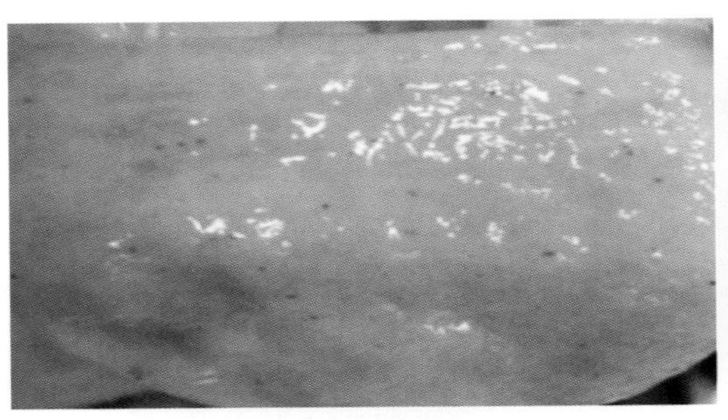

猪瘟：膀胱出血

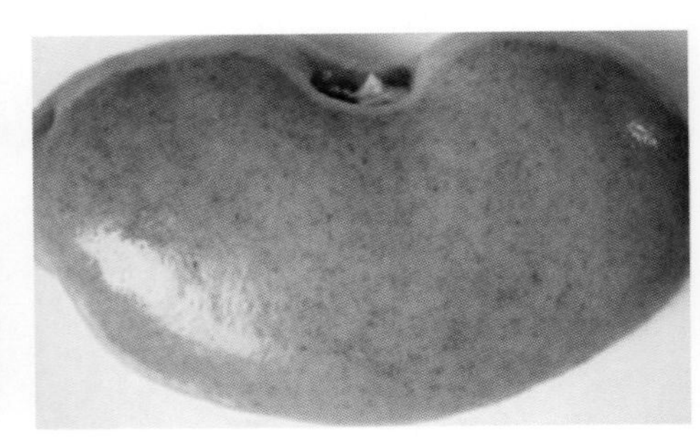

猪瘟：肾出血

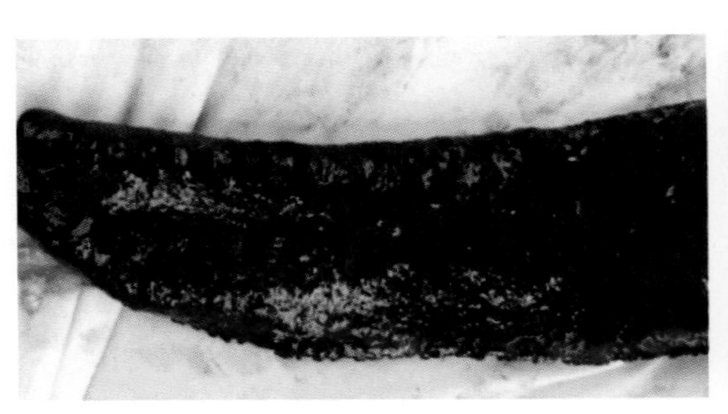

猪瘟：脾出血，边缘梗死

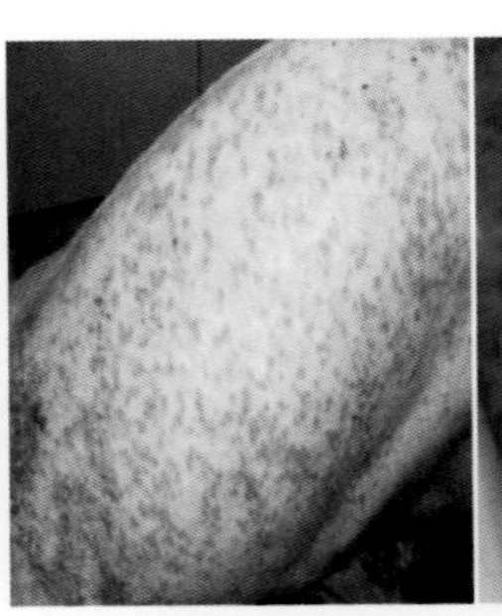

猪圆环病毒病：皮肤上紫斑或丘疹

猪圆环病毒病：脾脏梗死纤维化，质地呈橡皮状，外观镰刀状

猪圆环病毒病：肾脏异形

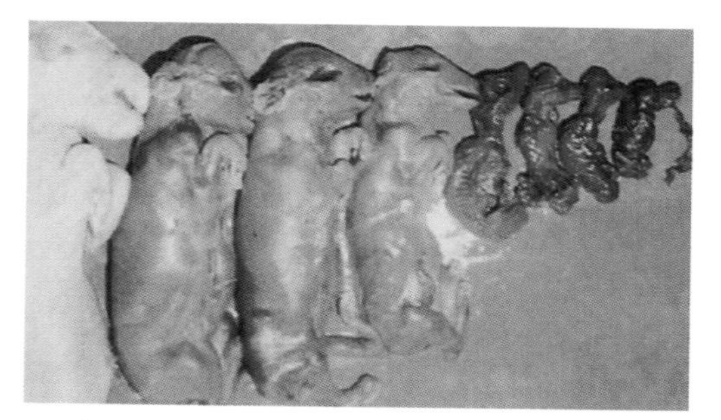

猪乙型脑炎：不同时期的死胎或木乃伊胎

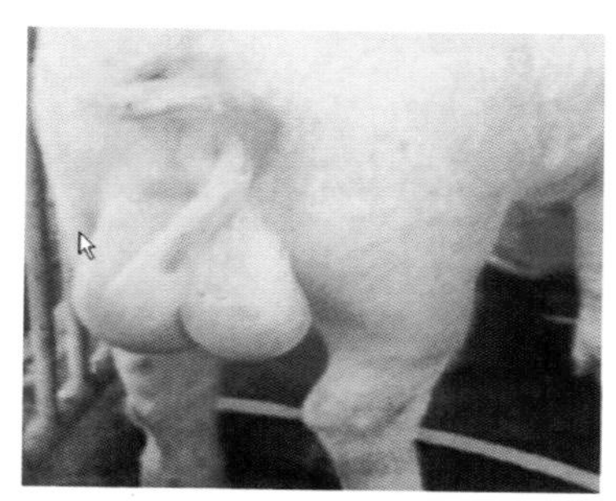

猪乙型脑炎：公猪睾丸肿大

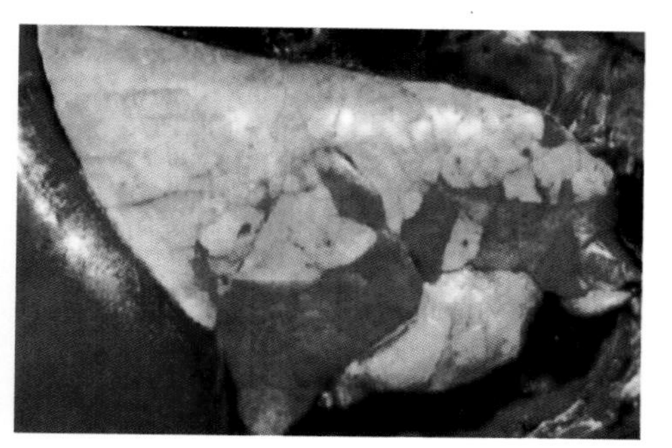

猪支原体肺炎：肺心叶、尖叶肉样变，与健康组织界限明显

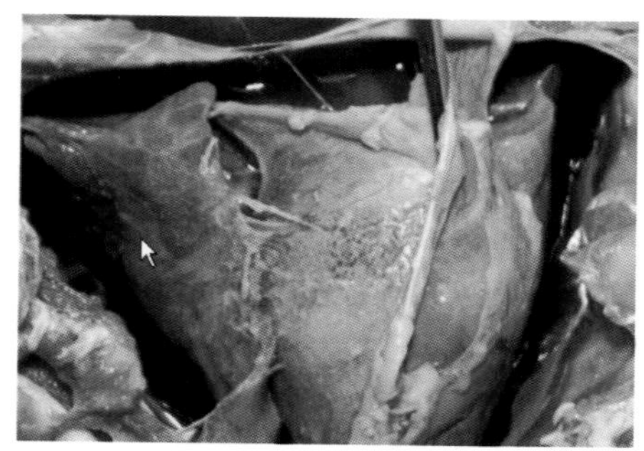

猪传染性胸膜肺炎：胸腔有积液，或肺、心包、胸膜、胸壁有纤维素性渗出或有粘连

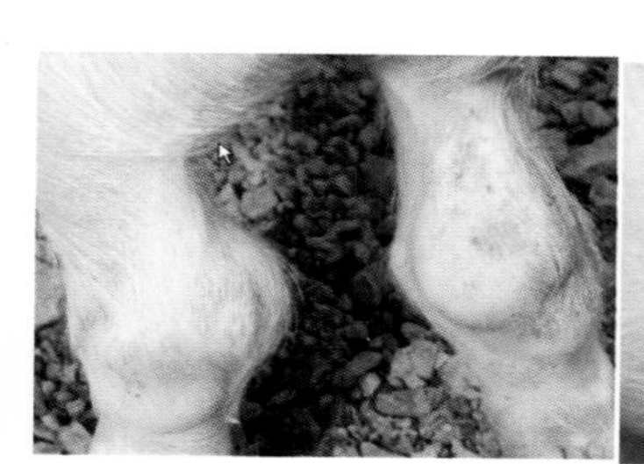

副猪嗜血杆菌病：关节肿大，内有积液

猪传染性萎缩性鼻炎：病猪歪嘴症状

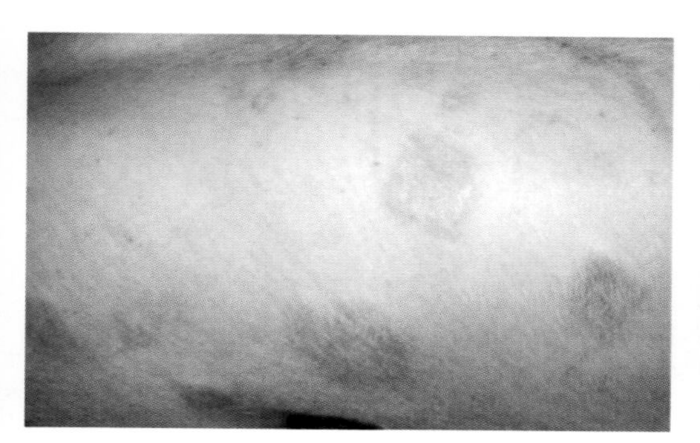

猪丹毒：皮肤上突出的菱形疹块

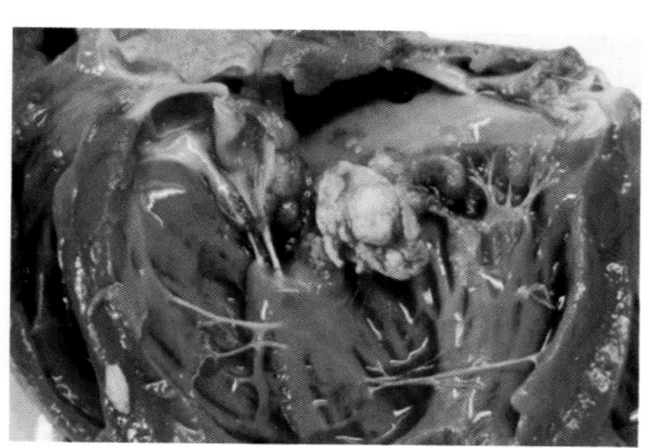

猪丹毒：心内膜上有菜花样增生物

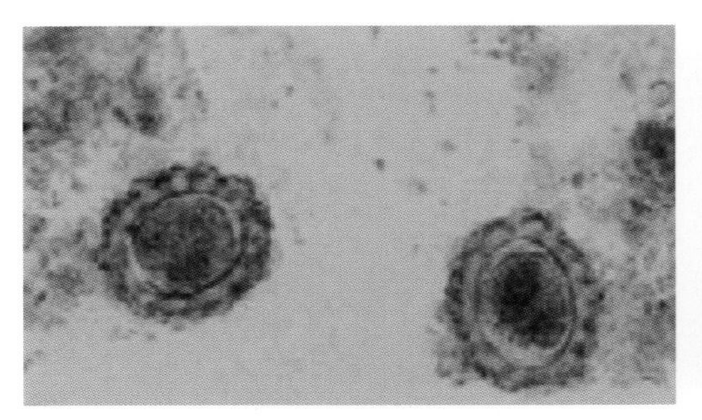

猪蛔虫病：蛔虫卵

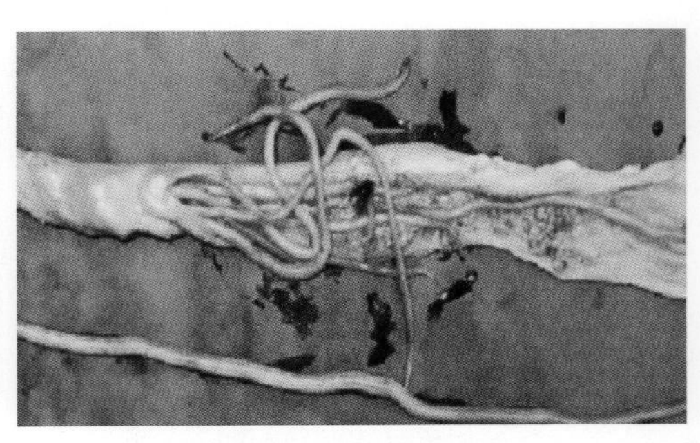

猪蛔虫病：肠管中的蛔虫

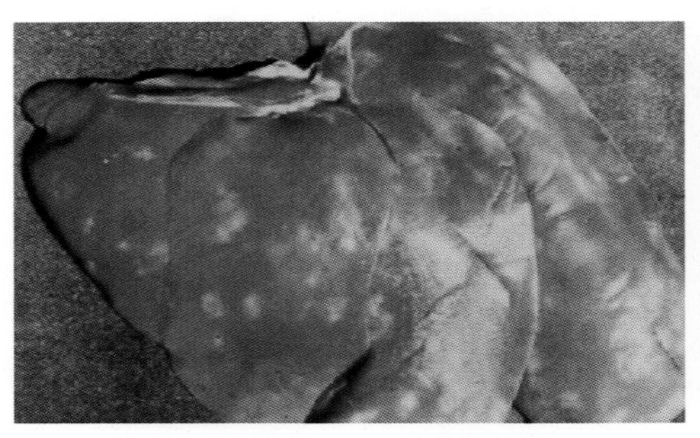

猪蛔虫病：蛔虫幼虫移行引起的出血和灰白斑（云雾状）

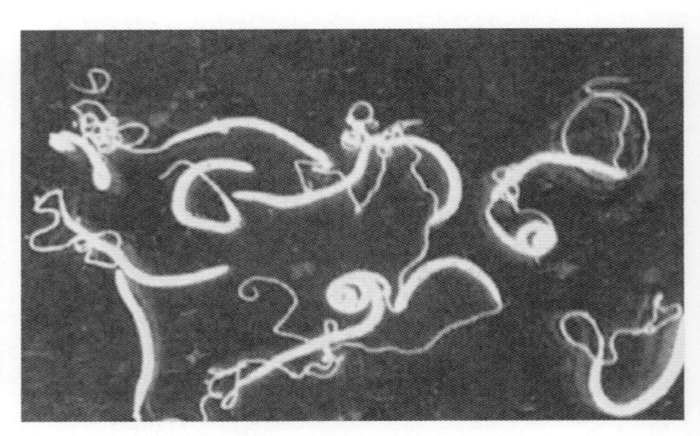

猪毛首线虫病：鞭虫虫体

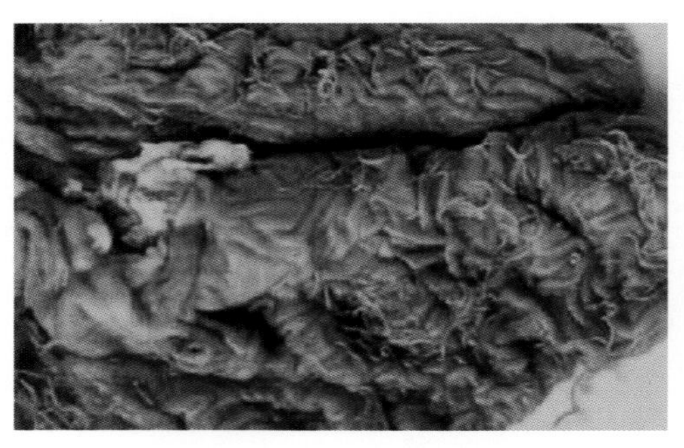

猪毛首线虫病：在结肠肠壁上的鞭虫

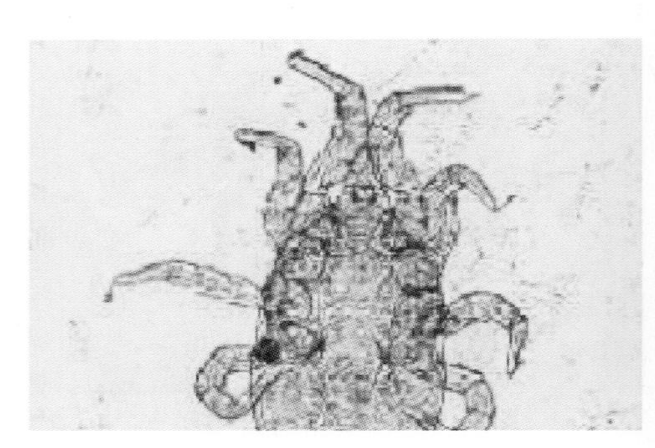

猪疥螨病：疥螨成虫

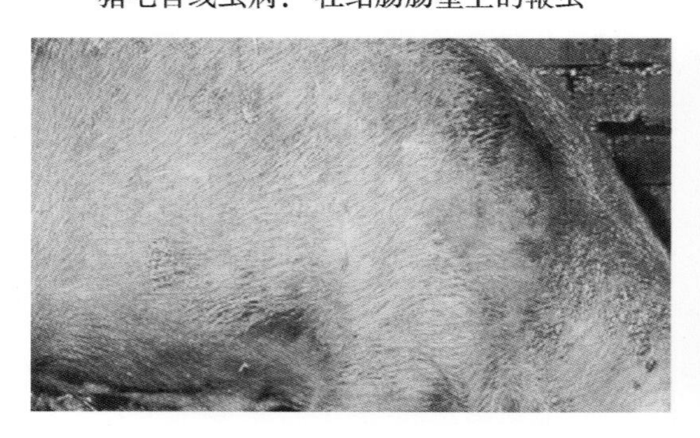

猪疥螨病：受害部分糠麸样结痂

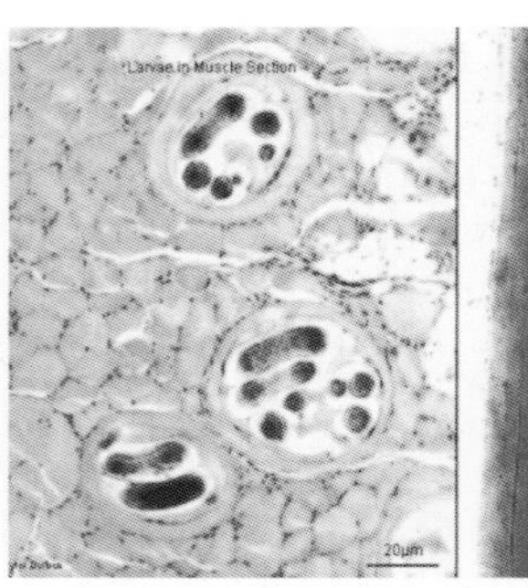

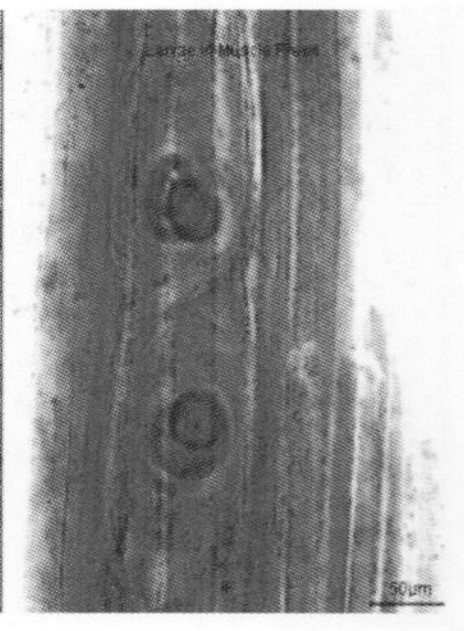

猪旋毛虫病：含旋毛虫的肌肉切片及压片